普通高等教育"十一五"国家级规划教材

园艺植物分类学

崔大方　主编

中国农业大学出版社
·北京·

图书在版编目(CIP)数据

园艺植物分类学/崔大方主编. —北京:中国农业大学出版社,2011.5(2018.11 重印)
ISBN 978-7-5655-0229-3

Ⅰ.①园… Ⅱ.①崔… Ⅲ.①园林植物-植物分类学-高等学校-教材 Ⅳ.①S680.2

中国版本图书馆 CIP 数据核字(2011)第 031785 号

书　　名 园艺植物分类学
作　　者 崔大方　主编

策划编辑	张秀环	**责任编辑**	杨晓昱
封面设计	郑　川		
出版发行	中国农业大学出版社		
社　　址	北京市海淀区圆明园西路 2 号	**邮政编码**	100193
电　　话	发行部 010-62818525,8625		读者服务部 010-62732336
	编辑部 010-62732617,2618		出　版　部 010-62733440
网　　址	http://www.cau.edu.cn/caup	**e-mail**	cbsszs@cau.edu.cn
经　　销	新华书店		
印　　刷	北京时代华都印刷有限公司		
版　　次	2011 年 5 月第 1 版　　2018 年 11 月第 3 次印刷		
规　　格	787×1092　16 开本　15.25 印张　370 千字		
定　　价	36.00 元		

图书如有质量问题本社发行部负责调换

编 写 人 员

主　　编　崔大方　（华南农业大学）

副 主 编　李造哲　（内蒙古农业大学）

　　　　　周桂玲　（新疆农业大学）

参　　编　（按姓氏拼音排序）

　　　　　陈考科　（华南农业大学）

　　　　　傅承新　（浙江大学）

　　　　　胡宝忠　（东北农业大学）

　　　　　蒋道松　（湖南农业大学）

　　　　　李阳春　（甘肃农业大学）

　　　　　廖文波　（中山大学）

　　　　　王建书　（河北工程大学）

　　　　　羊海军　（华南农业大学）

　　　　　叶向斌　（仲恺农业工程学院）

　　　　　周永红　（四川农业大学）

制　　图　刘华日　（华南农业大学）

　　　　　王家琼　（华南农业大学）

前　言

本教材由园艺植物分类学基础知识、园艺植物的实用分类和系统分类三部分组成，在植物分类学的基础上，试图通过对园艺植物分类的方式方法、园艺植物各类群及重要科与属、常见植物的介绍，尽量兼顾我国南北方不同地区的园艺植物，较全面地反映了园艺植物分类的基本内容和我国园艺植物资源的特点，包括园艺栽培的果树、蔬菜、花卉和草坪地被植物共计121科，800多种(含种下类型)物种，配插图220幅，并对它们的形态特征、生境、地理分布和用途等均做了介绍，同时也力求反映本学科的最新科学成就。教材第一章集中介绍了园艺植物分类的形态学基础知识，为学习园艺植物分类奠定了一个良好的基础。为了便于学习和掌握鉴定园艺植物的技术，在一些重要的科中列出了常见植物分属、分种检索表，基本上在每一个科中都绘有插图，帮助学习和掌握科、属及常见植物的特征，使其更具实用性，更能适应我国高等农林院校园艺、农学、植物保护、农业生物技术等专业教学和广大园艺工作者科研的需要。

本教材由华南农业大学、内蒙古农业大学、新疆农业大学、中山大学、浙江大学、东北农业大学、四川农业大学、甘肃农业大学、湖南农业大学、河北工程大学、仲恺农业工程学院的植物学和植物分类学教师分工编写，合作完成，具体编写分工：绪论、第一章、第二章(崔大方)，第三章中的木兰亚纲(崔大方、羊海军)，金缕梅亚纲(胡宝忠、廖文波)，石竹亚纲(李造哲)，五桠果亚纲(周桂玲、陈考科)，蔷薇亚纲(李造哲、陈考科)，菊亚纲(周桂玲)，泽泻亚纲(蒋道松)，棕榈亚纲(廖文波、叶向斌)，鸭跖草亚纲(崔大方、李阳春、周永红)，姜亚纲(陈考科、王建书)，百合亚纲(傅承新、崔大方)。教材第三章园艺植物各科的排序按克朗奎斯特系统(1981年)；插图引自《中国高等植物图鉴》，在此对原作者表示诚挚的谢忱。在编写过程中，还得到黄峥和李薇同志协助编排校对，在此表示感谢。

限于作者水平，书中难免有疏漏和不妥之处，敬希专家和读者不吝指正，提出宝贵的意见。

编　者

2010年8月

前言

目　　录

绪　论

在广阔的自然界里生活着各种各样的植物，是它们共同构成了地球上绚丽多彩、生机勃勃的植物世界。植物具有光合作用色素，能利用太阳辐射能进行光合作用、制造养分。据推算，地球上的植物为人类提供了90％的能源，80％的蛋白质，在我们的食物中有90％产自陆生植物，同时，植物在维持自然界的生态平衡中发挥着巨大的作用。植物种类繁多，多样性丰富，地球上已发现的陆生维管植物约有35万种；我国幅员辽阔，植物资源丰富，有维管植物3万余种，为了弄清各种植物的类型以及它们在进化过程中的相互关系，对其分类(classification)成为必要。

园艺植物是一类供人类食用或观赏的植物，与人类生活密切相关，无论是我们的衣食住行，还是医药卫生，它们无所不在。园艺植物为我们提供了美味可口的水果，如苹果、梨、桃、橘子、荔枝、葡萄等；以及营养丰富的蔬菜，如白菜、黄瓜、辣椒、番茄、豆角等；还为我们提供了万紫千红的花卉、绿茵茵的草坪和庭院景观树种。可以说，没有园艺植物就没有我们人类高质量的生存条件。为此，我们首先要学习、认识园艺植物，为进一步运用园艺植物奠定良好的基础。

一、园艺植物在国民经济中的地位和意义

世界各国的园艺业都是农业中的重要部门，是大产业。这种地位越是经济发达的国家或地区就越显得突出。园艺业在国民经济和社会发展中的地位及意义，其内涵与原因主要是：

(1)食品、营养品：人类的主要食品是粮食、蔬菜、果品和肉类等。粮食是人类每天直接入口的主要食品；蔬菜和果品富含各种维生素、矿物质和纤维素等营养物质，是其他食品难以取代的，更重要的是它们大多数是低热量食品，医疗价值也很高，经常食用使人精力充沛，皮肤细腻，能预防高血压、动脉硬化，减少肥胖和癌症等。营养学家主张：把蔬菜和瓜果当成“主食”，而把粮食和肉类当成“副食”，他们提倡的膳食结构是：年人均蔬菜120～180 kg，果品75～80 kg，粮食60 kg，肉类45～60 kg，保持每天都有8.37～11.30 kJ的热量，园艺植物对于人类饮食结构的改善具有重要的意义。

(2)工业原料：园艺产品作为工业原料，用途越来越广泛，越来越多样化和专业化。食品工业、饮料与酿酒业、医药工业以及许多轻工业、化工业，用园艺产品的很多。欧美许多国家的酿酒业，主要用葡萄等果品；各种水果或蔬菜汁的饮料，在饮料中占的比重增长极快。果品、蔬菜和干鲜加工品的销售和食用方便，消费量与日俱增。目前我国在这方面刚刚起步，前景看好。我国的葡萄加工量只约占25％，苹果15％，桃10％左右，都不到发达国家的1/3或1/2，鲜蔬菜汁销售量甚微。蔬菜和果树生产是农民发家致富的产业，但只生产鲜菜和鲜果，致富是有限的；园艺产品经加工后，增值效益显著。与其相匹配地发展加工业，是农村摆脱贫困的宽阔大道，也是解决“卖果难”“卖菜难”的途径之一，因此，园艺植物

作为工业原料在国民经济中具有重要的地位。

(3)绿化与改善环境：果树、花卉、林木，甚至绿色的菜地、草坪，既可以生产商品，也有覆盖和绿化土地的功效，其保持水土、改善环境的意义和作用是无可替代的。所有覆盖地面的绿色植物，对消减城镇的噪声和污浊的空气都有显著效果：它使居民生活舒适、安全。评价一个现代化的城镇，早已不是看工业的发展、商业的繁华、交通的便利，而是人的生存环境，特别是生态环境，是非常重要的条件。世界上经济发达的国家，其绿地面积特别能反映该国家对绿化与改善环境的重视和投入，没有园艺植物就没有我们人类高质量的生存条件。

二、园艺植物分类及其发展历史

随着园艺植物产业的发展，大量外来物种的引种栽培和国内资源植物的开发与栽培利用，园艺植物分类学的知识则显得尤为重要，对栽培的园艺植物进行分类已成为植物分类学的一项重要工作。

园艺植物的分类方法通常分为实用分类(又称为人为分类法 artificial classification)和系统分类(又称为自然分类法 natural classification)两大类。前者是从人类对园艺植物进行栽培和利用的需要出发，为了自己认识和应用上的方便，主观地选择植物形态、习性或用途等某1个或少数几个性状作为分类依据的一种分类方法；植物系统分类是应用植物分类学的原理，确定其所属门、纲、目、科、属、种、亚种、变种和变型，力求客观地反映出植物的亲缘关系和演化关系的方法，最终目的在于建立一个比较合理的自然发育系统。

园艺植物实用分类的起源可以追溯到人类接触植物的原始社会。几千年来，人们在生活实践和生产斗争中采集和种植了各种可食和有用的植物，观察了它们的形态、构造、生活史和生活习性等，并进一步加以研究比较，找出它们的共同点和不同点，再把若干具有不同共同点的种类归并为不同类群，其下又根据它们之间的差异分成若干小的种类，是人为地按照植物用途、生境、外部形态等特征中的某一个或几个特征作为依据对植物进行分类，方便植物的栽培利用和研究需要，至今仍在使用的如按果、蔬、瓜、花、草坪以及庭院绿化美化树种等进行分类。目前国内外常用的园艺植物实用分类方法有栽培学分类和生态适应性分类两种。

随着园艺事业的发展，引种利用的园艺植物愈来愈多，植物系统分类法也被园艺界所采纳。植物系统分类法是从瑞典植物学家林奈(Carolus Linnaeus，1707—1778)时代开始的。18世纪初，英国植物学家约·雷(John Ray，1628—1705)于1703年著《植物分类方法》(Methodus Plarltarum)一书，记述了1 800种植物，分为草本和木本。草本又分为不完全植物(无花植物)和完全植物(有花植物)，后者又分为单子叶植物和双子叶植物，在木本植物中也分为单子叶植物和双子叶植物。再下则按果实类型、叶和花的特征区分，为建立自然分类系统奠定了基础。1735年，瑞典植物学家林奈在他的《自然系统》(Systema Nurae)第一版中，以表格的形式发表了一个分类系统，他根据雄蕊的数目、排列的方式以及它和雌蕊的关系，将高等植物分为24纲；1737年他著成《植物属志》(Genera Plantarum)，描述了935个属；1753年他又著成《植物种志》(Species Plantarum)，描写了当时已知的植物1万余种。他的工作是根据雄蕊的有无、数目多少和着生情况对植物进行分类，将植物分为24个纲，其中1～23纲为显花植物(如一雄蕊纲、二雄蕊纲等)，第24纲为隐花植物，所建立的分类系统(称作生殖器官分类系统)奠定了近代植物分类学的基础。这3部著作与其所主张的双名命名法(binomia1 nomenclature)，对植物分类学的发展起了巨大的推动作用。林奈在晚年对自己的系统感到不满意，主张植物分类部分的最初与最终目的，都在于寻求自然法则。他曾致力于自然分类系统(natural system)的建立，但终未能完成。

1883年，德国植物学家艾希勒(August Wilhelh Eichler，1839—1887)，完成了一个新的分类系统，以植物形态学为分类根据，对植物界进行了全面研究，正确地区别了裸子植物与被子植物，被子植物则分为单子叶植物与双子叶植物，而后者又分为离瓣花类与合瓣花类。

英国植物学家边沁(George Bentham，1800—1884)与虎克(Joseph Dalton Hooker，1817—1911)于1862—1883年，在他们的《植物属志》(Genera Plantarum)中，发表了一个新系统。这个系统对花瓣的合生与否特别重视，把全部种子植物分为双子叶植物、裸子植物、单子叶植物3个纲。他们的优点在于把多心皮类放在被子植物最原始的地位，而把无花被类列于次生地位，但缺点是把裸子植物放在单子叶植物与双子叶植物之间。Bentham-Hooker(边沁-虎克系统)使自然系统达到了全盛时期，这一时期所根据的原则是以植物相似性的程度，决定着植物的亲缘关系和排列，这个时期仍然可以看作是现代分类系统的奠基时期。

19世纪后期以来，受达尔文进化论思想的影响，分类学家从比较形态学、比较解剖学、古生物学、植物化学、植物生态学、细胞学等不同角度，对植物各方面的性状进行了比较分析，逐渐建立起一些能客观反映植物界进化情况、体现植物各类群亲缘关系的自然分类系统，或称系统发育分类系统(phylogenetic system)。其中较著名的有德国学者恩格勒(A. Engler)和勃兰特(K. Prantl)、英国学者哈钦松(J. Hutchinson)、苏联学者塔赫他间(A. Takhtajan)和美国学者克朗奎斯特(A. Cronquist)等提出的分类系统。

三、园艺植物分类的基本工作

园艺植物学中往往为便于植物的栽培利用和研究需要，一般按照栽培学特性(草本、木本、藤本、一年生、多年生、陆地栽培、温室栽培等)、生态适应性(热带、亚热带、温带、寒带、落叶、常绿、水生、陆生等)和用途(果、菜、花、草)等方面进行分类。但在植物系统分类(自然分类法)中它不仅研究园艺植物不同类群的具体分类，包括种、种以上和种以下的分类，而且它的基本内容还能反映园艺植物各类群之间性状异同与亲缘关系，提出一个反映进化历程的分类系统，借以对植物进行分类鉴别。

园艺植物自然分类最基本的工作内容包括：分类、命名和鉴定3个方面。

分类(classification)即分门别类，用比较、分析和归纳的方法，依据植物的演化规律及亲缘关系，建立一个合乎逻辑的分类阶元系统(system of categories)。每个阶元系统可以包括有任何数量的植物有机体，用于反映每一种植物的系统地位和归属。

命名(nomenclature)是把地球上的各种植物按照《国际植物命名法则》给予正确的名称；包括对植物有机体命名的制度和方法，以及对各种命名规则的建立、解释、应用等进行研究。

鉴定(identification or determination)是确定植物分类地位和名称的过程，也是植物学科中的一项基本技能。

园艺植物分类的任务，就是要以辩证唯物主义观点，研究自然界中客观存在的园艺植物类群及其亲缘关系，目的在于使人们更好地认识园艺植物，利用和改造园艺植物，从而为人类服务。

第一章　园艺植物形态学术语与分类学基础知识

园艺植物分类学是研究园艺植物分类的一门学科，其中，把极其繁杂的各种园艺植物进行分类、鉴定、命名则是园艺植物分类学的基本工作。

因此，要学好园艺植物分类学，首先要学会正确地运用植物形态学术语和分类学的基础知识，其次是要学会查阅工具书和资料。

第一节　园艺植物形态学术语

植物在长期演化和对环境的适应过程中，形态方面形成了多种多样的性状、特征，它们是植物分类的主要依据，花和果实的形态学特征尤为重要，根、茎、叶等性状也常作为分类的依据，并用一系列的学术用语(形态术语)来描述这些性状，熟练掌握和运用植物的分类原则及描述植物器官的形态特征，对于准确认识和鉴别园艺植物至关重要。

植物分类学中的这些形态术语是学习园艺植物分类学的基础。现介绍如下。

一、一般性状名称

(一)根据植物的生长习性分类

木本植物(panta lignosa)　指植物体木质部极发达，一般比较坚硬，多年生。

乔木(arbor)　指有明显主干的高大树木，高达5 m以上，如杨树、樟树、榕树。

灌木(frutex)　指主干不明显，而基部多分枝，呈丛生状，高不及5 m的木本植物，如丁香、茶、石榴、紫薇、木槿、蔷薇。

小灌木(fruticulus)　指高在1 m以下的低矮灌木，如忍冬、海桐、杜鹃、扶桑、夜来香。

半灌木(suffrutex)　也叫亚灌木，是指介于木本与草本之间的植物，仅在茎的基部木质化，多年生，而上部枝草质并于花后或冬季枯萎，如香石竹、倒挂金钟、天竺葵。

草本植物(herba)　指植物体木质部不发达，茎柔软，通常于开花结果后即枯死的植物，如蚕豆、翠菊、半枝莲、旱金莲、矮牵牛、三色堇、韭菜、芹菜。

藤本(scandens)　指植物体细而长，不能直立，只能依附其他物体，缠绕或攀缘向上生长的植物。根据其质地又可分为木质藤本和草质藤本，如葡萄、猕猴桃、南瓜、牵牛花。

(二)根据植物生活期的长短分类

一年生(annuus)　指植物的生活周期，在一个生长季节内就可完成的。种子当年萌发、生长，并于开花结实后整个植物枯死，生活周期比较短，如凤仙花、番茄、西瓜；更短者可数星期，如十字花科和百合科的一些短命和类短命植物，如荠菜和郁金香。

二年生(biennis)　指植物生活周期在两年内完成，种子当年萌发、生长，第二年开花结实后整个植株枯死，如冬小麦、白菜、萝卜。

多年生(perennis)　指个体寿命超过2年以上的草本植物和木本植物。多年生草本植物的地上部分每年死去，而地下部分能生活多年，如大理菊、金针菜、韭菜、芹菜等。多年生木本植物如乔木、灌木年复一年地生长，少者10余年，多者上千年。多年生植物中，大多数是一生中多次开花结实的；也有一生中只开花结实一次的，如竹子称为多年生一次结实植物。

二、根

根(radix)是由种子中幼胚的胚根发育而成的器官。通常向地下伸长，使园艺植物体固定在土壤中，并从土壤中吸取水分和养料。根不分节，一般不生芽，若根上生出了芽，叫根出芽。一株园艺植物根的总体叫根系。根系的类型及变态类型如图1-1所示。

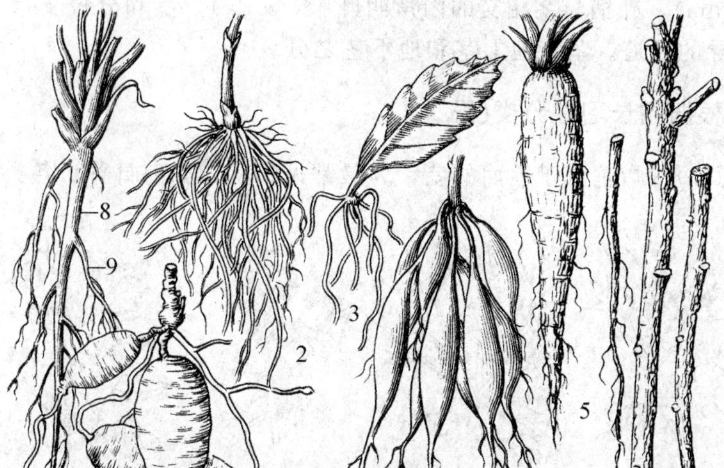

图1-1　根的类型

1. 直根系　2. 须根系　3. 不定根　4. 圆柱状根　5. 圆锥状根　6. 块状根　7. 纺锤状根　8. 主根　9. 侧根

直根系(radix primaria)　指园艺植物的主根明显粗长，垂直向下生长，各级侧根小于主根，斜伸向四周的根系，绝大多数双子叶植物具有直根系。

须根系(radix fibrosa)　指园艺植物主根不发达，早期即停止生长或萎缩，由茎基部发生许多较长、粗细相似的不定根，呈须毛状的根系，绝大多数单子叶植物具有须根系。

肉质根(radix carnosa)　是一些二年生或多年生草本园艺植物的地下越冬器官，贮有大量营养物质，通常肉质肥大。形态多种多样，大致可分为以下2类。

(1)肥大直根(radix incrassata)：由主根发育而成，粗大单一，外形有圆柱形、圆锥形、纺锤形、球形等。成长的肥大直根可区分为头部、根颈部和本根3部分。头部为肥大直根的上部，其上生根出叶，由上胚轴形成，是一短缩的茎；根颈部由胚轴形成，此部无叶，但有不定根，较短而组成肥大直根的上部；本根是由主根形成的，粗长，具侧根，是肥大直根的主要组成部分。可见肥大直根主要是由胚轴和主根组成，以薄壁细胞居多，贮藏大量养料，如萝卜和胡萝卜。

(2)块状根(radix tuberosa)：是由侧根和不定根发育而形成特殊肥厚呈块状的根，如番薯、大丽菊。

寄生根(吸器)(haustorium) 指菟丝子、列当等寄生植物，产生不定根伸入寄主体内，吸收养料和水分的作用。

支持根(radix fulcrans) 指玉米、高粱等禾本科植物，在接近地面的节上，常产生不定根，增强支持作用和吸收作用。

三、茎

茎(caulis)是种子中幼胚的胚芽向地上伸长的部分，为园艺植物体的中轴，通常在叶腋生有芽(gemma)，芽萌发后形成分枝。茎和枝上着生叶的部位叫节(nodus)，两节之间的茎叫节间(internodium)，叶柄与茎相交的内角叫叶腋(axilla)，茎和分枝支持和调整叶子的分布，又是物质输导的通道。茎有地上茎和地下茎之分。

(一)地上茎根据生长习性分类(图1-2)

直立茎(erectus) 指垂直于地面的茎，为最常见的茎，如向日葵、各类果树。

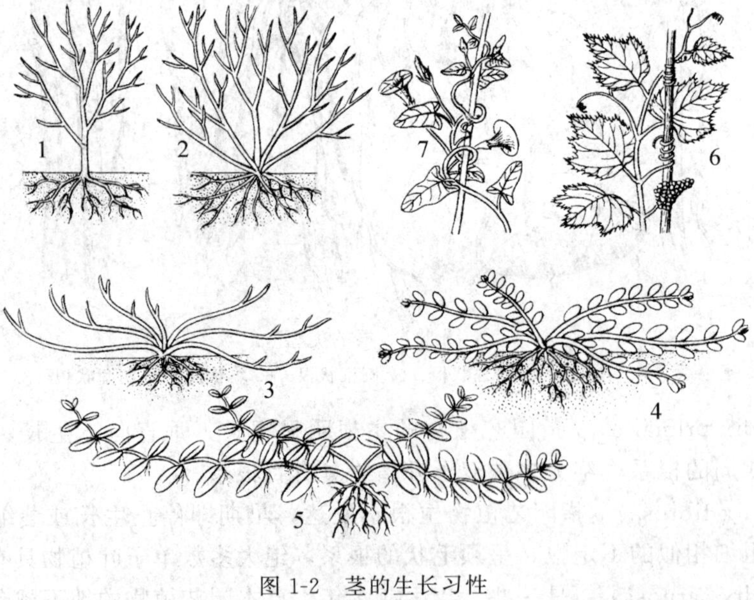

图1-2 茎的生长习性

1. 直立茎 2. 斜升茎 3. 斜倚茎 4. 平卧茎 5. 匍匐茎 6. 攀缘茎 7. 缠绕茎

斜升茎(ascendens)　指最初偏斜，后变直立的茎，如酢浆草、苜蓿。

斜倚茎(decumbens)　指基部斜倚地上的茎，如马齿苋。

平卧茎(prostratus)　指平卧地上的茎，如西瓜、甜瓜。

匍匐茎(repens)　指平卧地上，但节上生不定根的茎，如番薯、草莓等。

攀缘茎(scandens)　指用小枝、叶柄或卷须等其特有的变态器官攀缘于它物上升的茎，如黄瓜、豌豆、丝瓜、葡萄。

缠绕茎(volubilis)　指缠绕于它物上升的茎，如菜豆、牵牛花。

(二)地下茎根据变态分类(图 1-3)

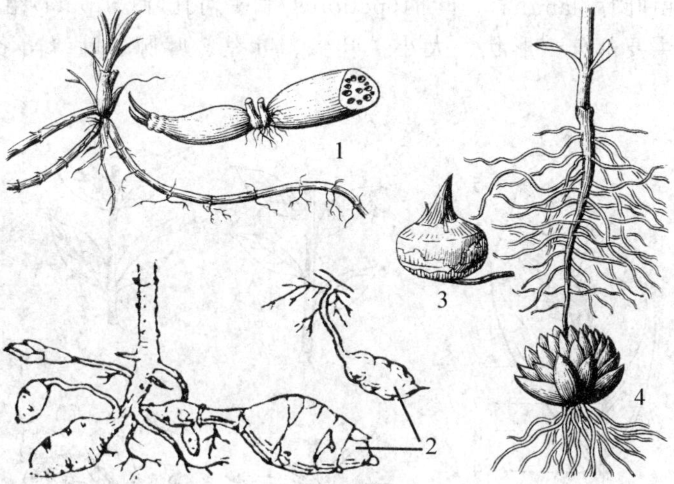

图 1-3　地下茎的变态

1. 根状茎　2. 块茎　3. 球茎　4. 鳞茎

根状茎(rhizoma)　指延长直伸或匍匐生长于土壤中的地下茎。有明显的节和节间，叶退化为膜质鳞片状，顶芽和腋芽明显并可发育成地上枝，节上产生不定根。根状茎贮有丰富的营养物质，可生活 1 至多年，如芦苇、狗牙根等禾本科植物的变态茎。根状茎也有变得肥厚肉质的，如莲藕。

块茎(tuber)　指短缩肥大的地下茎。顶端有顶芽，侧部有螺旋状排列的芽眼(侧芽)，幼时可见退化的膜质叶片。每个芽眼可有数个芽，相当于腋芽和副芽，如马铃薯。

球茎(cormus)　指肥大而扁圆的地下茎。顶端有粗壮的顶芽，有明显的节和节间，节上有干膜质的鳞片和腋芽，下部有多数不定根，如荸荠。

鳞茎(bulbus)　是一种扁平或圆盘状的地下茎，特称“鳞茎盘”，其上着生许多鳞叶及芽。可从顶芽和腋芽形成子鳞茎。根据外围有无干燥膜质的鳞叶，又分为有皮鳞茎(如洋葱)和无皮鳞茎(如百合)。

(三)地上茎的变态

卷须(cirrhus)　许多攀缘园艺植物的卷须是由枝变态而成，用以攀缘它物上升，常出现于叶腋或叶对生处，如葡萄、葫芦、黄瓜。

刺(spina) 一些植物的一部分枝变成硬的针刺，如沙枣、梨。

肉质茎(caulis carnious) 茎肉质、多汁、肥大，如仙人掌、马齿苋。

四、叶

叶(folium)是由芽的叶原基发育而成的部分，通常绿色，有规律地着生在枝(茎)的节上，是园艺植物进行光合作用制造有机营养物质和蒸腾水分的器官。

(一)叶的组成

一枚完全叶是由叶片(lamina)、叶柄(petiolus)和一对托叶(stipula)组成的。

叶片：是叶的主要部分，形状、大小、叶尖、叶基、叶脉、叶缘等各有多种形态类型(图 1-4)。

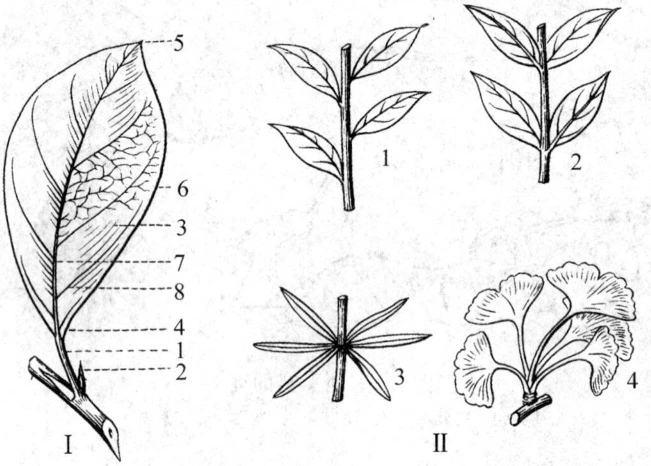

图 1-4 叶的组成部分及叶序

Ⅰ. 叶的组成部分：1. 叶柄 2. 托叶 3. 叶片 4. 叶基 5. 叶尖 6. 叶缘 7. 中脉 8. 侧脉

Ⅱ. 叶序：1. 互生 2. 对生 3. 轮生 4. 簇生

叶柄：是连接茎和叶片的部分，通常呈圆柱状或扁平或具沟道。也有无叶柄的叶，叫无柄叶(folium sessile)；叶基部抱茎的，叫抱茎叶(folium amplaxicaule)；叶基部两侧裂片相合生而包围茎，形似茎贯穿在叶片中的，叫穿茎叶(folium perfoliatum)；叶片基部下延于茎上而成棱或翅状的，叫下延叶(folium decursivum)；叶片或叶柄基部形成圆筒状而包围茎的部分，叫叶鞘(如禾本科植物)。叶柄着生在叶片的下面近中部时，叫盾状叶(folium peltatum)。

托叶：是叶柄基部两侧的附属物，形状、大小、质地等常多变化，有大而呈叶状的；有小而呈鳞片状的；有硬化呈针刺状的；有薄而合生包围茎成鞘状的；有呈三角形的；也有缺少的。

叶通常着生在茎(枝)上，叫茎生叶(folium caulinum)；叶着生在极短缩的茎上，状如从根上生出的，叫基生叶(folium basilare)；基生叶集中生成莲花状，叫莲座状叶丛(rosula)。

(二)叶序

叶序(phyllotaxis)是指叶在茎或枝上排列的方式(图 1-4)，可分为：

互生的(alternatus)　每节上只着生 1 片叶，叶交互出现在相邻的节上，如向日葵、苹果、棉花。

对生的(oppositus)　每节上相对着生 2 片叶的，如益母草、紫丁香、石竹。

轮生的(verticillatus)　每节上着生 3 片或 3 片以上的叶，呈轮状，如夹竹桃科的夹竹桃、黄蝉。

簇生的(fasciculatus)　2 片或 2 片以上的叶，着生在极度缩短的侧生短枝的顶端，呈丛簇状，如小檗。

(三)脉序

脉序(nervation)是叶的输导系统，由叶片中的维管束组成。在叶片中有 1 至数条大而明显的脉，叫主脉(或中脉、中肋)(costa，nervus primarius)，在主脉两侧的第一次分出的脉，叫侧脉(nervus lateralis)，联结各侧脉间的次级脉，叫小脉或细脉(venula)。叶脉的分枝方式，叫脉序。依主脉数目和排列方式，可分为网状脉(retinervis)和平行脉(parallelinervis)两种类型(图 1-5)。

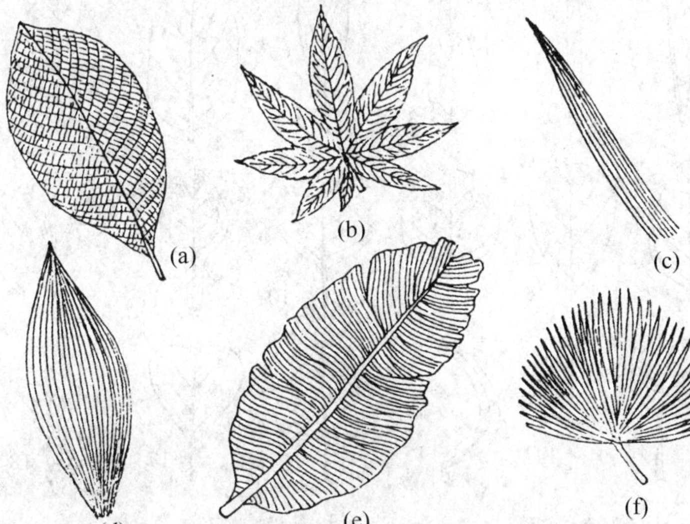

图 1-5　脉序

网状脉序：(a)羽状网脉　(b)掌状网脉

平行脉序：(c)直出平行脉　(d)弧形脉　(e)侧出平行脉　(f)射出脉

1. 网状脉　指叶脉数回分枝后，互相联结而组成网状，最后一次的细脉梢消失在叶肉组织中，大多数双子叶植物的叶脉属此类型。网状脉又可分为：

羽状脉(penninervis)　指叶具 1 条明显的主脉(中肋)，两侧有羽状排列的侧脉，侧脉数回分枝，如苹果、梨的叶脉。

掌状脉(palminervis)　指叶中有几条较粗的主脉由叶片基部射出再数回分枝，如南瓜、蓖麻、葡萄的叶脉。如果叶中具 3 条自叶基发出的主脉，叫掌状三出脉(palmatim 3-nervis)；如果 3 条主脉稍离叶基发出的，叫离基掌状三出脉(3-plinervis)；如果具 5 条自叶基发出的主脉，叫掌状五出脉(palmatim 5-nervis)，如果 5 条主脉稍离叶基发出的，叫离基掌状五出脉(5-plinervis)。

2. 平行脉　指多数大小相似而显著的叶脉呈平行排列，由基部至顶端或由中脉至边缘，没有明显的分枝，但最后一次分枝的细脉梢是汇合在一起的，大多数单子叶植物的叶脉属此类型。平行脉又可分为：

直出平行脉　主脉与侧脉自叶基至叶尖平行排列，如小麦、玉米的叶脉；

侧出平行脉　侧脉与主脉垂直，而侧脉彼此平行排列，如香蕉、芭蕉的叶脉；

弧行脉　叶片较阔短，叶脉自叶基发出汇合于叶尖，但中部脉间距离较远，呈弧状，如车前、马蹄莲、玉簪的叶脉。

射出脉　多数大小相似而显著的叶脉自叶片基部辐射而出的，如棕榈科植物的叶脉。

(四)叶片的形状

根据叶片长度与宽度的比例，最宽处所在的位置，以及表现的形象，可区分为以下几种类型(图 1-6)。

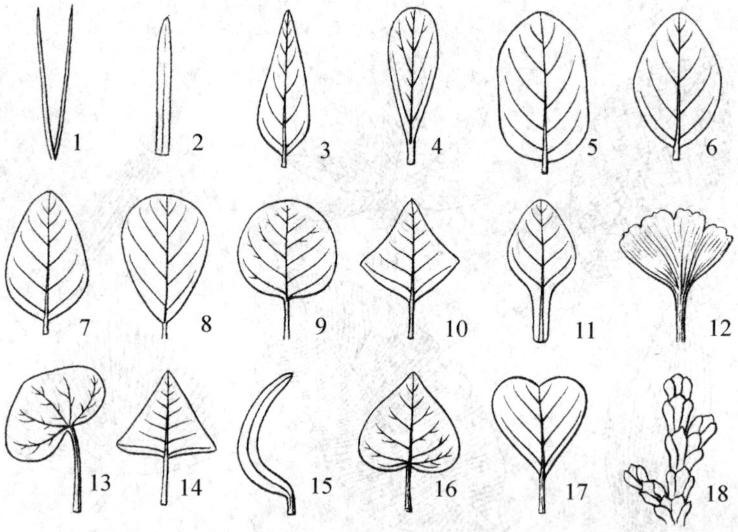

图 1-6　叶片形状

1. 针形　2. 条形　3. 披针形　4. 倒披针形　5. 矩圆形　6. 椭圆形　7. 卵形　8. 倒卵形　9. 圆形　10. 菱形　11. 匙形　12. 扇形　13. 肾形　14. 三角形　15. 镰形　16. 心形　17. 倒心形　18. 鳞形

针形(acerosus)　十分细长而先端尖，形如针刺，如仙人掌的变态叶。

条形(线形)(linearis)　长而狭，长为宽的 5 倍以上，且全部叶片近等宽，两边近平行，如水稻、小麦等禾本科植物的叶。若宽阔而特别长的条状叶，叫带状(fasciarius)，如高粱、玉米的叶。

披针形(lanceolatus)　长为宽度的 4～5 倍，中部以下最宽，向上渐尖，如桃、柳的叶；若披针形的倒转，中部以上最宽，向下渐狭，叫倒披针形(oblanceolatus)，如细叶小檗的叶。

矩圆形(长圆形)(oblongus)　长为宽的 3～4 倍，两边近平行，两端均圆，如黄檀、橡皮树的叶。

椭圆形(ellipticus)　长为宽的3～4倍，中部最宽，而顶端与基部均圆，如地肤、杧果、玫瑰的叶。

卵形(ovatus)　形如鸡卵，长约为宽的2倍或更少，中部以下最宽，向上渐狭，如女贞、梨的叶。若卵形倒转，叫倒卵形(obovatus)，如青菜的叶。

圆形(orbicularis)　形如圆盘，长宽近相等，如旱金莲的叶。

菱形(rhomboideus)　呈等边的斜方形，如菱科菱属植物、大戟科植物乌桕的叶。

匙形(spathulatus)　全形狭长，上端宽而圆，向基部渐狭，状如汤匙，如宽叶景天的叶。

扇形(flabellatus)　顶端宽而圆，向基部渐狭，形如扇状，如棕榈科植物的叶。

肾形(reniformis)　横径较长，宽较大于长，基部有缺口凹入，形如肾，如斑点虎耳草、羽衣草的叶。

三角形(deltoides)　基部宽多呈平截状，三边近相等，如加拿大白杨的叶。

镰形(falcatus)　叶多少弯曲呈镰形，如台湾相思的叶。

心形(cordatus)　长宽比例如卵形，但基部宽圆而微凹，先端渐尖，全形似心脏，如菩提树、丁香、牵牛花的叶；若心形叶倒转，叫倒心形(obcordatus)，如紫花酢浆草的叶。

鳞形(squamiformis)　状如鳞片状，如柽柳、梭梭的叶。

上列叶片形状，仅是典形的类型，在使用时尚觉不足，如菠萝、鸢尾的叶长而稍宽，先端尖，常稍厚而强壮，形似剑，称为剑形(ensatus)；葱的叶长超宽许多倍，圆管状、中空、常多汁，称为管状(fistulosus)。若遇到介于上述两者之间的叶形，可用两者复合名称来表述，如条状披针形、卵状披针形。或冠以反映特点的形容词，如宽椭圆形、宽卵形等。此外，这些描述叶片形状的术语，也同样适用于萼片、花瓣等扁平器官。

(五)裂叶的类型

裂叶(foliumdivisum)是叶片边缘除上述各种形状外，常有深浅与形状不一的凹陷，此凹陷叫缺刻(incisus)。两缺刻之间的叶片部分叫裂片(lobus)。根据缺刻的深浅、裂片的排列方式，可分为以下几种类型(图1-7)：

浅裂叶(folia lobata)　叶片的分裂深度，为叶缘至中脉的1/3左右。根据裂片数目和排列方式又可分为：羽状浅裂(pinnatilobatus)、掌状浅裂(palmatilobatus)、掌状三浅裂(palmatim trilobatus)、羽状五浅裂(pinnatilm quinquelobatus)、掌状五浅裂(palmatim quinquelobatus)。

半裂叶(中裂叶)(folia fissa)　叶片分裂深度为由叶缘至主脉的1/2左右。又可分为羽状半裂(pinnatifidus)、掌状半裂(palmatifidus)。

深裂叶(folia partita)　叶片分裂距离为到达或接近中脉。又可分为羽状深裂(pinnatipartitus)、掌状深裂(palmatipartitus)、掌状三深裂(palmatim tripartits)、掌状五深裂(palmatim quinquepartitus)。

全裂叶(folia dissecta)　叶片的裂片彼此完全分裂，很像复叶，但各裂片叶肉相连贯，没有形成小叶柄。又可分为羽状全裂(pinnatisectus)、掌状全裂(palmatisectus)。

倒向羽裂叶(folium runcinatum)　指裂片弯向叶基的羽状裂叶。

大头羽裂叶(folium lyratum)　指顶端裂片远较侧裂片大而宽。

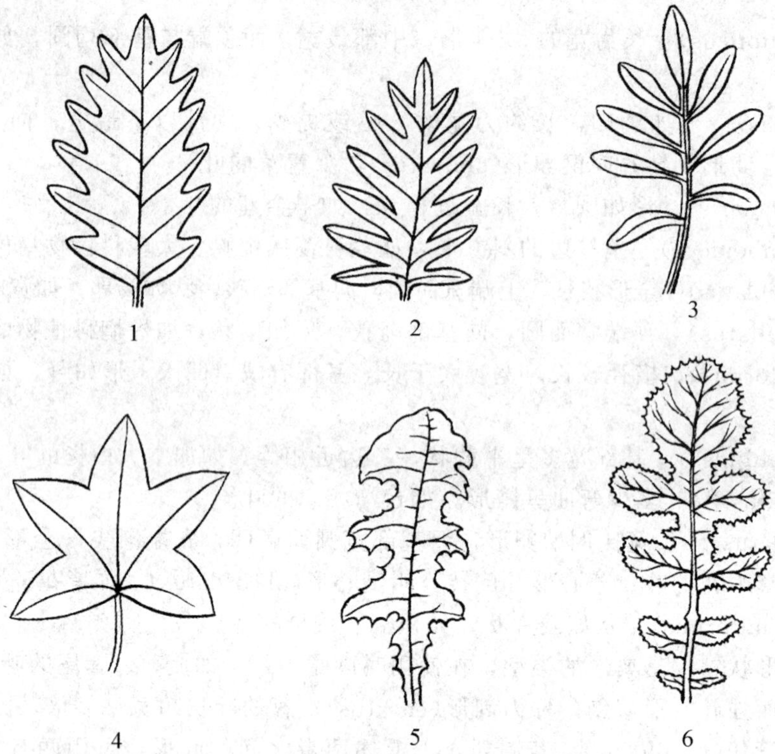

图 1-7 裂叶的类型

1. 羽状浅裂 2. 羽状深裂 3. 羽状全裂 4. 掌状半裂 5. 倒向羽裂 6. 大头羽裂

(六)单叶与复叶

在一个叶柄上只生 1 个叶片的，叫单叶(folium simplex)；在一个总叶柄上生有 2 个以上小叶的，叫复叶(folium compositum)。

复叶的总柄，叫总叶柄(petiolus communis)或总叶轴；组成复叶的每一个叶，叫小叶(foliolum)；小叶的叶柄，叫小叶柄(petiolulus)；小叶的托叶，叫小托叶(stipella)。但复叶仅在总叶柄基部有腋芽，小叶全部排列在一个平面上。复叶根据总叶柄的分枝，小叶的数目和着生的位置，可分为以下 3 种类型(图 1-8)。

羽状复叶(folium pinnatum)　指多个小叶排列于总叶柄的两侧呈羽毛状。羽状复叶如总叶柄顶端着生 1 片小叶，小叶的数目为单数者，叫单(奇)数羽状复叶(folium imparipinnatum)，如月季、珍珠梅的叶；若总叶柄顶端有 2 片小叶，小叶数目为双数时，叫双(偶)数羽状复叶(folium paripinnatum)，如落花生、蚕豆的叶。复叶柄两侧有成羽状排列的分枝，此分枝叫羽片(pinna)，其上着生羽状排列的小叶者，叫二回羽状复叶(folium bipinnatum)；如羽片像总叶柄一样，再一次分枝时，叫三回羽状复叶(folium tripinnatum)；如再次一级的羽片再行同样的分枝以及依此类推，就叫多回羽状复叶(folium multipinnatum)，这时，其最末一次的羽片，叫小羽片(pinnual)。

三出复叶(folium trifoliatum)　指仅有 3 个小叶集生于总叶柄顶端的复叶。若顶端小叶

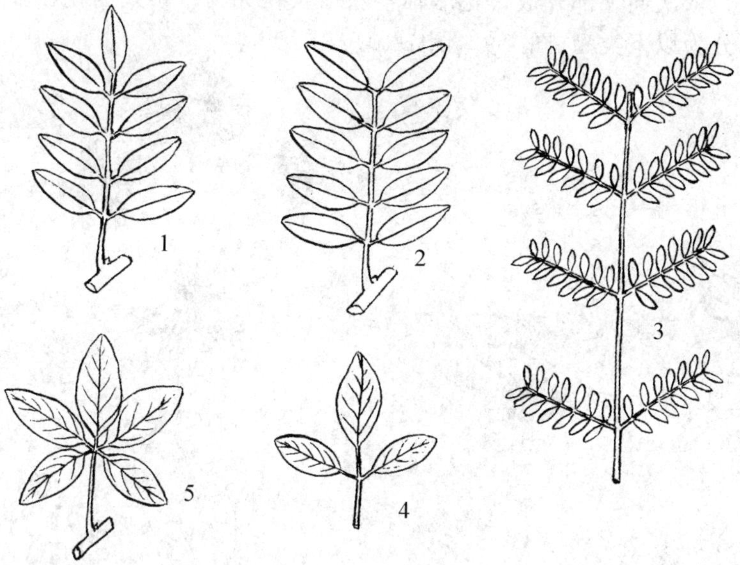

图 1-8　复叶的类型

1. 单数羽状复叶　2. 双数羽状复叶　3. 二回羽状复叶　4. 羽状三出复叶　5. 掌状复叶

具柄、侧生小叶横出的，叫羽状三出复叶(pinnatim trifoliolatus)，如大豆、紫花苜蓿的叶；若顶生小叶无柄，3 小叶集生于总叶柄顶端的，叫掌状三出复叶(palmatim trifoliolatus)，如车轴草、酢浆草的叶。

掌状复叶(folium palmatum)　指数个小叶集生于总叶柄的顶端，展开如掌状，如大麻、七叶树的叶，也有总叶柄分枝呈二回掌状复叶和三回掌状复叶。

五、花序

花在花序轴上排列的方式叫花序(inflorescentia)。花序生于花枝顶端的，叫顶生(terminalis)；生于叶腋内的，叫腋生(axillaris)。

花序中最简单的是 1 朵花单独生于枝顶的，叫单生花(flos solitarius)。花序上支持每朵花的柄，叫花梗(花柄)(pedicellus)；支持数朵花的梗，叫总花梗(柄)(pedunculus)；整个花序的轴，叫花序轴(总花轴)(rhachis)。如果花序轴或总花梗自地表附近及地下茎伸出，不分枝，不具叶，叫花葶(scapus)。花和花序常承托以不同的叶状或鳞片状的变态叶，其生于花序下或花序每一分枝或花梗基部的，叫苞片(bractea)，生于花梗上的或花萼下的，叫小苞片(bracteola)。当数枚或多枚苞片聚生成轮，紧托花序或一花的，叫总苞(involucrum)，组成总苞的苞片又叫总苞片(involucrum bractea)。在复伞形花序中，承托小伞形花序的总苞，叫小总苞(involucellum)。

(一)无限花序

无限花序(inflorescentia indeterminata)又称为向心花序(inflorescentia centripeta)，在形态上是总状分枝式，花序轴的顶端分化新花能力可以保持一个相当长的时期，花序轴上的花，下部的先开，依次向上部开放，花序轴不断增长；如为平顶式的花序轴，花由外围依次向中心开放，可分为以下类型(图 1-9，图 1-10)：

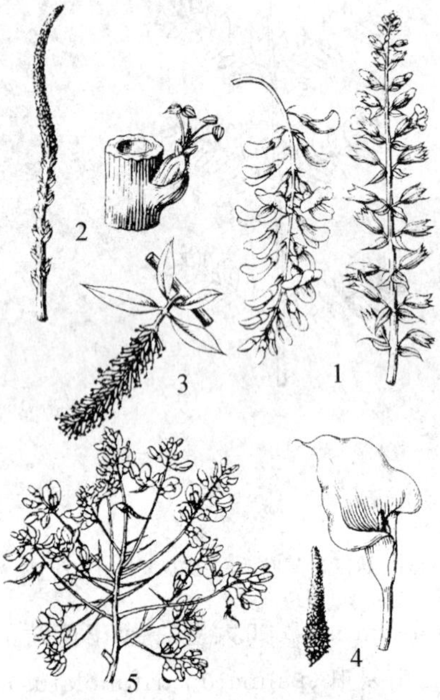

图 1-9　花序的类型(一)

1. 总状花序　2. 穗状花序　3. 柔荑花序　4. 肉穗花序　5. 圆锥花序

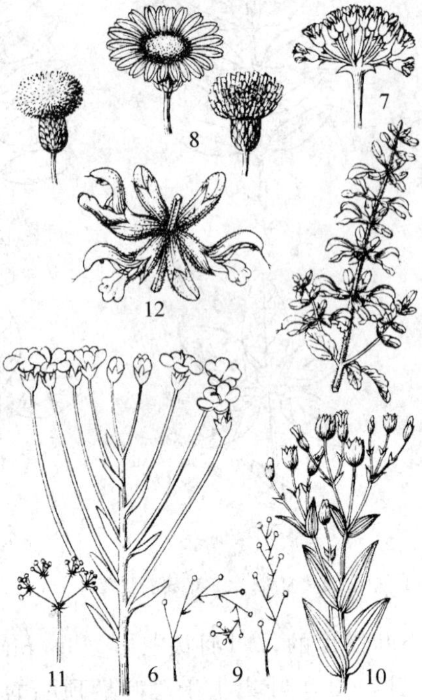

图 1-10　花序的类型(二)

6. 伞房花序　7. 伞形花序　8. 头状花序　9. 单歧聚伞花序　10. 二歧聚伞花序　11. 复伞形花序　12. 轮伞花序

总状花序(racemus)　通常花序轴不分枝而较长，花多数有近等长的梗，随开花而花序轴不断伸长，如荠菜、刺槐的花序。

穗状花序(spica)　与总状花序相似，但花无梗或极短，如车前。在禾本科和莎草科中，常由无梗的小穗(spicula)，再组成穗状花序，如小麦、大麦的花序。

柔荑花序(amentum)　与穗状花序相似，但一个花序全是单性花(全是雄花或全是雌花)，常无花被，开花结果后，整个花序脱落。花序轴常柔软而下垂，如杨树、柳树的花序。

肉穗花序(spadix)　与穗状花序相似，但花序轴肥厚而肉质，为一佛焰苞所包围，如天南星、玉米的雌花序由多数叶状苞所包被。

圆锥花序(panicula)　即复合的总状花序。总花梗伸长而分枝，各枝为一总状花序；下部的分枝长，顶部的分枝短，整个花序略呈圆锥形，如丁香、珍珠梅、早熟禾的花序。

伞房花序(corymbus)　与总状花序相似，但花梗不等长，下部的花梗长，上部的花梗短，使整个花序中的花几乎排列成一头状，如苹果、山楂、梨。若花序轴上每个花梗再形成一个伞房花序，叫复伞房花序(corymbus compositus)，如花楸、绣线菊的花序。

伞形花序(umbella)　花梗近等长，花梗集生于花序轴的顶端，状如张开的伞，如大葱、韭菜的花序。若在花序轴上每个总花梗再形成一个伞形花序，叫复伞形花序(umbella composita)，如胡萝卜的花序。第二回生出的花序，叫小伞形花序(umbellula)；小伞形花序的总花梗，叫伞梗或伞辐(radius)。

头状花序(capitulum)　花无梗或近无梗，多数花集生于一短而宽，平坦或隆起的花序轴顶端上(花序托或总花托)，形成一头状体，外被形状、大小、质地各异的总苞，如向日葵、各种菊花的花序。

(二)有限花序

有限花序(inflorescengtla determinata)又称为离心花序(inflorescentia centrifuga)，在形态上属合轴分枝式，花序轴和总花梗的顶端很快分化成一花，形成聚伞花序(cyma)。花从花序轴的上部向下依次开放，或从中心向四周依次开放。可分为以下类型(图 1-10)：

单歧聚伞花序(monochasium)　是典型的合轴分枝式，花序轴外形上单一。这种花序，花轴顶端的芽首先发育成花之后，其下仅有一个侧芽发育成侧枝，枝顶又形成一朵花，如此侧枝复以同一方式分枝的，就形成单歧聚伞花序。这类花序中，如果侧枝连续地左右交互出现，叫蝎尾状聚伞花序(cincinnus)，如鸢尾、唐菖蒲的花序。如果所有侧枝都出现在同一侧，形成卷曲状，叫螺旋状(镰状)聚伞花序(bostryx)，如勿忘草、蓝蓟的花序。

二歧聚伞花序(dichasium)　顶芽形成花后，在花下面的一对侧芽同时萌发成两个侧枝，每一侧枝顶端也只形成一朵花，如此连续地分枝形成假二歧分枝式的花序，如石竹科植物的花序。

多歧聚伞花序(pleiochasium)　花序轴顶芽形成 1 朵花后，其下数个侧芽发育成数个侧枝，顶端各生 1 花，花梗长短不一，外形上类似伞形花序，但中心花先开，渐向四周开放可以区别，如大戟科植物的花序。

轮伞花序(verticillaster)　是聚伞花序着生在对生叶的叶腋，花序轴及花梗极短，呈轮状排列，如一串红、薰衣草、益母草等唇形科植物的花序。

六、花

花(flos)是被子植物的繁殖器官，花梗是一朵花着生的小枝；花托是花梗顶端膨大的部分；花被和花蕊都是变态的叶；所以花是适应于生殖作用的变态短枝。

(一)花的组成

一朵完全的花是由花萼、花冠、雄蕊(群)和雌蕊(群)4 部分组成。花萼(calyx)由萼片(sepalum)组成；花冠(corolla)由花瓣(petalum)组成；花萼和花冠合称花被(perianthium)，是花的外层部分。雄蕊群(androecium)由雄蕊(stamen)组成；雌蕊群(gynoecium)由心皮(carpellum)组成；雄蕊(stamen)和雌蕊(pistillum)合称花蕊，是花中心的生殖部分。花被和花蕊螺旋状或轮状着生在花托(receptaculum)上(图 1-11)。

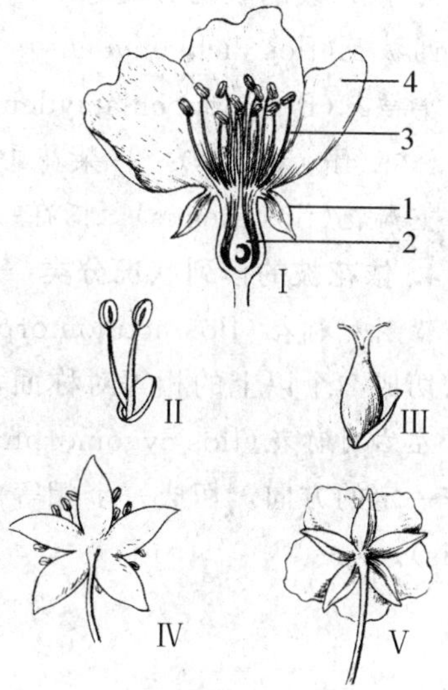

图 1-11　花的组成部分
Ⅰ. 完全花纵切：1. 萼片　2. 雌蕊　3. 雄蕊　4. 花瓣
Ⅱ. 裸花(雄花)　Ⅲ. 裸花(雌花)
Ⅳ. 单被花　Ⅴ. 两被花

(二)花的形态

1. 依花的组成状况分类

完全花(flos completus) 一朵花中花萼、花冠、雄蕊、雌蕊4部分均具有的，如苹果、桃的花。

不完全花(flos incompletus) 一朵花中花萼、花冠、雄蕊、雌蕊4部分，任缺其1～3部分，如南瓜的雄花(缺雌蕊)，杨树的雌花(缺雄蕊，缺花被)。

2. 依雌蕊与雄蕊的状况分类

两性花(flos bisexualis) 一朵花中，不论其花被存在与否，雌蕊和雄蕊都存在而充分发育的，如苹果、番茄、油菜的花。

单性花(flos unisexualis) 一朵花中，只有雄蕊或只有雌蕊存在而充分发育的，其中只有雄蕊的，叫雄花(flos staminatus)；只有雌蕊的，叫雌花(flos pistillatus)；雌花和雄花同生于一植株上的叫雌雄同株(monoecius)，如玉米的花；雌花和雄花不生于同一植株上的叫雌雄异株(dioecius)，如杨、柳、白蜡树的花。

中性花(flos neuter) 一朵花中，雌蕊和雄蕊均不完备或缺少的，如向日葵花盘边缘生长的舌状花。

杂性花(flos polygamus) 一株植物上或同种植物的不同植株上，既有单性花也有两性花的。

孕性花(flos fertilis) 指能够结出种子的花，即雌蕊发育正常的花。

不孕性花(flos sterilis) 指不能结出种子的花，即雌蕊发育不正常的花。

3. 依花被的状况分类

两被花(flos dichlamydeus) 一朵花同时具有花萼和花冠的，如白菜、桃的花。

单被花(flos monochlamydeus) 一朵花中只有花萼，而无花冠的，如菠菜的花。

裸花(flos nudus) 一朵花中花萼和花冠均缺的，又叫无被花，如杨、柳的花。

重瓣花(flos plenus) 指在一些栽培植物中花瓣层数增多的花，如月季花的花。

4. 依花被的排列状况分类

辐射对称花(flos actinomorphus) 一朵花的花被片大小、形状相似，通过它的中心，可以切成2个以上的相等对称面，如桃、李、油菜的花，又叫整齐花(flos regularis)。

左右对称花(flos zygomorphus) 一朵花的花被片大小、形状不同，通过它的中心，只能按一定的方向，切成一个相等的对称面，如益母草、菜豆的花，又叫不整齐花(flos irregularis)。

七、花萼

花萼(calyx)是由萼片组成，通常绿色，是花被的最外一轮或最下一轮。当花尚未开放时，有保护作用。但有些植物的花萼有鲜艳的颜色，状如花瓣，叫作瓣状萼(calyx petaloideum)，如白头翁的花萼。

萼片彼此完全分离的叫作离萼(calyx chorisepalus)，如毛茛、油菜的花萼；萼片部分或全部合生的叫合萼(calyx gamosepalus)，如番茄、益母草等的花萼；在合萼中，其合生部分叫作萼筒(tubus calycis)，上部的分离部分叫作萼齿或萼裂片(lobus calycis)。

有些植物具有两轮花萼，其外轮的萼片叫作副萼(epicalyx)，如委陵菜属植物的花萼。菊科植物花的萼片常变态成冠毛(pappus)，呈羽毛状、鳞片状、刺芒状等。

萼片通常在开花后脱落，但罂粟属植物则在开花时即脱落，叫作早落(caducus)；茄、酸浆的花萼在果熟时仍然存在，叫作宿存(persistens)。

八、花冠

花冠(corolla)是由花瓣组成，位于花萼的内方，是花的第二轮。花冠有各种鲜艳的颜色，是花中最明显的部分，大而质较薄，有保护花蕊和引诱昆虫传粉的作用。

花瓣彼此完全分离的，叫离瓣花冠(corolla choripetala)。离瓣花冠的花瓣可区分为 2 部分，上端较宽大的部分，叫瓣片(lamina)；下端狭长的部分，叫瓣爪(unguis)；具有离瓣花冠的花，叫离瓣花，如月季花。

花瓣多少合生的，叫合瓣花冠(corolla gamopetala)。合瓣花冠可分为 2 部分，下部合生成筒状的部分，叫冠筒(冠管)(tubus corollae)；上部分离而扩大弯出的部分，叫冠檐(limbus corollae)；冠檐的每一裂片，叫冠裂片(lobus corollae)；冠筒和冠檐交界处，叫冠喉(faux corollae)；具有合瓣花冠的花，叫合瓣花，如番薯、牵牛花的花冠。

有些植物的花具副花冠(corona)，是花冠或雄蕊的附属物，介于花冠与雄蕊之间，如水仙花中的黄色杯状物。

(一)花冠的类型(图 1-12)

1. 辐射对称花冠

十字形(cruciatus)　指花瓣 4 片，分离，相对排成十字形，如油菜、萝卜等十字花科植物的花冠。

蔷薇形(rosella)　指花瓣 5 片，分离，无瓣片与瓣爪之分，如桃、苹果的花冠。

辐状(rotatus)　指花冠筒极短，冠裂片由基部向四周辐射状伸展，如茄、番茄的花冠。

坛状(urceolatus)　指花冠筒膨大成卵形或球形，上部收缩成一短颈，然后短小的冠裂片向四周呈辐状伸展，如滇白珠树的花冠。

高脚碟状(hypocrateriformis)　指花冠

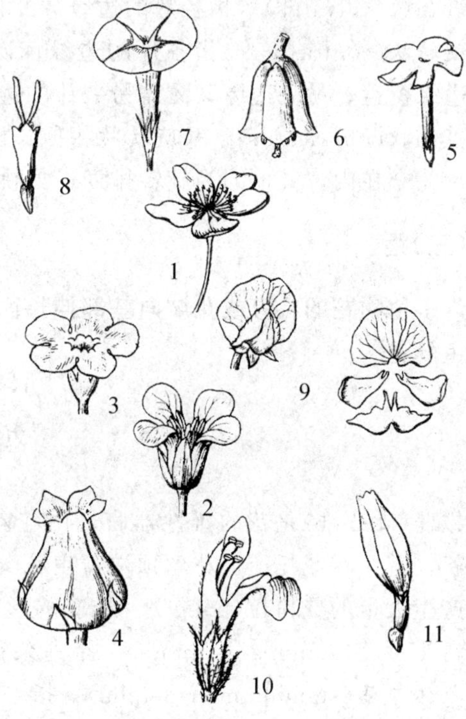

图 1-12　花冠的类型

1. 蔷薇形　2. 十字形　3. 辐状　4. 坛状　5. 高脚碟状　6. 钟状　7. 漏斗状　8. 管状　9. 蝶形　10. 唇形　11. 舌状

筒下部呈狭圆筒形，上部突然水平扩展成碟状，如水仙花、丁香的花冠。

钟状(campanulatus) 指花冠筒宽而长、冠裂片短小而向外伸展，整个花冠呈倒悬的钟状，如桔梗科植物的花冠。

漏斗状(infundibuliformis) 指花冠筒下部呈筒状，向上逐渐扩大成漏斗状，如牵牛花、田旋花的花冠。

管状(tubulosus) 指花冠筒大部分呈一圆管状，花冠裂片向上伸展，如大多数菊科植物头状花序中的盘花。

2. 两侧对称花冠

蝶形(papilionaceus) 指花瓣5片，其最上(外)的1片花瓣最大，常向外反展，叫旗瓣(vexillum)，侧面对应的2片通常较旗瓣小，且不同形，常直展，叫翼瓣(ala)，最下面对应的2片，其边缘常稍合生，如龙骨状，叫龙骨瓣(carina)，如豌豆等蝶形花科植物的花冠。

唇形(labiatus) 指花瓣5片，基部合生成花冠筒，冠裂片稍呈二唇形，上面2片合生为上唇，下面3片合生为下唇，如益母草等唇形科植物的花冠。

舌状(ligulatus) 指花冠基部合生成一短筒，上部向一侧伸展而成扁平舌状，如菊科植物头状花序的缘花。

(二)花瓣和萼片在花内的排列方式

镊合状(valvatus) 指各片的边缘彼此接触，但不彼此覆盖，如茄、番茄的花。

旋转状(contortus) 指各片的边缘依次被上一片覆盖，即每一片的一个边缘被相邻的一片边缘覆盖，另一边缘又覆盖另一片的边缘，如夹竹桃的花。

覆瓦状(imbricatus) 和旋转状相似，但在各片中，有1片或2片完全在外，另有1片或2片完全在内，其他的为旋转排列，如桃、玫瑰的花。

(三)距

许多植物花的花萼或花瓣向基部伸长而成管状或囊状，叫距(calcar)，如凤仙花、紫堇、柳穿鱼的花。

九、雄蕊

雄蕊(stamen)是花的雄性器官，由花丝(filamentum)和花药(anthera)组成。花丝通常呈丝状，着生在花托上，花丝顶端着生花药，花药中有花粉室(囊)(sacculus pollinius)，室内可产生大量的花粉粒(pollen)。雄蕊的形态可分为以下几种类型(图1-13，Ⅰ)。

离生雄蕊(stamina distinota) 指一朵花的雄蕊彼此分离，如百合、桃、杏的雄蕊。

单体雄蕊(stamina monadelpha) 指一朵花中多数雄蕊的花丝合生在一起成一束，如蜀葵、大红花、棉花等锦葵科植物的雄蕊。

二体雄蕊(stamina diadelpha) 指一朵花中的10枚雄蕊，9枚合生成一束，1枚单独成束，即呈二束，如豌豆、四季豆等蝶形花科植物的雄蕊。

多体雄蕊(stamina polyadelpha) 指一朵花中的多数雄蕊，分成多束，如柑橘类植物的

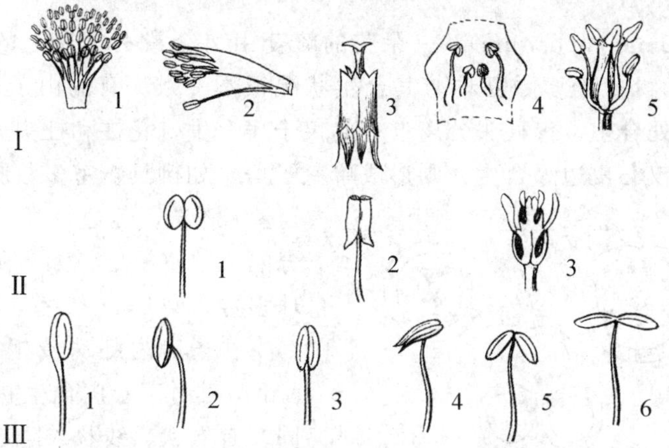

图 1-13　雄　蕊

Ⅰ. 雄蕊的类型：1. 单体雄蕊　2. 二体雄蕊　3. 聚药雄蕊　4. 二强雄蕊　5. 四强雄蕊

Ⅱ. 花药开裂的方式：1. 纵裂　2. 孔裂　3. 瓣裂

Ⅲ. 花药与花丝着生的方式：1. 全着药　2. 背着药　3. 基着药　4. 丁字药　5. 个字药　6. 广歧药

雄蕊。

聚药雄蕊(stamina syngenesa)　指一朵花的花药合生，而花丝仍分离，如向日葵等菊科植物的雄蕊。

雄蕊筒(管)(tubus staminalis)　指一朵花中雄蕊的花丝完全合生成一球状或圆柱形的管，如苦楝的雄蕊。

二强雄蕊(stamina didynama)　指一朵花中的 4 枚分离雄蕊，其中 2 长，2 短，如唇形科植物的雄蕊。

四强雄蕊(stamina tetradynama)　指一朵花中 6 枚雄蕊，其中 4 长，2 短，如白菜、油菜等十字花科植物的雄蕊。

冠生雄蕊(stamina epipetala)　指一朵花的雄蕊贴生于花冠上，如茄、丁香的雄蕊。

退化雄蕊(stamina rudimentaria)　指一朵花中的雄蕊没有花药，或稍具花药而无正常的花粉粒，或仅具雄蕊残迹的，如葫芦雌花中的雄蕊。

十、雌蕊

雌蕊(pistillum)位于花的中央，是花的雌性器官，将来发育成果实。它是由 1 个或数个变态叶组成，这种变态叶叫心皮(carpellum)，心皮是组成雌蕊的基本单位。心皮两边缘卷曲而合生的缝，叫腹缝线(sutura ventralis)，心皮的中脉，叫背缝线(sutura dorsalis)。一个典型的雌蕊由柱头、花柱、子房 3 部分组成。雌蕊的类型有以下 3 种。

单雌蕊(pistillum simplex)　一朵花中雌蕊由 1 个心皮组成，子房也是 1 室，胚珠 1 至多数，如桃、杏仅有 1 胚珠；豌豆、刺槐则有多数胚珠。

离心皮雌蕊(gynoecium apocarpum)　一朵花的雌蕊由若干个彼此分离的心皮组成，如铁线莲、委陵菜的雌蕊。这样，可把每个分离的心皮叫雌蕊，而把全部心皮或全部雌蕊，叫雌蕊群。

复雌蕊(pistillum compositum) 一朵花的雌蕊由2个或2个以上的心皮合生而成，但可以是1室至多室，1个至多数胚珠。其合生状况很不一致。有的由子房至柱头完全合生；有的由子房至花柱处合生，仅柱头分离；有的仅子房合生，花柱和柱头分离。

在子房部分，仅心皮边缘合生，则形成单室子房，如柳具1室多数胚珠；小麦、玉米具1室1胚珠。若边缘都向内卷曲而合生，则分隔成数室子房，如马蔺具3心皮3室，胚珠多数；梨具2～5室，每室1～2胚珠。

在子房内胚珠着生的部位叫胎座(placenta)。由于心皮合生状况，胚珠数目的不同，有点状、线状、隆起而肥厚的不同，常见有以下类型(图1-14，Ⅰ)：

基生胎座(placenta basalis) 指胚珠着生在子房室的基部，如菊科植物的胎座。

顶生胎座(placenta apicalis) 指胚珠着生在子房室的顶部，如瑞香科植物的胎座。

边缘胎座(placenta marginalis) 指单心皮1室子房里，胚珠着生在心皮的边缘，即腹缝线上，如蝶形花科植物的胎座。

侧膜胎座(placenta parietalis) 指合生心皮1室子房里，胚珠着生在每一心皮的边缘上，胎座常肥厚或隆起，或扩大到子房腔内，如瓜类等葫芦科植物的胎座。

中轴胎座(placenta axilis) 指合生心皮多室子房里，心皮边缘汇集合生成中轴，胚珠着生在中轴上，如番茄、百合、马蔺的胎座。

特立中央胎座(placenta centralis) 指复雌蕊1室子房里，中轴由子房腔的底部隆起，但不到达子房顶部，胚珠着生在此轴上，如石竹科植物的胎座。

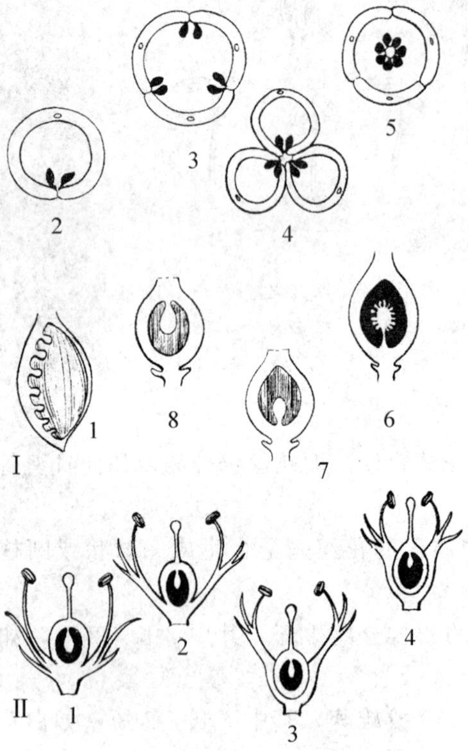

图1-14 雌 蕊

Ⅰ. 胎座的类型： 1，2. 边缘胎座 3. 侧膜胎座 4. 中轴胎座 5，6. 特立中央胎座 7. 基生胎座 8. 顶生胎座

Ⅱ. 花各部在花托上着生的位置： 1. 下位花(上位子房) 2. 周位花(上位子房) 3. 周位花(半下位子房) 4. 上位花(下位子房)

十一、花托

花托(receptaculum 或 torus)是花梗膨大的顶部，是花的各部分着生处。在较原始植物的花里，花各部分的排列呈螺旋状，所以花托也多少伸长，如木兰、毛茛；但在较进化植物的花里，花的各部则呈轮状排列，所以花托也就比较缩短。花托的形状有球状、盘状、杯状、壶状等。由于花托形状的变化，使花部着生的位置也发生变化，将来所形成的果实也发

生改变，这些变化在研究植物分类和演化的关系上很重要。

(一)依花各部分在花托上着生的位置分类(图 1-14，Ⅱ)

下位花(flos hypogynus)　花托多少凸起或稍呈圆锥状，花部呈轮状排列其上，最外或最下部的是花萼，依次为花冠、雄蕊、雌蕊，而花萼、花冠和雄蕊的着生点都较子房低，叫下位花。子房位置则处于一朵花中央的最高处，因而叫上位子房(ovarium superum)，如毛茛、油菜的花。

周位花(flos perigynus)　花托多少凹陷而膨大，呈浅盘状、杯状或壶状，子房着生于其中央的底部而与周围完全分离，花萼、花冠和雄蕊依次着生在花托上端内侧的周围，并围着子房，所以叫周位花。这里，子房本身位置未变，所以仍是上位子房，如桃、杏的花。有些周位花，它的子房下部和花托愈合，上部仍露出于花托外，叫半下位子房(ovarium half-inferum)，如马齿苋的花。

上位花(flos epigynus)　花托凹陷而膨大成种种形状，子房着生其中，且彼此完全愈合，仅有花柱和柱头外露，花萼、花冠和雄蕊依次着生在花托之顶部，而位于子房之上，所以叫上位花。由于子房陷入花托，而位于其他各轮之下，所以叫下位子房(ovarium inferum)，如西瓜、向日葵的花。

(二)花盘

花盘(discus)是花托的一种环形扩大部分，位于子房基部的周围，或介于雄蕊和花瓣之间。通常呈杯状、环状、扁平状或垫状；有全缘的，有分裂的，有边缘牙齿状的，也有分裂成疏离的腺体(glandula)，如蒺藜科植物的花盘隆起呈盘状或扁平。

(三)蜜腺

蜜腺(nectarium)指花盘、变形的小花瓣、花瓣或雄蕊基部能分泌蜜汁的附属体和附属小体，如龙眼、荔枝的花盘蜜腺，金莲花花瓣基部的蜜腺。

十二、花程式和花图式

(一)花程式

把花的各部用符号及数字列成类似数学方程式来表示的叫花程式(formula floris)，通过花程式可以表明花各部的组成、数目、排列、位置，以及它们彼此间的关系。

1. 使用符号及其表示的意义

K　表示花萼

C　表示花冠

A　表示雄蕊群

G　表示雌蕊群

P　表示花被

1，2，3，4，5……表示各部分的数目，轮数

∞ 表示数目很多而不固定

0 表示缺少或退化

( )表示同一花部彼此合生；不用此符号者为分离

＋ 表示同一花部的轮数或彼此有显著区别

$\underline{G}$、$\overline{\underline{G}}$、$\overline{G}$ 分别表示上位子房，半下位子房，下位子房

G(5：5：2)括号内第一数字表示心皮数目，第二数字表示子房室数目，第三数字表示子房室中胚珠数目。

↑ 表示两侧对称花

* 表示辐射对称花

♂ 表示雄花

♀ 表示雌花

⚥ 表示两性花

2. 花程式举例：

豌豆的花程式 ⚥ ↑ $K_{(5)}$ C_{1+2+2} $A_{(9)+1}$ $\underline{G}_{(1:1:\infty)}$

油菜的花程式 ⚥ * K_4 C_4 A_{4+2} $\underline{G}_{(2:2:\infty)}$

百合的花程式 ⚥ * P_{3+3} A_{3+3} $\underline{G}_{(3:3)}$

柳的花程式 ♂ K_0 C_0 A_2 G_0 和 ♀ K_0 C_0 A_0 $\underline{G}_{(2:1)}$

(二)花图式

花图式(diagramma floris)是花的横切面简图，用以表示花各部分轮数、数目、排列、离合等关系，用黑色圆点表示花着生的花轴，位于图的上方；用空心弧线表示苞片，位于图的下方；用带有线条的新月形弧线图形来表示萼片，位于图的最外层，由于萼片的中脉明显，故弧线的中部向外隆起突出以示之；实心弧线图形表示花瓣，位于图的第二层；雄蕊以花药的横切图形表示，位于第三层；雌蕊以子房横切面图形表示，位于图的中心。并注意各部分的位置，分离或连合，若连合则以虚线连接来表示(图 1-15)。

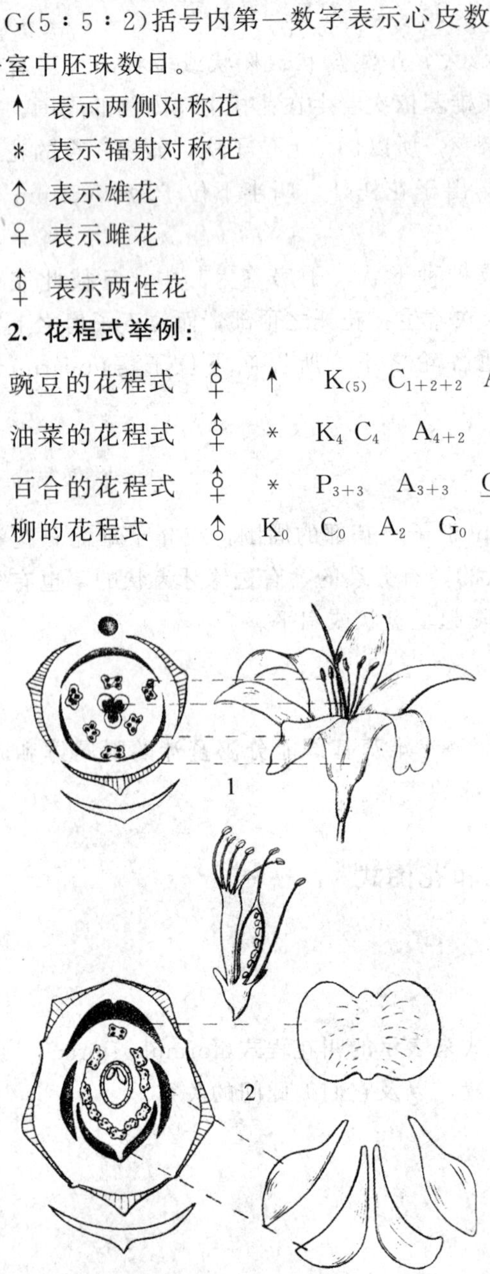

图 1-15 花图式

1. 百合花与花图式 2. 蝶形花与花图式

十三、果实

果实(fructus)是园艺植物开花受精后，柱头和花柱凋落，子房逐渐膨大，胚珠发育

成种子(semen)；子房壁发育成果皮(pericarpium)，这种果实叫真果。果皮通常可分为3层，最外一层，叫外果皮(exocarpium)，中间一层叫中果皮(mesocarpium)，最内一层，叫内果皮(endocarpium)。各层的质地、厚薄因园艺植物种类而异。

此外，有许多园艺植物的果实，除子房外，还有花托或花的其他部分参与果实形成，这种果实叫假果(fructus spurius)，如苹果、梨和葫芦科植物的果实。

根据果实的形态结构，果实可分为单果、聚合果和聚花果3大类(图1-16、图1-17)。

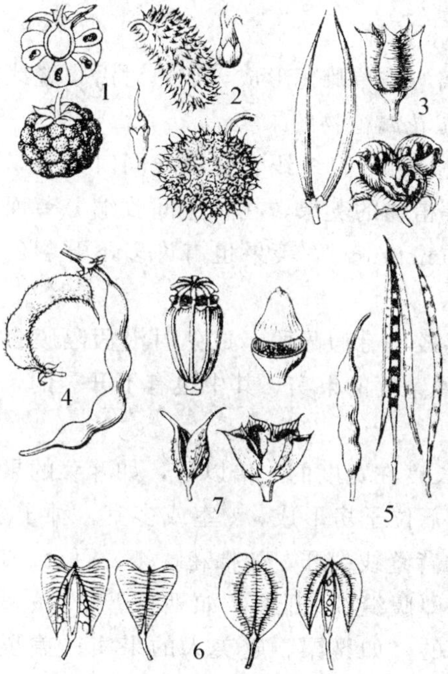

图1-16　果实的类型(一)

1. 聚合果　2. 聚花果　3. 蓇葖果　4. 荚果　5. 长角果　6. 短角果　7. 蒴果

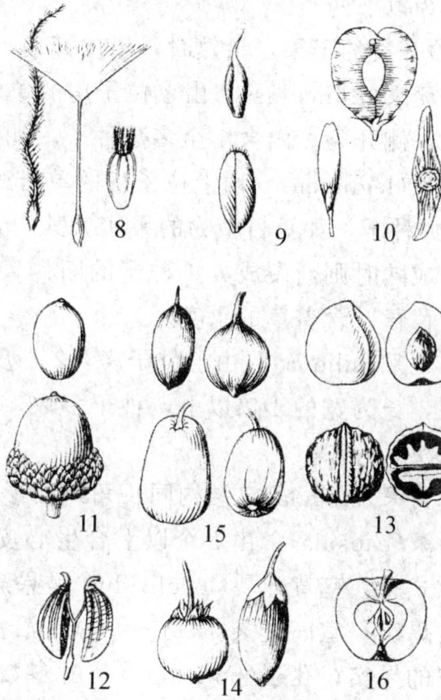

图1-17　果实的类型(二)

8. 瘦果　9. 颖果　10. 翅果　11. 坚果　12. 双悬果　13. 核果　14. 浆果　15. 瓠果　16. 梨果

(一)聚合果

一朵花中有多数单雌蕊，即离心皮雌蕊，每一个单雌蕊形成一个单果集生在膨大的花托上，叫聚合果(fructus polyanthocarpus)。根据单果的种类不同又可分为聚合瘦果，如草莓、委陵菜的果实；聚合蓇葖果，如八角、芍药的果实；聚合坚果，如莲的果实。

(二)聚花果

聚花果(fructus multiplices)又称复果，是由整个花序形成的果实。如桑葚是由一个柔荑花序形成的果实，花为单性，每朵花有4个萼片和一个子房，子房成熟后为小坚果，而萼片变为肉质多浆的结构，包围在小坚果外。而凤梨(菠萝)的果实为肉质花轴，连同其上的多数子房和苞片共同形成一个多浆的肉质果实。无花果的果实则是为坛状的花轴上生长的无数小花组成。

(三)单果

单果(fructus simplex)是由一朵花中的1个子房或1个心皮所形成的单个果实。根据果实成熟时果皮的性质(质地和结构)不同，可分为干果和肉果两大类。

1. 干果

干果(fructus siccus)指果实成熟后，果皮失去水分而干燥的果实。干果按果皮开裂和不开裂分为以下两类。

(1)开裂的干果：果熟时，果皮开裂，常见有以下几种。

蓇葖果(folliculus) 由上位子房的单雌蕊，或离心皮单雌蕊形成，成熟时沿腹缝线或背缝线仅一侧开裂，内含1至多数种子，如八角、翠雀花属植物的果实。

荚果(legumen) 由上位子房的单雌蕊形成，成熟时沿腹缝线和背缝线同时开裂，内含1至多数种子，如豆目植物的果实。其中岩黄芪属等植物的荚果，在种子间收缩分节而呈念珠状，成熟时则断裂成具1种子的断片，叫节荚(lomentum)。荚果也有许多不开裂的，如花生、苜蓿、含羞草的果实。

长角果(siliqua) 由上位子房，2心皮合生所形成，有假隔膜。成熟时沿假隔膜自下而上开裂，长为宽的4倍以上，种子多数，如白菜、油菜等的果实，其中也有不开裂的，如萝卜的果实。

短角果(silicula) 结构同长角果而形短者，但长度在宽度的4倍以下，如荠菜的果实。

蒴果(capsula) 由2个以上合生心皮的上位或下位子房形成，1室或多室，种子多数。开裂方式有：室背开裂(loculicidus)是果瓣沿心皮的背缝线裂开，如棉花、茶、百合、鸢尾、胡麻的果实；室间开裂(septicidus)是沿室间隔膜(即腹缝线)开裂，如烟草、牵牛、芝麻、曼陀罗的果实；孔裂(poricidus)是由多数小孔开裂的，如罂粟、虞美人的果实；盖裂(circumscissus)是果实上部横裂一周成一盖，如马齿苋、车前的果实。

(2)不开裂干果：果熟后，果皮干燥而不裂，常见有以下几种。

瘦果(achenium) 由离生心皮或合生心皮的上位子房或下位子房所形成，具1室1粒种子，果皮紧包种子而不易分离，如向日葵、荞麦的果实。

颖果(caryopsis) 也具1室1粒种子，但果皮和种皮完全愈合而不能分离，如玉米、小麦、水稻、早熟禾等禾本科植物的果实。

胞果(utriculus) 也具1室1粒种子，是由合生心皮的上位子房形成。果熟时，果皮薄而膨胀，疏松地包裹种子，如菠菜、苋菜等藜科和苋科植物的果实。

翅果(samara) 瘦果状，果皮向外延伸成翅，如榆、槭树的果实。

坚果(nux) 果皮木质化，坚硬，是1室1粒种子，如板栗、榛子的果实。

小坚果(nucula) 为一小而硬的坚果。如紫草科和唇形科植物的子房4深裂，形成4个小坚果，又叫分果(离果)(schizocarpium)。

双悬果(cremocarpium) 由2个合生心皮的下位子房形成，在果熟时，形成2个分离的小坚果，叫双悬果，双悬果瓣(mericarpium)悬挂在中央心皮柄的上端，如芹菜、胡萝卜等伞形科植物的果实。

2. 肉果

肉果(sarcocarpium)是果实成熟时，果皮或其他组成果实的部分，肉质多汁，常见有以下几种。

核果(drupa)　由单心皮或合生心皮的上位子房形成，外果皮薄，中果皮厚而肉质或纤维质，内果皮坚硬，包裹于种子之外而成果核，通常含1粒种子，如桃、梅、杏、李的果实。

浆果(bacca)　由合生心皮上位子房或下位子房形成，外果皮薄，中果皮和内果皮均肥厚，肉质，汁液丰富，含1至数粒种子，如茄、番茄、枸杞、柿子、葡萄等的果实。

柑果(hesperidium)　由合生心皮上位子房形成，外果皮呈革质，有油囊，中果皮稍疏松，具有分支的维管束，内果皮内弯分隔成果瓣，并向内形成许多长而肉质多浆的腺囊，如柑橘、柚的果实。

瓠果(pepo)　由合生心皮下位子房形成的假果，硕大，具1室和多数种子，果皮外层坚硬，由花托和外果皮组成，中果皮和内果皮肉质化，胎座发达也肉质化，如西瓜、黄瓜等瓜类的果实。

梨果(pomum)　由合生心皮的下位子房，并有花托参与所形成的。果实外层厚而肉质的部分由萼筒和花托发育而成，内层为果皮，外果皮和中果皮界限不明显，肉质化，内果皮很明显，革质或木质化，如苹果、梨的果实。

第二节　园艺植物分类学基础知识

一、园艺植物分类的各级单位

(一) 园艺植物分类的等级单位

植物分类学设立植物分类的等级单位，并赋予它们相应的拉丁文名称和特定的词尾，用以表示每种植物的系统演化地位和归属。常用的植物分类单位有：界(regnum)、门(divisio)、纲(classis)、目(ordo)、科(family)、属(genus)、种(species)。其中“种”是基层等级或基本单位，同一种植物，以它们特有的、相对稳定的特征与相近似的种区别开来。把彼此相近似的种组合成“属”，又把相近似的属组合成“科”(词尾-aceae)，依据同样的原则由小到大，依次组合成目(词尾-ales)、纲(词尾-opsida)和门(词尾-phyta或-phycophyta)，而后统归于植物界，这其中种和属没有特定的词尾。在每一等级内，如果种类繁多，也可根据需要再设立亚等级，如亚门(subdivisio，词尾-ophytina)、亚纲(subclassis，词尾-idae)、亚目(subordo，词尾-ineae)、亚科(subfamily，词尾-oideae)和亚属(subgenus)。有时在科以下除了设亚科以外，还有族(tribus，词尾-eae)和亚族(subtribus，词尾-inae)；在属以下除了亚属以外，还有组(sectio)和系(series)各等级。在种以下，也可细分为亚种(subspecies)、变种(varietas)和变型(forma)等。

以大白菜(*Brassica pekinensis* Rupr.)为例，其在分类系统中的地位排列如下：

界：植物界(Regnum vegetabile)

门：种子植物门(Spermatophyta)

亚门：被子植物亚门(Angiospermae)

纲：双子叶植物纲(Dicotyledoneae 或 Magnoliopsida)

亚纲：五桠果亚纲(Dilleniidae)

目：白花菜目(Capparales)

科：十字花科(Brassicaceae)

属：芸薹属(*Brassica*)

种：大白菜(*Brassica pekinensis* Rupr.)

以玉米(*Zea mays* Linn.)为例，其在分类系统中的地位排列如下：

界：植物界(Regnum vegetabile)

门：种子植物门(Spermatophyta)

亚门：被子植物亚门(Angiospermae)

纲：单子叶植物纲 (Monocotyledoneae 或 Liliopsida)

亚纲：鸭跖草亚纲 (Commelinidae)

目：莎草目 (Cyperales)

科：禾本科 (Poaceae)

亚科：黍亚科 (Panicoideae)

族：玉蜀黍族(Maydeae)

属：玉蜀黍属(*Zea*)

种：玉米(*Zea mays* Linn.)

(二) 科、属、种及种下分类单位的概念

根据《国际植物命名法则》的规定，在种上的等级单位设属和科；在种下可以设亚种、变种、亚变种、变型、亚变型诸等级，它们都是“依次从属等级的诸分类群”。现在分类学中常用的也只有亚种、变种和变型 3 个等级。

1. 种

种(species)是生物分类的基本单位。关于物种的概念，在生物学中被认为是最复杂的问题，它经历了相当长的历史演变，至今仍存在不同的认识，但是，大多数学者认为：“种”是起源于共同的祖先，具有极其相似的形态和生理特征，并有一定自然分布区的生物群，个体间能自然交配产生正常能育的后代，种间存在生殖隔离，如苹果(*Malus pumila* Mill.)、小

麦(*Triticum aestivum* Linn.)。物种是生物进化的产物，它既有相对稳定的形态和生理特征，又处在进化发展之中。

物种概念在植物分类学中的运用，大大提高了植物分类的研究水平。从主要依据形态特征和地理分布对蜡叶标本进行鉴定、命名和分类的经典分类，拓宽到主要依据植物代谢产物进行分类的化学分类；主要依据细胞染色体的数目、形态、行为等进行分类的细胞分类；到依据对植物蛋白质研究的成果，如氨基酸的组成和排列的变化，进行植物分类的分子生物学分类。使植物分类学从经典分类、细胞分类、化学分类发展到分子、原子生物学水平。但是，植物分类学的最基础的工作，至今仍然是经典分类，没有经典分类的基础，也就不能认识植物，从事植物分类学工作是不可能的。

2. 属

属(genus)是由亲缘关系接近、形态特征相似的种所组成，如苹果属(*Malus*)。

3. 科

科(family)是由亲缘关系接近、形态特征相似的属所组成，如蔷薇科(Rosaceae)、豆科(Leguminosae)、十字花科(Brassicaceae 或 Cruciferae)。

4. 亚种

亚种(subspecies，简写为 subsp.)是种内发生比较稳定变异的类群，在地理上有一定的分布区。如栽培的水稻(*Oryza sativa* Linn.)有粳稻(*Oryza sativa* subsp. *japonica* Kato)和籼稻(*Oryza sativa* subsp. *indica* Kato)两个亚种。粳稻产于我国北方，如东北大米；籼稻产于南方，如泰国香米。

5. 变种

变种(varietas，简写为 var.)是种内发生比较稳定变异的类群，它与原变种有相同的分布区，它的分布范围比起亚种要小得多，因此有人认为变种是一个种的地方宗(local race)。如桃[*Prunus persica* (Linn.) Batsch.]有 3 个栽培变种：油桃(*Prunus persica* var. *nectarina* Maxim.)、蟠桃(*Prunus persica* var. *platycarpa* Bailey)、寿星桃(*Prunus persica* var. *densa* Makino)。

关于亚种和变种这两个等级，沿用历史较久而广泛，历来许多世界性植物志和地方植物志大多使用，但一直是比较含混，各具有不同的解释，往往一个学者认为是亚种的，而另一位学者却认为是变种，相反亦然。究竟二者如何定义，尚有待探讨。

6. 变型

变型(forma，简写为 form. 或 f.)是有形态变异，分布没有规律，而是一些零星分布的个体，如花卉植物羽叶甘蓝(变型)(*Brassica oleracea* var. *acephala* f. *tricolor* Hort.)

7. 品种

品种(cultivar，简写为 cv.)是人类在生产实践中，经过人工选择培育而成的，它们具有某些生物学特性，如丰产、抗逆等性状或经济性状，而不是自然界中的野生植物。栽培植物有专门的命名法规，基本的方法是在种级以上与天然种的命名法相同，种下设品种(cultivar，简写为 cv.)。如洒金万年青(*Rohdea japonica* Roth. cv. 'Huban')为万年青(*Rohdea japonica* Roth.)的栽培品种之一。

二、园艺植物的命名方法

世界上各个国家、地区和民族的语言和文字各不相同，园艺植物的名称也不一样，因而出现了同物异名和同名异物的混乱现象，造成了利用和交流上的很大困难，给每一种园艺植物以统一的名称，则成为人们共同的愿望。在林奈(Linnaeus)以前曾有人采用双名法，三名法等不同方式给植物命名，自从林奈于1753年在发表的巨著《植物种志》(Species Plantarum)中，采用双名法为所记载的每一种植物命名以后，双名法被全世界的生物学家所接受，并在国际上建立了《国际植物命名法规》(International Code of Botanica Nomenclature，缩写ICBN)、《国际栽培植物命名法规》(The International Code of Nomenclature of Cultivated Plants，缩写ICNCP)等。

1. 双名法

是用拉丁文给植物命名的一种方法，它规定每一种植物的拉丁名由2个拉丁词(或拉丁化形式的词)组成，前一个词为属名，代表该植物所隶属的分类单位，第二个词为种加词。一个完整的学名还要在双名的后面附加命名人的姓名或姓名的缩写。例如：苹果的学名为*Malus pumila* Mill.，萝卜的学名为*Raphanus sativus* Linn.，其中*sativus*就是栽培的意思。

属名(name of genus)通常采用植物的特征、古植物名、地名和人名等拉丁文名词、单数第一格，书写时第一个字母必须大写。如：*Medicago*(苜蓿属)、*Malus*(苹果属)、*Oryza*(稻属)。

种加词(specific epithet)通常用拉丁文的形容词，也可用同位名词或名词的第二格，书写时第一个字母一律小写，如：*sativa*(栽培的)、*pumila*(矮小的)。

命名人(作者名)(author's name)是为该植物命名的作者。命名人的姓名如果超过一个音节时，通常采用缩写，第一个字母必须大写，缩写的人名在下角加缩写点“.”以便识别。植物分类学专著或文章中，植物学名后面加上命名人的姓名，不仅是为了正确和完整地表示该种植物的名称，也为了便于今后考证，而在其他著作或文章中命名人可省略。

有些植物的命名人有2个，则在2个姓名中间加“et”，例如西瓜[*Citrullus lanatus* (Thunb.) Matsum et Nakai]、雪里蕻(*Brassica junces* var. *multiceps* Tsen et Lee)；此外，还有一种情况：某人为一个新植物种命名，而由另1人(或2人)代为发表，此时命名人与代为发表的作者并列，两者之间加“ex”，例如青稞[*Hordeum vulgare* var. *nudum* (Ard. ex Schult.) Hook.]，学名中的*Hordeum*是属名、*vulgare*是种加词、Ard. 是命名人缩写、Schult. 是代为发表的作者名缩写。

杂交种(hybrid)的命名是用两个种加词之间加“×”表示，如多变苜蓿(又称杂交苜蓿、杂花苜蓿)[*Medicago sativa* × *Medicago falcate Rouy* et Foucaud]发表在1899年出版的《法国植物志》上，它是紫花苜蓿(*Medicago sativa* Linn.)与黄花苜蓿(*Medicago falcate* Linn.)的杂交种，但也可另取一名，用×将属名与种加词分开，如*Medicago*×*varia* Martyn。

2. 种下等级

种下等级中的亚种、变种和变型所采用的命名方法。拉丁名的主体是属名+种加词+亚种、变种或变型加词。在种加词之后，要分别加上亚种(subsp.)、变种(var.)、变型(f.)的缩写词，以表示该植物的分类等级，最后要附上亚种、变种或变型的、命名人的姓名缩写。

例如厚皮甜瓜(亚种)的学名(*Cucumis melo* subsp. *melo* Pang)、胡萝卜(变种)的学名(*Daucus carota* var. *sativus* Hoffm.)、花卉植物羽叶甘蓝(变型)的学名(*Brassica oleracea* var. *acephala* f. *tricolor* Hort.)。

1 种植物如已有 2 个或 2 个以上的学名，应以最早发表的名称为合法名称，其余的均为异名(Synonym)。

例如，牡丹有 3 个学名先后被分别发表过：

Paeonia suffruticosa Andr. in Bot. 6：t. 373，1804

Paeonia moutan Sims in Curtis's Bot. Mag. 29：t. 1154，1808

Paeonia decomosita Hand. -Mazz. in Acta Hort. Gothob. 13：39，1939

按优先律原则，*Paeonia suffruticosa* Andr. 发表年代最早，属合法有效的学名，其余两名称均为它的异名。

某植物种被命名，并经过合法有效的发表，但经后人研究认为定错了属，或应降低分类等级而改为亚种或变种，这就需要重新组合。在首次发表新组合时，需要在新组合的拉丁名后加写 comb. nov. 表示。被重新组合成种、亚种或变种的原始名称为基本异名(basonymum)。例如南瓜[*Cucurbita moschata* (Duch.) Makino]最早的学名是 *Anemone moschata* Duch.，最早 Duch. 将南瓜置于银莲花属(*Anemone*)，后来被 Makino 重新组合到南瓜属(*Cucurbita*)中，才有了现在的学名。

三、园艺植物分类检索表及其应用

园艺植物检索表是植物分类学中，选取植物的显著特征，运用表格的形式进行编排、分类的一种方法。它是鉴定和识别植物的钥匙。在植物分类中常用的检索表有定距检索表和平行检索表两种格式。

(一)定距检索表

定距检索表的编制是根据法国人拉马克(Lamarck，1744—1829)的二岐分类原则，将所需要进行分类的所有植物，选用 1～3 对显著不同的特征分成两大类，给它们编上序号，并列于书页左侧同等距离处；然后又从每类中再各自找出 1～3 对显著不同的特征再分为两类，编上序号，如 1. 1；2. 2；3. 3 等，并列于前一类的下面，并逐级从左向右移动 1～2 个印刷符号的距离，如此继续至所需编入的植物全部纳入表中，例如中国蔷薇科常见园艺植物分亚科、分属检索表。

中国蔷薇科常见栽培植物分属检索表

1. 子房下位或半下位，心皮 1～5，花托与子房壁愈合；梨果(苹果亚科 Maloideae)。
  2. 果熟时心皮变为坚硬骨质，果内含 1～5 粒种子 ……………… 山楂属 *Crataegus* Linn.
  2. 果熟时心皮变为革质或纸质，梨果 1～5 室，每室 1 或多数种子。
    3. 复伞房花序或圆锥花序，有花多朵 ……………………………… 枇杷属 *Eriobotrya* Lindl.
    3. 花单生、簇生或聚成伞形或伞房花序。

4. 花单生或簇生；梨果每室3至多数种子。

5. 叶全缘；花单生，花柱离生；果期花萼宿存 …………… 榅桲属 *Cydonia* Mill.

5. 叶缘常有锯齿；花单生或簇生，花柱基部合生；果期花萼脱落 ……………………………………………………………………………… 木瓜属 *Chaenomeles* Lindl.

4. 伞房花序；梨果每室1～2粒种子。

6. 花柱离生，花药紫红色；果多数含石细胞 …………………… 梨属 *Pyrus* Linn.

6. 花柱基部合生，花药黄色；果不含石细胞 ………………… 苹果属 *Malus* Mill.

1. 子房上位，花托与子房不愈合。

7. 心皮多数；瘦果或小核果；常为复叶(蔷薇亚科 Rosoideae)。

8. 瘦果多数，生于稍肉质的壶状花托内形成蔷薇果 ………………… 蔷薇属 *Rosa* Linn.

8. 瘦果或小核果生于扁平或隆起的花托上 ……………………… 草莓属 *Fragaria* Linn.

7. 心皮常1，稀2或5；核果；单叶(李亚科 Prunoideae)。

9. 果被绒毛，稀无毛。

10. 叶圆形或卵形，在芽中卷旋；果核表面光滑，具锐利的边棱 ……………………………………………………………………… 杏属 *Armeniaca* Linn.

10. 叶披针形或卵形，在芽中对折；果核表面具网状、条状或蜂窝状洼痕 ……………………………………………………………………… 桃属 *Amygdalus* Linn.

9. 果光滑无毛，被蜡粉或否。

11. 果较大，被蜡粉并具缝合线，果核扁压状；叶在芽中卷旋 ……………………………………………………………………… 李属 *Prunus* Linn.

11. 果较小，无蜡粉和缝合线，果核球形或卵形；叶在芽中对折 ……………………………………………………………………… 樱桃属 *Cerasus* Mill.

定距检索表的优点是，将彼此相对立的特征排列在相同的位置上，看起来醒目，使用也方便；缺点是检索表的左面有空白，浪费篇幅。

(二)平行检索表

平行检索表与定距检索表编制的原则是一致的，不同的是将每一对相对立的特征并列于相邻的两行里，在每一行的最后是一数字或为植物名称，若为数字，则为另一对并列的特征叙述，如此继续至所需编入的植物全部纳入表中。以十字花科芸薹属常见栽培蔬菜分种检索表为例，列平行检索表于下：

十字花科芸薹属常见栽培蔬菜分种检索表

1. 叶厚，稍肉质，被蜡粉；花白色至浅黄色，大，直径1.5～3 cm，花序花蕾高于盛开的花；角果较长；种子黑褐色 …………………………………………………… 2

1. 叶薄，不被或稍被蜡粉；花黄色，小，直径4～20 mm；角果较短；种子褐色、黄褐色、黄色或红色 …………………………………………………… 4

2. 植物具球形或扁球形的地上块茎；茎生叶具细柄 ……………………………………………………………… 球茎甘蓝 *Brassica deracea* var. *caulorapa* Dc.
2. 植物具正常的茎；茎生叶无柄或抱茎(甘蓝 *Brassica oleracea* Linn.) …………………… 3
3. 基生叶层层包裹成球状体 ………………… 卷心菜 *Brassica oleracea* var. *capitata* Linn.
3. 基生叶不包裹成球状体 …………………… 花椰菜 *Brassica oleracea* var. *botrytis* Linn.
4. 花序中花蕾低于盛开之花；植物无辛辣味；种子表面无明显窝孔；植株有时稍被蜡粉 ……………………………………………………………………………………… 5
4. 花序中花蕾高于盛开的花；植物有辛辣味；种子表面有明显的窝孔 …………………… 8
5. 基生叶大头羽状裂，叶柄不变宽 ……………………………………………………………… 6
5. 基生叶不裂，叶柄宽或很宽，或有 1～2 对不显著的裂片 …………………………………… 7
6. 地下有块根；茎生叶多具细齿 ……………………………………… 芜菁 *Brassica rapa* Linn.
6. 地下无块根；茎生叶具不整齐的弯缺牙齿或全缘 ……… 油菜 *Brassica campestris* Linn.
7. 基生叶叶柄无翅，叶无毛 ……………………………………… 青菜 *Brassica chinensis* Linn.
7. 基生叶叶柄很宽，并具叶片下延所形成的翅，背面沿脉有疏生的刺毛 ……………………………………………………………… 白菜 *Brassica pekinensis* (Lour.) Rupr.
8. 块根肉质、膨大 ………………… 大头菜 *Brassica juncea* var. *megarrhiza* Tsen et Lee
8. 根既不肉质，也不膨大 ……………………………………………………………………… 9
9. 基生叶不分裂，边缘有不整齐锯齿或垂锯齿 ……………………………………………………… 雪里蕻 *Brassica juncea* var. *multiceps* Tsen et Lee
9. 基生叶大头羽状裂 ……………………………………… 芥菜 *Brassica juncea* (Linn.) Czern.

平行检索表的优点是排列整齐而又节省篇幅，不足之处是不及定距检索表醒目，但熟悉后使用也很方便。

四、园艺植物分类的资料与文献引证

(一)查阅文献资料

学习和研究园艺植物分类，查阅文献资料是重要的环节。植物系统学分类的参考文献很多，下面列举我国重要的参考书和文献，简介如下：

1.《中国种子植物科属辞典》

侯宽昭编，1958 年科学出版社出版。书中记述我国产种子植物科和属的概况，共收 260 科2 614 属。计裸子植物 10 科 34 属 177 种；双子叶植物 203 科 2 024 属 18 686 种；单子叶植物 47 科，556 属，4 179 种。并收载一部分植物形态的拉丁术语。为查考我国种子植物科、属的重要工具书。本书于 1982 年出修订版，由吴德邻等修订。修订本增加了内容，计收入我国种子植物 276 科 3 109 属 25 700 余种。其中裸子植物 11 科 42 属，属名录，汉拉科、属名称对照表等。删去了初版中的植物形态术语。修订版丰富了科、属内容，几个附录都很有用。

2.《中国高等植物科属检索表》

中国科学院植物研究所主编，1979年科学出版社出版。本书为中国产的苔藓、蕨类和种子植物的科和属的检索表，每属后附有大约的种数和属的分布地区。书末有附录：植物分类学上常用术语解释及相应的图版40个。有中名和拉丁科、属名索引。为初学者及植物分类科研和教学的工具书。

3.《中国高等植物图鉴》

共5册及补编1～2册，中国科学院植物研究所主编，1972—1983年科学出版社出版。本书包括中国产的苔藓、蕨类和种子植物约万种，每种有描述和图，有分布地区，并附有检索表。这是一套带普及性的鉴定植物的工具书和参考书，受到各方面读者的欢迎。

4.《中国植物志》

共126卷册，中国植物志编委会编写，科学出版社出版，1959—2004年出版。记载了中国3万多种植物(301科3 408属31 142种)，包括9 000多幅图版，共计5 000多万字，是关于中国维管束植物(包括蕨类植物与种子植物)的全面、系统、科学的总结。《中国植物志》就像是这庞大植物家族的户口簿和档案册，不仅记载了它们的科学名称，而且详细地考证了历史文献记载、形态特征、地理分布、生态环境、物候期和用途等，是了解中国植物资源的最基本、最翔实、最权威的科学资料。《中国植物志》为鉴定国产植物的重要参考书和工具书。

(二) 文献引证

在植物志和某些专著中，作者常常对每一种植物都进行文献考证，并在种名之后按一定格式列出文献目录叫作文献引证。它包括文献的作者姓名(缩写、有时也可不写)，文献名称(缩写)，被考证的植物在该文献中记载的卷册数和页码、图版数码，以及该文献出版时间(年)等。文献引证是反映作者对该植物种的识认和观点的重要组成部分。这些文献引证常常使初学者不知所云，现举例做如下说明：

1. 桃

Amygdalus persica Linn. Sp. Pl. 677，1753；中国果树分类学 28，1979；中国植物志 38：17，1986——*Persica vulgaris* Mill. Gard. Dict. Abridg. Ed. 8，465，1768；Фл. Казах. 4：520，1961——*Prunus persica* (Linn.) Batsch，Beytr. Entw. Pragm. Gesch. Natur. 1：30，1801；中国高等植物图鉴 2：304，图 2338，1972。

Amygdalus(桃属名)，*persica*(桃的种加词)，命名人 Linn. (姓氏缩写)在1753年出版的《Sp. Pl.》(文献名称缩写)第677页，首先运用双名法给桃命名，并做了描述；1979年出版的《中国果树分类学》第28页对桃的记载中使用了上述名称；1986年出版的《中国植物志》第38卷第17页，对桃的记载中也使用了上述名称。然而 Mill. (命名人姓氏缩写)在1768年出版的 *Gard. Dict. Abridg.* (文献名缩写)第8版，第465页，将桃命名为 *Persica vulgaris* Mill.；1961年出版的《Фл. Казах.》(文献名缩写)第4卷520页，对桃的记载中使用了这一名称。Batsch(命名人姓名)在1801年出版的 *Beytr. Entw. Pragm. Gesch. Natur.* (文献名缩写)第1卷第30页，对桃的记载中将桃新组合入 *Prunus*(李属)中，命名为 *Prunus persica* (Linn.)Batsch；1972年出版的《中国高等植物图鉴》第二册第304页，图2338使用了这一名称。

从上述文献引证中可以看出，作者对上述文献中所记载的相关种进行了分析研究后认为：①文献中出现的 3 个种名，记载的均为同一种植物，它应该归于桃属 *Amygdalus*；② 根据《国际植物命名法规》认定：桃的合法名称应该是 *Amygdalus persica* Linn.，而 *Persica vulgaris* Mill. 和 *Prunus persica*(Linn.)Batsch 是作为前者的异名被列出。

2. 金露梅

Pentaphylloides fruticosa (Linn.) O. Schwarz, Mitt. Thuring. Bot. Ges. 1：105，1949；Олрей. Раст. Срейн. Азии 5：169，1976——*Potentilla fruticosa* Linn. Sp. Pl. 495，1753；中国植物志 37：245，图版 36：1-2，1985——*Dasiphora fruticosa*(Linn.)Rydb. in Mem Dep. Bot. Columb. Univ. 2：188，1898；Фп. Казах. 4：413，Табл. 53：4，1961。

Linn.（命名人姓氏缩写)在 1753 年出版的《Sp. Pl.》(文献名缩写)第 495 页，首先运用双名法给金露梅命名为 *Potentilla fruticosa*，并做了描述；1985 年出版的《中国植物志》第 37 卷第 245 页，图版 36，1-2 图，对金露梅的记载中使用了上述描述名称。O. Schwarz(重新组合人姓名)在 1949 年出版的 *Mitt. Thuring. Bot. Ges.*（文献名缩写)第 1 卷，第 105 页，将金露梅从 *Potentilla*(委陵菜属)中分出来，新组合到 *Pentaphylloides*(金露梅属)，改名为 *Pentaphylloides fruticosa*(Linn.)O. Schwarz，并做了描述；Олрей.（作者)在 1976 年出版的《Раст. Срейн. Азии》(文献名缩写)第 5 卷第 169 页，对金露梅的记载中使用了这一名称。Rydb.(姓氏缩写)在 1898 年出版的 *Mem Dep. Bot. Columb. Univ.*（文献名缩写)第 2 卷，第 188 页中将金露梅从 *Potentilla* 中分出来，新组合入 *Dasiphora* 中，改名为 *Dasiphora fruticosa*(Linn.)Rydb.，并做了描述；1961 年《Фп. Казах.》(文献名称)第 4 卷，第 413 页，图版 53，图 4，在对金露梅的记载中使用了该名称。

从上述文献引证中可以看出，作者对上述文献中所记载的相关种进行了分析研究后认为：文献中出现的上述 3 个种名，记载的均为同一种植物，将其归入 *Pentaphlloides* 更能够客观地反映金露梅的分类地位，据此，按照《国际植物命名法规》的有关条款，金露梅的合法名称应该是 *Pentaphylloides fruticosa*(Linn.)O. Schwarz，而 *Potentilla fruticosa* Linn. 和 *Dasiphora fruticosa*(Linn.)Rydb. 是作为前者的异名被列出。

关于文献引证中可引用的刊物名称缩写，大部分可在中国科学院华南植物研究所情报资料室编印的《植物学家所引用的刊物名称缩写》(1962 年版)中查到刊物名称的全文。

文献引证中常常出现 auct. non.(某些作者们的，而不是某某作者的)、in obs.(在短评中)、typ.(模式标本)、c. l.(文献已引证，文献已在前面列出)、nnot.(在短注内)、p. p.(一部分，部分的)等拉丁文缩写字，可在科学出版社 1958 年出版的《高等植物分类学参考手册》中查出它们的全文及中文解释。

第二章　园艺植物的实用分类①

在植物分类学的历史发展过程中，植物分类大致采取两种方法，即实用分类和系统分类。

实用分类是一种人为分类法(artificial classification)，是人们为了自己认识和应用上的方便，主观地仅选择植物形态、习性或用途等某1个或少数几个性状作为分类依据的分类方法。人为分类法在应用上比较简单，它不考虑植物的亲缘关系和演化关系，虽然已被自然分类法所取代，但至今还在一些领域使用，如在经济植物学、野生植物资源的调查和利用上，往往依据它们的经济用途进行分类，如粮食、果树、蔬菜、花卉、牧草、药草、纤维、香料植物等。园艺植物的实用分类或根据生物学特性和栽培技术要求基本相似的原则，对植物进行分类的栽培学分类方法，又称农业生物学分类；或根据植物的生活型与生态习性进行分类的植物生态学分类。

第一节　园艺植物栽培学分类

根据生物学特性和栽培技术要求基本相似的原则，对园艺植物进行分类的方法为栽培学分类，又称农业生物学分类。这种分类方法对园艺植物栽培和研究有一定指导意义，目前主要用于果树和蔬菜植物的分类，相对花卉和草坪草多用植物生态学分类。

一、果树栽培学分类

为便于果树植物的栽培和利用，20世纪40年代，Schilletter和Richey率先提出了较为完整的果树栽培学分类体系。随着新的果树种类不断被推广利用以及植物分类学研究的进展，果树栽培学分类体系也在逐步完善。综合考虑了果树植物的生态、树性和果实特征以及许多学者多年来在果树栽培分类上的研究成果，形成的一种目前在国内外应用较多的果树栽培学分类体系。

(一)落叶果树

落叶果树(deciduous fruit tree)是叶片在秋冬季全部脱落，翌年春天重新萌芽和抽枝长叶。这类果树具有明显的生长期和休眠期，在中国多分布于北方，分为以下4种：

仁果类果树(pomaceous fruit tree)　其果实是由花托和子房膨大形成的假果，果心有多

---

① 本章参考引用了程智慧主编的《园艺学概论》(2003年版)，章镇、王秀峰主编的《园艺学总论》(2003年版)，李光晨主编、朱立新副主编的《园艺通论》(2002年版)，张志国主编的《草坪建植与管理》(1998年版)等教材的相关内容，在此向作者表示感谢。

粒种子(仁)，食用部分为肉质的花托。如苹果、梨、山楂、沙果、海棠果、木瓜等果树。

核果类果树(stone fruit tree) 其果实是由子房发育形成的真果，外果皮薄、中果皮肉质，是食用部分，内果皮木质化，成为坚硬的核。如桃、梅、李、杏、樱桃、枣等果树。

坚果类果树(nut tree) 其果实是由子房发育形成的真果，果实或种子外部有坚硬的外壳，可食部分为种子的子叶或胚乳。如栗、核桃、榛子、阿月浑子、扁桃等果树。

浆果类果树(berry tree) 其果实柔软多汁，并含有多数小型种子。如草本的有草莓；藤本(蔓生)的有葡萄、猕猴桃；灌木的有树莓、欧洲醋栗、红茶藨子、无花果和石榴；乔木的有桑树和柿子树等。

(二)常绿果树

常绿果树(evergreen fruit tree)是叶片一年四季常绿，春季新叶长出后老叶逐渐脱落。这类果树一年中无明显的休眠期，在我国多栽培于南方，分为以下 9 种：

柑果类果树(hesperidium fruit tree) 其果实由子房发育而成，外果皮含有色素和很多油胞，中果皮白色呈海绵状，内果皮形成囊瓣，内含多数柔软多汁的纺锤状小砂囊，是食用部分。如柑、橘、橙、柚、葡萄柚、柠檬、金橘、黄皮等果树。

浆果类果树 其果实多汁液，如杨桃、蒲桃、莲雾、番木瓜、番石榴、人心果等果树。

荔枝类果树(lychee tree) 其果实外有果壳，食用部分为白色的假种皮。如荔枝、龙眼等果树。

核果类果树 包括橄榄、油橄榄、杧果、杨梅、余甘、油梨、椰枣等果树。

坚果类果树 包括腰果、椰子、槟榔、巴西坚果、澳洲坚果、山竹子、榴莲等果树。

荚果类果树(legume fruit tree) 包括苹婆、酸豆、角豆树、四棱豆等果树。

聚复果类果树(aggregate fruit tree) 其果实是由多果聚合或多心皮合成的复果。如木菠萝、番荔枝等果树。

草本类果树(herbaceous fruit plant) 这类果树具有草质的茎，多年生。如香蕉、菠萝等植物。

藤本(蔓生)类果树(liana fruit tree) 这类果树的枝干称藤或蔓，树不能直立，依靠缠绕或攀缘在支持物上生长。如西番莲、胡颓子等植物。

二、蔬菜栽培学分类

这一分类法以蔬菜的农业生物学特性作为分类的依据。所谓农业生物学特性，主要是指产品器官的形成特性和繁殖特性，不同科、属的蔬菜可以因具有相似甚至近乎相同产品器官形成特性和繁殖特性而在农业生物学分类中归属于同一类蔬菜。这一分类法将蔬菜分为 11 类。

(一)根菜类

这类蔬菜以其膨大的直根为食用部分，均用种子繁殖，生长期中喜冷凉的气候。在生长的第一年形成肉质根，贮藏大量的水分和养分，为二年生植物，包括肉质根类和块根类。

肉质根类：萝卜、胡萝卜、大头菜、芜菁、芜菁甘蓝、根用甜菜。

块根类：番薯、山药、葛。

(二)茎菜类

1. 地下茎类

块茎类：如马铃薯、菊芋。

根状茎类：如藕、姜。

球茎类：如荸荠、慈姑、芋头。

2. 地上茎类

嫩茎类：如莴苣、芹菜、茭白、石刁柏、竹笋。

肉质茎类：如榨菜、球茎甘蓝。

(三)叶菜类

1. 白菜类　包括白菜、芥菜及甘蓝等，均用种子繁殖，以柔嫩的叶丛或叶球为食用器官。生长期间需要湿润及冷凉的气候，为二年生植物。在生长的第一年形成叶丛或叶球，到第二年才抽薹开花。如小白菜为不结球叶菜，大白菜、莲花白(包菜)为结球叶菜。

2. 绿叶蔬菜类　以其幼嫩的绿叶或嫩茎为食用器官的蔬菜，如莴苣、菜薹、菠菜、茼蒿、苋菜、蕹菜、落葵等。这类蔬菜大都生长迅速。其中的蕹菜、落葵等，能耐炎热，而莴苣、芹菜则好冷凉。均用种子繁殖。

3. 鳞茎类　包括洋葱、大蒜、大葱、韭菜等葱蒜类蔬菜，叶鞘基部能膨大而形成鳞茎，所以也叫作“鳞茎类”。其中的洋葱及大蒜的叶鞘基部可以发达成为膨大的鳞茎，而韭菜、大葱、分葱等则不特别膨大。性耐寒，除了韭菜、大葱、细香葱以外，到了炎热的夏天地上部都会枯萎。在长光照下形成鳞茎。可用种子繁殖(如洋葱、大葱、韭菜等)，亦可用营养繁殖(如大蒜、分葱及韭菜)。

(四)花菜类

包括花椰菜、西兰花、黄花菜。

(五)茄果类(浆果类)

包括茄子、番茄及辣椒。这三种蔬菜同属茄科，不论在生物学特性上还是栽培技术上都很相似。不耐寒冷，对日照长短的要求不严格。均用种子繁殖。

(六)瓜类(瓠果类)

包括南瓜、黄瓜、西瓜、甜瓜、瓠瓜、佛手瓜、冬瓜、丝瓜、苦瓜等。茎为蔓性，雌雄同株异花，开花结果要求较高的温度及充足的阳光，尤其是西瓜和甜瓜，适于昼热夜凉的大陆性气候及排水好的土壤，均用种子繁殖。

(七)豆类(荚果类)

包括菜豆、豇豆、大豆、刀豆、扁豆、豌豆及蚕豆。除豌豆及蚕豆要求冷凉气候以外，其他的都要求温暖的环境。为夏季主要蔬菜之一。大多食用其新鲜的种子及豆荚。豆类的根与根瘤菌共生，可以固定空气中的氮素。均用种子繁殖。

(八)薯芋类

包括一些地下根及地下茎的蔬菜，如马铃薯、山药、芋、姜等。富含淀粉，能耐贮藏。均用营养繁殖。除马铃薯生长期较短，不耐过高的温度外，其他的薯芋类都能耐热，生长期亦较长。

(九)水生蔬菜

水生蔬菜是指一些生长在沼泽或浅水地区的蔬菜。主要有藕、茭白、慈姑、荸荠、菱角、芡实和水芹等。除菱角和芡实以外，都用营养繁殖。

(十)多年生蔬菜

如香椿、竹笋、黄花菜、石刁柏、佛手瓜、百合等。一次繁殖以后，可以连续采收数年。除香椿、竹笋以外，地上部每年枯死，以地下根或茎越冬。

(十一)种子类蔬菜

如籽用西瓜、莲子、芡实。

对于种子植物而言，形态上有根、茎、叶、花、果、种子之分，而不同的蔬菜食用器官相差很大，有的蔬菜可以两种以上的器官供食，如大蒜(鳞茎、嫩叶、蒜薹)；有的蔬菜则只有一种器官可食，如番茄的果实。

三、花卉栽培学分类

花卉植物按栽培用途和习性为分类依据。可分为以下 2 类。

(一)按园林绿化用途和习性分类

1. 露地花卉

露地花卉即是能在自然露地条件下完成全部生长过程，不需要栽培保护措施的花卉。如需提前开花，可在早春用温床或冷床育苗。大量花卉均可栽培于露地、布置花坛或点缀园景用，多年生、抗性强、栽培容易的花卉更适于露地较粗放栽培。可根据生活史分为以下 2 类。

(1)一年生露地草花

种子发芽后，在当年便开花结实、完成生命周期而枯死的为一年生花卉。一年生花卉都不耐寒，一般在春季无霜冻后播种，多是短日性，于夏秋开花结实后死亡。如金盏菊、翠菊、万寿菊、百日菊、三色堇、虞美人、向日葵、羽衣甘蓝、凤仙花、一串红等露地花卉。

(2)多年生露地草花

宿根花卉(perennial herb flowers)是指多年生草本植物(herbaceous perennials)的一部分，其概念是指那些与一、二年花卉相似，但又能生活多年的花卉。地下器官形态正常，不发生变态。如万年青、君子兰、龙舌兰、天门冬、文竹、秋海棠、珠兰、吊兰、彩叶草、石莲花、虎耳草、报春花、紫罗兰、鹤望兰、网球花及春兰、建兰、墨兰、石斛、万带兰、兜兰、蝴蝶兰等兰科植物和凤梨、铁兰、果子蔓、水塔花等凤梨科植物。

球根花卉(bulbs)是指植物体具有由地下茎或根变态形成的膨大部分，以度过寒冷的季节。至环境适宜再活跃生长，出叶开花，并再度产生新的地下膨大部分或增生子球进行繁殖。球根花卉的多数种类仅在旺盛生长时期有绿叶，另一段时期地上部分枯死，如郁金香、仙客来、朱顶红、大岩桐、马蹄莲、花叶芋、文殊兰等。

多浆及仙人掌类(succulents and cacti)是指根据其共同具有旱生、喜热的生态生理特点及植物体含水分多、茎或叶特别肥厚、呈肉质多浆的形态而归为一类。在植物分类系统中，有40多科均含多浆植物。常见栽培的有仙人掌科、景天科、马齿苋科、萝藦科、菊科、百合科、龙舌兰科、大戟科的许多植物，其中以仙人掌科的种类最多，因而有时又独立于多浆植物之外另成仙人掌类。常见的多浆花卉有石莲花、落地生根、景天花、半枝莲、铁海棠、芦荟及仙人掌科的量天尺、昙花、仙人掌等。

2. 温室花卉

温室花卉即原产于热带、亚热带及南方温暖地区的花卉。在北方寒冷地区栽培必须在温室内培养，或冬季需要在温室内保护越冬。通常可分为以下几类：

(1)温室观叶盆栽花卉

热带温室观叶盆栽花卉：指越冬夜间最低温度为12℃，如喜林芋、凤梨类、橡皮树、变叶木等。

亚热带温室观叶盆栽花卉：指越冬夜间最低温度为5℃，如文竹、吊竹梅、鹅掌柴等。

(2)温室盆花

低温温室盆花：指保证室内不受冻害，夜间最低温度维持5℃即可，如一串红、菊花、半枝莲、矮牵牛、天竺葵、鸡冠花、秋海棠、微型月季、杜鹃、茶花、仙客来、香雪兰、金鱼草等亚热带花卉。

暖温室盆花：指室内夜间最低温度为10～15℃，日温为20℃以上，如兰花、凤梨、吊兰、夜来香、变叶木、富贵竹、水仙、红鹤芋、玻璃翠、扶桑、仙人掌、棕榈科植物等一般热带花卉。

3. 切花花卉

栽培的目的是为剪取花枝供作瓶花或其他装饰用。如香石竹、唐菖蒲、切花菊、切花月季、满天星、非洲菊、百合、马蹄莲、鹤望兰等。

(二)按栽培的经济用途分类

以其生产栽培的经济目标为分类依据。

药用花卉：如芍药、桔梗等。

香料花卉：如玫瑰、薰衣草、八角、桂皮等。

食用花卉：如菊花、百合、月季、玉兰、萱草、荷花、藕、芡实、慈姑等。

其他可以生产纤维、淀粉、油料的花卉：棕榈、魔芋、向日葵、蓖麻等。

四、草坪草栽培学分类

草坪草是城镇绿化的重要组成部分，大多选用禾本科、莎草科、豆科和菊科的低矮类植物，按照草坪草在园林绿化中的栽培用途为分类依据，可分为以下几种：

1. 庭院草坪

居民区、学校、工厂、机关等范围内的小面积草坪均属观赏性庭院草坪。用作庭院草坪的草坪草品种很多，常见的有草地早熟禾、苇状羊茅、狗牙根、地毯草、黑麦草和结缕草等，只要它们适合当地的环境条件均可选用。

2. 公共绿地草坪

为了美学和观赏价值设计的公共绿地，践踏的强度不大，这类草坪的外观一致性特别重要，如车轴草属、蟛蜞菊等。

3. 公园草坪

公园与休闲有关，公园草坪不但要漂亮，而且要承受一定程度的践踏，草地早熟禾、狗牙根是应用较为广泛的植物。

4. 设施草坪

设施草坪是以水土保持为目的的保护性草坪，如公路、飞机场、高尔夫球场的障碍区草坪等。在温带和寒带常用的植物有草地早熟禾、羊茅和黑麦草、芦苇；热带和亚热带地区常用的植物有普通狗牙根和结缕草。

5. 体育场草坪

体育场特别是足球场草坪上的运动量大，足球场草坪一方面要求具有良好的外观质量，同时还要抗践踏、恢复力强。常用的植物有狗牙根。

6. 高尔夫球场草坪

高尔夫球场的草坪包括了多种类型的草坪。果领草坪要求能够忍耐不足5 mm的修剪高度，在温带、寒带或某些亚热带地区最适宜的是匍匐剪股颖，在热带和亚热带地区用作果领草坪的有普通狗牙根、绒毛剪股颖和细弱剪股颖及结缕草等植物。开球区的草坪常同球道上的草坪植物相同，修剪高度在15～25 mm,气候适宜时，剪股颖和狗牙根是理想的草坪植物，在亚热带和温带过渡地区，也可选用抗性强的结缕草。球道是高尔夫球场面积最大的运动区域，球道上草坪的托球能力直接反映草坪的质量好坏，在热带、亚热带地区最好的球道草坪是由狗牙根建成，亚热带与温带交接地带结缕草和耐冷的狗牙根是不错的选择，温带和寒带可以选用剪股颖。

第二节 园艺植物生态学分类

由于对某一特定的综合环境条件的长期适应，不同园艺植物在形状、大小、分枝等方面都表现了相似的特征。把这些具有相似外貌特征的不同种植物，称为一个生活型。根据园艺植物的生活型与生态习性进行的分类为生态学分类。这种分类方法在观赏植物上应用最广泛。

一、果树生态学分类

我国气候类型多样，地形、地貌复杂，植物种类繁多，果树植物是分布地域最为广泛的植物类群。生态环境和人类利用的历史对果树植物的分布有着重要的影响，但气候因子在其中起着主导作用。由于我国气候类型的变化与纬度的变化有密切关系，因此，大多数果树种类的分布表现出较明显的地带性。

果树自然分布的地带性，不仅反映了果树种类对自然环境条件的适应能力，同时也为人类对果树植物资源的合理、高效地利用提供了充分的依据。但是，生态环境和果树的生态适应性是一个相互影响和相互依存的动态变化过程，特别是人类的活动，如新品种选育，保护地栽培技术的推广以及小气候的利用，使得果树带的划分仅仅是相对的，而不是绝对的。随着今后人类对果树资源的开发利用水平的逐步提高和生态环境的变化，果树分布带也将发生相应变化。

不同种类的果树植物由于系统发生和人类活动(引种、栽培等)的差异，逐渐形成了对气候、土壤和地形等生态因子的不同适应能力。果树均为多年生植物，通过长期的自然和人工选择过程，对光照、土壤、地形和生物等生态因子变化的适应性一般较强。而温度和水分是影响大多数果树植物生态适应性的主要限制因子。为了引种和栽培利用的方便，我国主要果树种类的生态适应性分类如表 2-1 所示。

表 2-1　我国主要果树种类的生态适应性分类

类　别	生态适应性	代表树种
寒带果树	耐寒性强，能抗－40～－50℃的绝对最低气温，一般在高寒地区栽培，如我国东北、新疆北部山区	山葡萄、山定子、秋子梨、醋栗、树莓、越橘、榛子等
温带果树	多是落叶果树，休眠期需要一定的低温条件，耐涝性较弱，喜冷凉干燥的气候条件，适宜在温带栽培，如我国长江以北的大部地区	苹果、梨、桃、杏、李、梅、枣、核桃、柿、樱桃、板栗、山楂、葡萄、木瓜等
亚热带果树(又可分为常绿性亚热带果树和落叶性亚热带果树)	具有一定抗寒性，对水分、温度变化的适应能力较强，如在我国华南北部至长江以南的广东、广西北部，福建大部，江西全省，浙江、湖北至西南等地的南部	常绿性亚热带果树　如柑橘类、枇杷、荔枝、龙眼、杨梅、橄榄、油橄榄、苹婆、杨桃、番石榴、西番莲、黄皮、油梨、莲雾、佛手等。 落叶性亚热带果树　如无花果、猕猴桃、扁桃和石榴等。 另外，桃*、李*、核桃、板栗*、葡萄*、柿*、扁桃、梨*、砂梨、中国樱桃、欧洲葡萄、槟桃及桃、枣等温带树种的南方品种也可在亚热带地区栽培
热带果树(常绿果树)	较耐高温高湿，对短期低温也有较好适应能力，喜温暖湿润的气候条件，适宜热带地区栽培，如广东、广西、福建等地南部及台湾地区	香蕉、菠萝、木菠萝、杧果、番木瓜、人心果、番荔枝、番石榴、椰子、番荔枝等。 一般热带果树还能在温暖的南亚热带栽培，而柑橘、荔枝、龙眼、橄榄等亚热带果树也可在热带地区栽培
纯热带果树	喜高温高湿气候条件，如我国海南省	榴莲、面包果、腰果、可可、槟榔、柠檬、巴西坚果等

注：* 指该树种的生态适应性随着种、品种的不同而不同。

二、蔬菜生态学分类

按照蔬菜对温度的要求，常将蔬菜分为以下5类。

耐寒而适应性广的蔬菜：如韭菜、黄花菜、金花菜、芦笋等多年生宿根蔬菜。

耐寒性蔬菜：如菠菜、芹菜、大蒜、芫荽、小白菜等。

半耐寒性蔬菜：如大白菜、甘蓝类、莴笋、萝卜、胡萝卜、豌豆、蚕豆、马铃薯等。

喜温蔬菜：如番茄、茄子、辣椒、黄瓜、西葫芦、菜豆等。

耐热蔬菜：如西瓜、甜瓜、南瓜、丝瓜、苦瓜、蛇瓜、瓠瓜、豇豆、番杏、苋菜等。

三、花卉生态学分类

以花卉植物生长的生活型和生物学特性为主要分类依据，应用最为广泛。

(一)一、二年生花卉

1. 一年生花卉

即在一个生长季内完成生活史的花卉植物。从播种到开花、结实、枯死均在一个生长季内完成。一般在春天播种，秋季开花结实，然后枯死。故一年生花卉又称春播花卉。一年生花卉的多数种类原产于热带、亚热带地区，不耐0℃以下低温，遇霜即枯死。萌芽感温阶段，要求5～12℃，5～15 d完成。感光阶段在8～12 h短日照条件下完成，通常秋季开花，若需在春天长日照条件下开花，可作遮光处理，以提早开花。如翠菊、波斯菊、百日菊、万寿菊、凤仙花、鸡冠花、天人菊、飞燕草、千日红、重瓣向日葵、矮牵牛、三色堇、半枝莲、金鱼草、紫茉莉、长春花、一串红、牵牛花、茑萝、香豌豆、旱金莲、旋花等。

花卉栽培学分类中的一年生花卉，其中一部分种类按其生物学特性应为二年生花卉，但在北方寒冷地区不能露地越冬，只能作一年生花卉栽培，如金盏菊、矢车菊等。另外一些种类如长春花、一串红、美女樱、紫茉莉、藿香蓟等，在温暖地区可作多年生花卉栽培。因此，一年生花卉的确切界定，主要根据其耐寒力的强弱，视不同地区而异。

2. 二年生花卉

即在两个生长季内完成生活史的花卉植物。当年只生长营养器官，第二年开花、结实、死亡。二年生花卉一般在秋季播种，次年春夏开花。故又称为秋播花卉。如须苞石竹、紫罗兰、羽衣甘蓝、雏菊、矢车菊、福禄考等。二年生花卉均原产于温带或寒冷地区，耐寒力较强。秋播后，在0～10℃低温下，60～70 d完成感温阶段，感光阶段在14～16 h长日照条件下完成，春季开花。二年生花卉如作为一年生花卉栽培，应在早春开冻后及早播种，或在播种前作低温处理，可当年开花，但效果欠佳。

(二)多年生花卉

1. 多年生草本花卉

多年生花卉的多数种类原产于温带的冷冻地区，耐寒力较强，其根或茎能多年宿存于土中，年年萌芽开花，达几年甚至十几年之久，习称宿根花卉。其中有些种类的地下变态器官呈块茎、球茎、鳞茎、块根等，这些称为球根类花卉。此类花卉在冬季有完全休眠的习性，地上部茎叶全部枯死，地下部器官进入休眠状态，第二年春季转暖时再度萌芽开花，或夏季高温时地上部分枯死，进入休眠。其中，春季开花种类，感温阶段要求低温，感光阶段要求长日照；夏秋开花种类，感温阶段要求高温，感光阶段要求短日照。可分为：

(1)宿根花卉(perennial herb flowers)：是多年生草本植物(herbaceous perennials)的一部分，其概念是指那些与一、二生年花卉相似，但又能生活多年的花卉。地下器官形态正常，不发生变态。如萱草、芍药、玉簪、菊花、银莲花、漏斗菜、荷兰菊、射干、金鸡菊、香石竹、中国石竹、羽扇豆、锦葵、美女樱、番红花、浙贝母等。

(2)球根花卉(bulbs)：均为多年生草本。共同的特点是具有由地下茎或根变态形成的膨大部分，以度过寒冷。依其地下变态器官的形态，又可分为以下5类：

鳞茎类(bulbs)：鳞茎是易于与其他类型地下变态相区别的变态茎。鳞茎占比例最大、显而易见的部分是变态叶。其茎扁平而短缩，位于鳞茎的基部，称鳞茎基或鳞茎盘。中央有顶芽，将来生出叶、花葶或地上枝。顶芽被1至多数肉质鳞叶包围。肉质鳞叶是由叶或叶的基部变态形成。鳞茎绝大多数见于单子叶植物的百合科、石蒜科及鸢尾科的某些属中，极少见于双子叶植物中，如百合、水仙、风信子、郁金香、石蒜、贝母、球根鸢尾、晚香玉、葱莲等。

球茎类(corms)：球茎是比较短缩的变态茎。它有明显的节与节间，节上环生干膜质鳞片状叶，将球茎包被，起保护作用。球茎有比较发达的顶芽，将来抽叶开花。如唐菖蒲、番红花、酢浆草等。

块茎类(tubers)：块茎是由地下根状茎的顶部膨大而形成的。它的节不明显，但有螺旋状着生而易辨认的芽及退化叶脱落后留下的叶痕，在它的上面不直接产生根。马铃薯是块茎的典型，白芨、球根秋海棠、花叶芋、马蹄莲等也是。

根茎类(rhizomes)：根茎或称根状茎，是横卧地下、节间伸长、外形似根的变态枝。有明显的节、节间、芽和叶痕，易与根区别。根状茎在植物中普遍存在，在双子叶植物、单子叶植物中均能见到。如美人蕉、鸢尾、荷花、睡莲等。

块根类(tuberous roots)：块根是由不定根或侧根膨大形成的，其功能是贮存养料及水分。一般在块根上不形成不定芽，故块根一般不直接作繁殖用。如大丽花、花毛茛、乌头等。

(3)多浆及仙人掌类花卉(succulents and cacti)：大多原产于热带、亚热带干燥地区，是一类形态特殊的花卉。其茎叶肥厚、多浆，具发达的贮水组织。其中，仙人掌科多原产于美洲，而其他各种则多原产于南非，仅少数原产于其他地区。常见仙人掌科的植物有仙人掌、天轮柱、银毛球、金琥、仙人球、昙花、蟹爪兰、令箭荷花等。

其他科多浆植物有百合科的芦荟、虎皮掌等；萝藦科的豹皮花等；大戟科的铁海棠、霸王鞭、光棍树、绿玉树等；景天科的景天玉树、莲花掌、长寿花、石莲花、落地生根、燕子掌等；菊科的千里光、仙人笔、银垂掌等；龙舌兰科的金边龙舌兰、龙舌兰等。

(4)水生花卉(aquatic flowers)：在水中或沼泽地生长的花卉。如荷花、睡莲、金鱼藻、慈姑、旱伞草、凤眼莲、花菖蒲、荇菜、芡实等。

(5)岩生花卉(rock flowers)：指耐旱性强，适合在岩石园栽培的花卉。如虎耳草、龙胆、岩菖蒲、岩芋、岩杜鹃等。

(6)兰科花卉(orchids)：兰科是植物中的第二大科，共20 000余种，已利用及有价值而尚未利用的种类均很多。因其具有相同的形态、生态和生理等特点，可采用近似的栽培与特殊的繁殖方法，故把兰科花卉独立成一类。兰科植物都是多年生的，地生或附生。许多属种都具有变态的假鳞茎(coelogyne)，假鳞茎是由长短不一的根状茎顶部膨大而成，一般由1～10节组成，含有大量养料与水分，供开花及新假鳞茎生长。

兰科花卉中著名的有兰属、石斛属、兜兰属、蝴蝶兰属、万带兰属等许多栽培种。

2. 多年生木本花卉

(1)乔木类：梨花、白玉兰、荷花玉兰、二乔玉兰、黄玉兰、合欢、珙桐等植物。

(2)灌木类：包括灌木类的迎春、黄馨、耐寒杜鹃、锦带花、绣球花、紫薇、贴梗海棠、木槿、紫荆、蔷薇、月季、结香、连翘、栀子、绣线菊、六月雪、珍珠梅、南天竹、夹竹桃、石榴、枸杞、火棘、荚迷、桂花、梅花、丁香、蜡梅等；包括小灌木类虾夷花、三角花、山茶、夜来香、吊钟花、扶桑、含笑、茉莉、杜鹃、爆仗红等；还包括亚灌木类的香石竹、倒挂金钟、天竺葵、秋海棠等植物。

(3)藤木类：有凌霄、紫藤、油麻藤、金银花、藤蔷薇、常春藤等植物。

(4)色叶类：红枫、三角枫、五角枫、赤枫、鸡爪槭、元宝械、黄栌、红栌、金叶黄杨、斑叶黄杨、金叶女贞、小檗、醉鱼草、红叶李、紫叶桃等植物。

(5)观赏竹类：佛肚竹、观音竹、龟甲竹、慈孝竹、凤尾竹、紫竹、箬竹、方竹、黄金间玉竹、绿槽毛竹等植物。

四、草坪与地被植物生态学分类

1. 草坪植物分类

草坪是城镇绿化的重要组成部分。草坪植物(草坪草)主要是指园林中覆盖地面的低矮禾草类植物，可用它形成较大面积的平整或稍有起伏的草地，将城镇除广场、道路之外的地面全部覆盖起来。草坪植物大多是禾本科和莎草科植物，属地被植物的一部分，但通常单列一类。按地区适应性将中国原产和由国外引进的草坪草分为以下2类。

(1)适宜温暖地区草坪草：适于长江流域及其以南地区生长的草坪，种类有结缕草、沟叶结缕草、细叶结缕草、中华结缕草、大穗结缕草、狗牙根、地毯草、假俭草、野牛草、竹节草、偏穗钝叶草、多花黑麦草、鸭茅、早熟禾等植物。

(2)适宜寒冷地区草坪草：适于华北、东北、西北生长的草坪，种类有红顶草、绒毛剪股颖、细弱剪股颖、匍匐剪股颖、草原看麦娘(狐尾草)、早熟禾、细叶早熟禾、林地早熟禾、加拿大早熟禾、泽地早熟禾、异穗苔、细叶苔、羊胡子草、紫羊茅、羊茅、硬羊茅、苇状羊茅、梯牧草(猫尾草)、无芒雀麦草、冰草、白车轴草(白三叶)、羊草、赖草、偃麦草、中华草莎等植物。

2. 地被植物分类

地被植物是指覆盖在裸露地面上的低矮植物群体。它们的特点是繁殖栽培容易，养护管理粗放，适应能力较强，植物体形成的枝叶层紧密地与地面相接，像被子一样覆盖在地表面，对地面起良好的保护和装饰作用。

按生活型分类，地被植物中，一、二年生地被植物有紫茉莉、二月兰、鸡眼草等植物，多年生地被植物有白车轴草(白三叶)、红车轴草(红三叶)、蔓花生、三裂叶蟛蜞菊、合果芋、红花酢浆草、百脉根、蛇莓、吉祥草、石菖蒲、鸢尾、玉簪、石竹、萱草、石蒜、蝴蝶花、虎耳草、珍珠菜等植物；木本地被植物中，常见有爬山虎、连翘、百里香等。

第三章　园艺植物的系统分类

植物的系统分类方法又称为自然分类法(natural classification)，它是分类学家们以进化论为依据，根据植物的形态、结构、生理、生化、生态、地理，甚至细胞学及分子生物学的特征进行分类，并按照植物的亲缘关系建立的植物分类系统，说明植物间的演化关系。目前，用于园艺方面的植物大多是被子植物(Angiospermae)，长期以来，研究被子植物的系统演化，人们对花的起源都很重视，有过许多假说，其中有代表性的是真花说(Euanthium Theory)和假花说(Pseudanthium Theory)。

真花说：认为被子植物的一朵花相当于裸子植物的一个两性孢子叶球，主张被子植物是由原始裸子植物中早已灭绝的本内苏铁目(Bennetitalel)中具两性孢子叶球的植物演化来的。孢子叶球基部的苞片演变成花被，小孢子叶演变成雄蕊，大孢子叶演变成雌蕊(心皮)，孢子叶球的轴逐渐缩短演变成花轴或花托。因本内苏铁目两性孢子叶球的轴长、孢子叶的数目多、且是虫媒花。依据此学说，现代被子植物中的具有伸长的花轴，心皮多数、离生，两性整齐花，虫媒传粉的木兰目植物是现代被子植物中较原始的类群。而柔荑花序类的单性花、单被(或无被)花，风媒传粉等特点是适应环境而形成的较进化的性状。多数学者赞成这一学说，英国的哈钦松(J. Hutchinson)、前苏联的塔赫他间(A. L. Takhtajan)、美国的克朗奎斯特(A. Cronquist)等被子植物分类系统都是以真花学说为基础建立的。

假花说：认为被子植物的一朵花相当于裸子植物的一个孢子叶球序，主张被子植物是由高级裸子植物中的弯柄麻黄(*Ephedra campylo-poda*)演化来的。一个雄蕊和一个心皮分别相当于一个极端简化的小孢子叶球(雄花)和大孢子叶球(雌花)，小孢子叶球的苞片演变为花被，大孢子叶球的苞片则演变为心皮，每个小孢子叶球的小苞片退化，只剩下一个雄蕊，而大孢子叶球的小苞片退化，只剩下胚珠着生于心皮上，心皮是苞片变来的，而不是大孢子叶，这样就由一个孢子叶球序演变成为被子植物的一朵花。由于麻黄的孢子叶球序以单生为主，且多是雌雄异株，所以原始的被子植物的花是单性花。依据此学说，被子植物当中具单性花的柔荑花序类如杨柳科、胡桃科等，就被认为是最原始的代表，一个柔荑花序相当于一个孢子叶球序。假花学派的主要代表是德国的恩格勒(A. Engler)和奥地利的维特斯坦恩(R. Wettstein)，恩格勒分类系统就是以假花学说的基础建立的。

本教材是按照克朗奎斯特系统进行分类排序，该分类系统是由美国植物分类学家克朗奎斯特于 1957 年在《双子叶植物目科新系统纲要》一书中提出的，他坚持真花说及单元起源，认为有花植物起源于已灭绝的种子蕨；木兰目是现有被子植物中最原始的类群；单子叶植物起源于双子叶植物的睡莲目，由睡莲目演变到泽泻目。按其系统分类(1981 年)将被子植物分为了双子叶植物纲(Dicotyledoneae)和单子叶植物纲(Monocotyledoneae)。双子叶植物纲又称为木兰纲(Magnoliopsida)，包括了木兰亚纲、金缕梅亚纲、石竹亚纲、五桠果亚纲、蔷薇亚纲、菊亚纲等 6 个亚纲、64 目、318 科；单子叶植物纲又称为百合纲(Liliopsida)，包括了泽泻亚纲、槟榔亚纲、姜亚纲、百合亚纲、鸭跖草亚纲等 5 个亚纲、19 目、65 科；

总计 11 亚纲、83 目、383 科。双子叶植物纲与单子叶植物纲的主要区别见表 3-1，各亚纲植物的区别和位置见克朗奎斯特分类系统的植物分亚纲检索表及被子植物分类系统图（图 3-1）。

表 3-1 双子叶植物纲与单子叶植物纲的主要区别

双子叶植物纲（木兰纲）	单子叶植物纲（百合纲）
1. 胚有 2 片子叶（极少 1、3 或 4）	1. 胚有 1 片子叶（或有时胚不分化）
2. 主根发达多为直根系，少数不发达而为须根系	2. 主根不发达，由多数不定根形成须根系
3. 茎内维管束作环状排列，有形成层	3. 茎内维管束散生，无形成层
4. 叶具网状脉	4. 叶具平行脉或弧形脉
5. 花部常为 5 或 4 基数，极少 3 基数	5. 花部常为 3 基数，极少 4 基数
6. 花粉粒常为 3 孔沟	6. 花粉粒常为单孔沟

克朗奎斯特分类系统的植物分亚纲检索表

1. 叶脉常为典型的网状脉；花多为 4 或 5 基数；茎内维管束排列成圆筒状，具形成层[双子叶植物纲(Dicotyledoneae)或木兰纲 (Magnoliopsida)]。
  2. 花单性，常无花瓣或花被，成柔荑花序，多为风媒传粉 …………………………………………………………………………………… 金缕梅亚纲(Hamamelidae)
  2. 花单性或两性，常具花瓣，多非风媒传粉。
    3. 雌雄蕊多数，离生；花粉多具单萌发孔、沟………………… 木兰亚纲(Magnoliidae)
    3. 雌雄蕊少数或多数，但不都离生；花粉也不具单孔、沟。
      4. 雄蕊离心发育，不具蜜腺盘。
        5. 多为草本，花粉常 3 核，多特立中央胎座或基生胎座 ……………………………………………………………… 石竹亚纲(Caryophyllidae)
        5. 草本或木本，花粉常 2 核，多中轴胎座或侧膜胎座 … 五桠果亚纲(Dilleniidae)
      4. 雄蕊向心发育，具蜜腺盘。
        6. 雄蕊常多于花瓣数，花被分化 ……………………………… 蔷薇亚纲(Rosidae)
        6. 雄蕊与花瓣同数或较少，花冠合瓣……………………………… 菊亚纲(Asteridae)
1. 叶脉常为平行脉或弧形脉；花常为 3 基数；茎内维管束散生，不具形成层[单子叶植物纲(Monocotyledoneae)或百合纲(Liliopsida)]。
  7. 多为水生或湿生草本，雌蕊具 1 至多个分离或近分离的心皮 ……………………………………………………………………………… 泽泻亚纲(Alismatidae)
  7. 多为陆生或附生草本，雌蕊具连合的心皮。
    8. 常具包裹花序的佛焰苞。
      9. 苞片常绿色而较小，多为大型草本或木本植物 ……………… 槟榔亚纲(Arecidae)
      9. 苞片多为大型且颜色显著，为草本…………………………… 姜亚纲(Zingiberidae)
    8. 常不具包裹花序的佛焰苞。
      10. 不具蜜腺，不具菌根 ……………………………… 鸭跖草亚纲(Commelinidae)
      10. 常具蜜腺，多具菌根 ………………………………………… 百合亚纲(Liliidae)

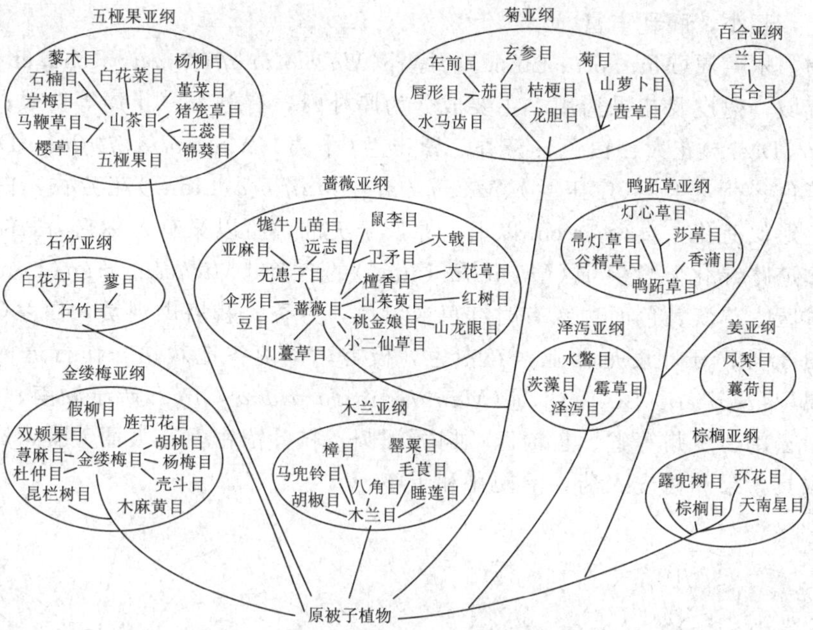

图 3-1　克朗奎斯特被子植物分类系统图(1981)

第一节　双子叶植物纲(Dicotyledoneae)

一、木兰亚纲（Magnoliidae）

木本或草本。花整齐或不整齐，常下位花；花被通常离生，常不分化成萼片和花瓣，或为单被，有时极度退化而无花被；雄蕊常多数，向心发育，常呈片状或带状；花粉粒常具 2 核，多数为单萌发孔、沟或其衍生类型；雌蕊群心皮离生，胚珠多具双珠被及厚珠心。种子常具丰富胚乳和小胚。

1. 木兰科(Magnoliaceae)

$$* \quad ⚥ \quad P_{6\sim\infty} \quad A_{\infty} \quad \underline{G}_{\infty:1:2}$$

本科约有 15 属 250 种，主要分布于亚洲的热带和亚热带，少数分布于北美南部和中美洲；我国有 11 属，90 余种，集中分布于我国西南部、南部及中南半岛。一些常绿乔木树种是我国亚热带常绿阔叶林的组成树种；许多种类可供材用、药用、园林绿化及观赏。本科植物起源古老，有不少孑遗种和一些濒危或稀有种已列入国家重点保护植物名录。

科的特征：常绿或落叶乔木或灌木，常具油细胞，树皮和叶有香味。单叶互生，常全缘；托叶大而包被幼芽，早落，脱落后在节上留有环状托叶痕。花大，单生；辐射对称，两性；花被呈花瓣状，3 基数，多轮；雄蕊多数，分离，螺旋状排列于伸长的花托下半部，花丝短，花药长，药 2 室纵裂，花粉粒舟状、单沟；心皮多数，分离，螺旋状排列于花托的上半部，子房上位，每心皮含胚珠 1～2 个。聚合蓇葖果，稀为具翅的小坚果。种子常悬挂于细长的珠柄上，胚小，胚乳丰富。

常见植物：木兰属(*Magnolia* Linn.)的厚朴(*Magnolia officinalis* Rehd. et Wils.)(图 3-2)产于长江流域，树皮及花果药用，主要成分为厚朴酚，有健胃、止痛等功效；玉兰(*Magnolia denudata* Desr.)花大、白色、芳香。紫玉兰(辛夷)(*Magnolia liliflora* Desr.)花被外面紫红色或紫色。荷花玉兰(广玉兰)(*Magnolia grandiflora* Linn.)花芳香，白色，开花很大，呈杯状，形似荷花，直径 15 cm 以上，原产于美洲，所以又有人称它为“洋玉兰”，供观赏、入药和作道路绿化。含笑属(*Michelia* Linn.)的含笑［*Michelia figo*(Lour.)Spreng.］产于南方诸省区，花淡黄色而边缘有时红色或紫色，芳香，栽培供观赏；白兰(*Michelia alba* DC.)(图 3-3)原产于印度尼西亚，花白色，极香，华南各地栽培，作行道树或园林绿化树种。木莲属(*Manglietia* Bl.)的木莲(*Manglietia fordiana* Oliv.)产于湖南、江西、福建、广东、广西、云南、贵州等省、自治区；树冠浑圆，枝叶浓密，花大而芳香，庭园栽培供观赏，木材做家具，果和树皮入药，治便秘和干咳。

图 3-2 厚朴 *Magnolia officinalis* Rehd. et Wils.

图 3-3 白兰 *Michelia alba* DC.

图 3-4 番荔枝 *Annona squamosa* Linn.

2. 番荔枝科(Annonaceae)

$$* \ ⚥ \ P_{\infty} \ A_{\infty} \ \underline{G}_{(\infty:1:1\sim\infty)}$$

本科有 120 余属，2 100 种，广布于热带和亚热带地区；我国有 24 属、103 种、6 变种，分布于西南和华南，少数分布于华东。多为亚热带常绿阔叶林的组成成分，仅番荔枝浆果可食。

科的特征：乔木或灌木，有时攀缘状。单叶、互生、全缘。花常两性，辐射对称；萼片与花瓣常相似，萼片 3；花瓣 6，2 列，稀 3 或 4；雄蕊多数，螺旋状排列；心皮 1 至多数，离生，少合生；成熟心皮离生，少数合生成一肉质聚合浆果；种子通常有假种皮。

常见植物：番荔枝属(*Annona* Linn.)的番荔枝

(*Annona squamosa* Linn.)(图 3-4)为热带水果，果实清甜，以其独特香味，被列为热带名果之一，食用部分为假种皮，因果实外形酷似荔枝，故名番荔枝；成熟果呈淡绿黄色，外表被以多角形小指大之软疣凸起(有许多成熟的子房和花托合生而成)，恰似佛头，故有佛头果、释迦果之称。

3. 樟科(Lauraceae)

$$* \quad ⚥ \text{ 或 } ♂ \quad ♀ \quad P_{2\sim3+2\sim3} \quad A_{3+3+3+3} \quad \underline{G}_{(3:1:1)}$$

本科约 45 属 2 500 多种，分布于热带及亚热带；我国有 20 属，480 种，主要分布于长江流域及其南部各省区。多为我国南方珍贵经济树种，其中许多是优良木材、油料及药材植物，在林业、轻工业、医药业中占有重要地位。

科的特征：常绿或落叶木本(仅无根藤属(*Cassytha* Linn.)是无叶寄生小藤本)。叶及树皮均有油细胞，含挥发油。单叶互生，或因节间缩短而似对生或轮生，革质，全缘，三出脉或羽状脉，背面常有灰白色粉，无托叶。花常两性，辐射对称，聚成腋生或近顶生的圆锥花序、总状花序或头状花序，花各部轮生，3 基数；花被 4～6，同形，排成 2 轮，花被管短，在结果时增大而宿存或脱落；雄蕊 9(3～12)，排成3～4 轮，常有第 4 轮退化雄蕊，第 1、2 轮雄蕊的花药内向，第 3 轮雄蕊花药外向，花丝基部常有 2 腺体；花药 2～4 室，瓣裂，花粉无萌发孔；雌蕊由 3 个心皮组成，2 枚前侧方心皮退化，子房上位 1 室，1 胚珠，花柱单 1，柱头2～3 裂。核果或浆果，种子无胚乳。

图 3-5　樟 *Cinnamomum camphora* (Linn.) Presl

常见植物：樟属(*Cinnamomum* Schaeffer)的樟[*Cinnamomum camphora* (Linn.)J. Presl](图 3-5)木材及根、枝、叶是提取樟脑及樟脑油的原料，供药用，木材为造船、建筑、箱屉用材。肉桂[*Cinnamomum cassia* (Linn.) D. Don]产于云南、广西、广东、福建；枝叶树皮有强烈的肉桂香气，树皮称肉桂或桂皮，是著名的食用香料，如可口可乐饮料就有肉桂油成分。月桂属(*Laurus* Linn.)的月桂(*Laurus nobilis* Linn.)原产于地中海地区，我国引入栽培，为优良的园林绿化树种，月桂叶芳香宜人，是重要的调味香料和罐头食品矫味原料。鳄梨属(*Persea* Mill.)的鳄梨(*Persea americana* Mill.)原产于热带美洲，其果实是营养价值很高的水果，我国南方引种栽培，供食用和观赏。

4. 蜡梅科(Calycanthaceae)

$$* \quad ⚥ \quad P_{\infty} \quad A_{\infty} \quad \underline{G}_{6\sim35:1:2}$$

本科有 2 属、约 9 种，分布于亚洲东部和北美洲；我国有 2 属 7 种，产黄河以南各省，供观赏和药用。

科的特征：落叶或常绿灌木，有油细胞。单叶对生，无托叶。花两性，辐射对称，单生于叶腋或生于侧枝顶端；花被片多数，螺旋状着生于杯状花托外围，最外轮苞片状，内轮花瓣状；雄蕊两轮，外轮 8～30 枚发育，内轮 5～25 枚不发育，螺旋状着生于杯状花托边缘，花药外向、2 室、纵裂；离心皮雌蕊，生于杯状花托内，每心皮有倒生胚珠 2 枚，仅 1 枚发育，花柱伸长。聚合瘦果生于肉质花托内，熟时花托撕裂，外被柔毛；种子无胚乳，胚大，子叶叶状、席卷。

常见植物：蜡梅属(*Chimonanthus* Lindl.)的蜡梅[*Chimonanthus praecox* (Linn.) Link](图 3-6)落叶灌木，冬春开花，色香宜人，为珍贵观赏花树。夏蜡梅属(*Calycanthus* Linn.)的夏蜡梅[*Calycanthus chinensis* (W. C. Cheng et S. Y. Chang) P. T. Li]产于浙江临安及天台等地，花大而美丽，可作花坛灌木。

5. 胡椒科(Piperaceae)

$$* \quad P_0 \quad A_{1\sim10} \quad \underline{G}_{(1\sim4:1:1)}$$

本科有 8 或 9 属近 3 100 种，分布于热带和亚热带；我国有 4 属 70 余种，分布于我国西南部至台湾。

科的特征：木质或草质藤本，维管束散生，导管细小，或为肉质小草本，藤本类的节常膨大，常有不定根。单叶互生、对生或轮生，有辛辣味，基部两侧常不等，具离基 3 出脉，托叶常与叶柄合生或缺。穗状花序或肉穗花序，花小，单性，雌雄异株，或两性；有苞片，无花被；雄蕊 1～10 个；心皮 1～4，合生，子房上位 1 室，1 胚珠，直立。核果。

常见植物：胡椒属(*Piper* Linn.)的胡椒(*Piper nigrum* Linn.)(图 3-7)原产于东南亚热带地区，我国华南、云南和台湾有栽培，将原果干燥后名为黑胡椒，把果皮脱去后便称为白胡椒，供调味和药用。蒌叶(*Piper betle* Linn.)原产于印度尼西亚，我国南方有栽培，叶含芳香油，有辛辣味，裹以槟榔咀嚼，为东南亚民族嗜好品。

图 3-6 蜡梅 *Chimonanthus praecox* (Linn.) Link

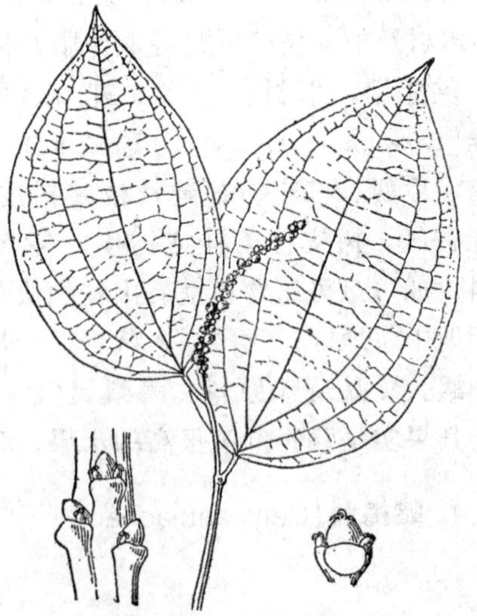

图 3-7 胡椒 *Piper nigrum* Linn.

6. 莲科(Nelumbonaceae)

$$* \quad K_{4\sim5} \quad C_{\infty} \quad A_{\infty} \quad \underline{G}_{\infty}$$

本科仅1属2种，一种产于亚洲和大洋洲，另一种产于美国东部，均作观赏，莲供食用和药用。

科的特征：水生草本，有乳汁。根状茎，粗大。叶盾状，近圆形，常挺出水面。花大，单生，花柄常高于叶；花被片22～30枚螺旋状着生，外面两轮绿色，花萼状，较小，向内渐大，花瓣状；雄蕊多数(200～400个)，螺旋状着生，早落，花药狭，有一阔而延伸的药隔；心皮多数(12～40)离生，埋藏于大而平顶、蜂窝状、海绵质的花托内，不与花托愈合，每1心皮顶有1孔。果皮革质，平滑；种皮海绵质。

常见植物：莲(荷花)(*Nelumbo nucifera* Gaertn.)(图3-8)根状茎粗大，俗称藕，叶称荷叶，心皮埋藏于花托中称莲蓬，种子称莲子；藕、莲子供食用，藕节、荷叶、莲须(雄蕊)、莲蓬和莲心(胚的幼叶和胚根)均可入药；花供观赏；我国南、北均有分布和栽培。王莲［*Nelumbo lutea*(Willd)Pers.］花直径2.5～3.5 cm，初开时白色，翌日淡红色至深红色，第三天闭合沉入水中，花期夏秋季；王莲叶形大而奇特，花大色艳，深受人们喜爱；原产于美洲，我国引种栽培供观赏。

图3-8　莲(荷花)*Nelumbo nucifera* Gaertn.

7. 睡莲科(Nymphaeaceae)

$$* \quad K_{4\sim6} \quad C_{8\sim\infty} \quad A_{\infty} \quad \underline{G}_{(3\sim35)}$$

本科有8属，约100种，广布于温带和热带地区；我国有5属13种，各省均产，可供观赏。

科的特征：多年生水生草本，有根状茎。叶心形、戟形到盾状，浮于水面。花大，单生，通常两性；花萼4～6(～14)，有时多花瓣状；花瓣8至多数，常过渡成雄蕊，稀缺花瓣；雄蕊多数；雌蕊由3～35枚心皮结合成多室子房，子房上位至下位，胚珠多数。果实浆果状，海绵质，至少下部如此，不裂或不规则开裂。

常见植物：睡莲属(*Nymphaea* Linn.)的睡莲(*Nymphaea tetragona* Georgi)叶心状卵形或卵状椭圆形，花小色多，直径约5 cm；我国广泛分布；此外，我国引入多种观赏睡莲，各地均有栽培。芡实属(*Euryale* Salisb.)的芡实(*Euryale ferox* Salisb.)(图3-9)水生草本；叶

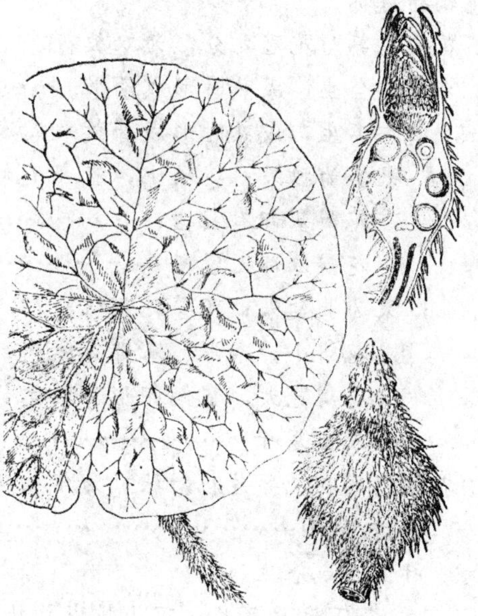

图3-9　芡实 *Euryale ferox* Salisb.

大而圆，浮于水面；花茎和叶均有刺；花带紫色，午开而暮凋；果实浆果状，海绵质，包于多刺的萼内；含种子 8～20 粒，称芡实，供食用和药用；地下茎和嫩叶可食；分布于东南亚，我国南北均产。萍蓬草属(*Nuphar* J. F. Smith)的萍蓬草［*Nuphar pumilum*(Timm.) DC.］产于我国北部至东部，是夏季水景园中重要的观赏植物。

8. 毛茛科(Ranunculaceae)

$$* 或 \uparrow \quad ⚥ \quad 稀 ♂ ♀ \quad K_{3\sim\infty} C_{3\sim\infty} \quad A_{\infty} \quad \underline{G}_{1\sim\infty:1:1\sim\infty}$$

本科约有 50 属 2 000 种，广布于世界各地，多见于北温带及寒带；我国有 42 属，约 720 种，分布于全国各地，生于高山与亚高山草甸、森林草甸、草原、荒漠及湿地。本科植物含有多种生物碱，有不少药用植物及有毒植物，有些植物可供观赏。

科的特征：多年生至一年生草本，少灌木或木质藤本。叶基生或互生(铁线莲属 *Clematis* 叶对生)，掌状或羽状分裂或 1 至多回羽状三出复叶，稀全缘。花两性，少单性，辐射对称或两侧对称；萼片 3 至多数，常花瓣状；花瓣(2)3 至多数，或无花瓣；雄蕊和雌蕊心皮多数，离生，螺旋状排列，子房上位，每心皮含 1 至多数胚珠。果实为蓇葖果或瘦果，稀浆果；种子有胚乳。

本科以花序类型，花的对称型，有、无花瓣，有无退化雄蕊，果实类型等为主要分属依据。

毛茛科可供栽培的观赏植物分属检索表

1. 花两侧对称。
  2. 花无距，上萼片呈盔形、船形或圆筒形 ………………………… 乌头属 *Aconitum* Linn.
  2. 花有距，上萼片基部伸长成长距。
    3. 退化雄蕊 2，有爪；花瓣 2，分生；心皮 3～7 ………… 翠雀属 *Delphinium* Linn.
    3. 退化雄蕊不存在；花瓣 2，合生；心皮 1 ………… 飞燕草属 *Consolida* (DC.)Opiz
1. 花辐射对称。
  4. 花有花萼与花冠之分，为双被花。
    5. 心皮合生，成熟时形成蒴果 ………………………… 黑种草属 *Nigella* Linn.
    5. 心皮离生，成熟时形成蓇葖果或瘦果。
      6. 果实为瘦果；花较小，直径不大于 2 cm，萼片绿色，花瓣黄色。
        7. 花瓣基部有蜜槽 ………………………… 毛茛属 *Ranunculus* Linn.
        7. 花瓣基部无蜜槽 ………………………… 侧金盏花属 *Adonis* Linn.
      6. 果为蓇葖果；花萼花瓣状。
        8. 花瓣小，条形、基部有蜜槽；叶为单叶 ………… 金莲花属 *Trollius* Linn.
        8. 花瓣宽大，宽倒卵形至近于长方形，下部常向后延伸或成距；基生叶为 2～3 回三出复叶 ………………………… 耧斗菜属 *Aquilegia* Linn.
  4. 花瓣不存在；萼片花瓣状，为单被花。
    9. 叶对生 ………………………… 铁线莲属 *Clematis* Linn.
    9. 叶互生或基生。
      10. 花下无总苞片；花小排成总状或圆锥花序 ………… 唐松草属 *Thalictrum* Linn.
      10. 花或花序下有总苞；花较大单生或排成伞形或聚伞花序。

11. 花柱在果期不延长，不呈羽毛状 ························ 银莲花属 *Anemone* Linn.

11. 花柱在果期伸长呈羽毛状 ································ 白头翁属 *Pulsatilla* Mill.

常见植物：毛茛属(*Ranunculus* Linn.)的毛茛(*Ranunculus japonicus* Thunb.)(图 3-10)产于全国各地，生于湿地，全草有毒，可供药用，治关节炎，也可作土农药。该属作为花卉引入栽培的种和品种也比较多，色彩丰富，有黄、白、紫、大红、粉红和玫瑰等色，还有重瓣花。

毛茛科作为花卉引入栽培的还有黑种草(*Nigella damascena* Linn.)、飞燕草[*Consolida ajacis* (Linn.)Schur]等。

9. 小檗科(Berberidaceae)

$$* \quad ⚥ \quad K_{4\sim6} \quad C_{4\sim6} \quad A_{4\sim6} \quad \underline{G}_{1:1:少至多数}$$

本科约 17 属 650 种，分布于北温带、热带高山和南美洲；我国有 11 属 320 余种，各地都有分布。有些属、种供药用，有些可供观赏。

科的特征：草本或灌木。叶互生，少对生或基生，单叶或羽状复叶。花两性，辐射对称，单生或排列成总状花序或圆锥花序；萼片与花瓣同数，通常 4～6 枚，覆瓦状排列，2～3 轮；花瓣常变为蜜腺；雄蕊与花瓣同数而对生，少为其 2 倍；心皮 1，子房上位，胚珠少或多数。浆果或蒴果。

常见植物：小檗属(*Berberis* Linn.)的小檗(黄栌木)(*Berberis amurensis* Rupr.)(图3-11)产于东北、华北以及山东、陕西和甘肃；红叶小檗(*Berberis thunbergii* DC.)原产日本，其枝条细长，幼枝、叶、浆果均为红色，花金黄色，适合庭园栽培。本科还有十大功劳属(*Mahonia*

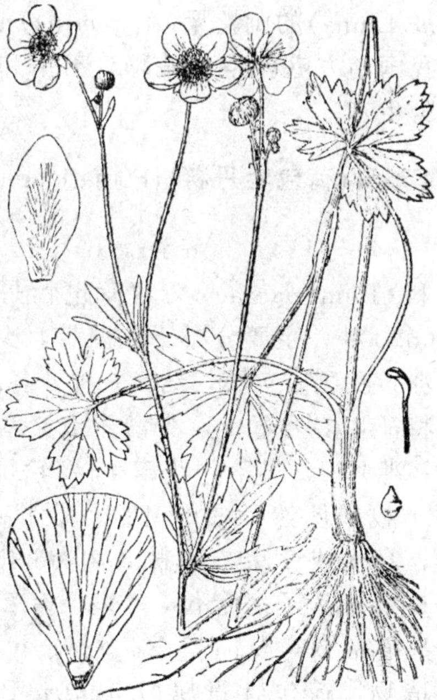

图 3-10　毛茛 *Ranunculus japonicus* Thunb.

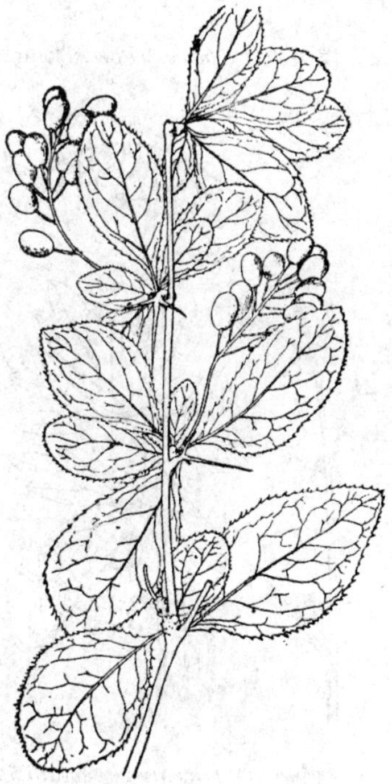

图 3-11　小檗 *Berberis amurensis* Rupr.

Nutt.)的十大功劳[*Mahonia fortunei*（Lindl.）Fedde]栽培药用；南天竹属（*Nandina* Thunb.)的南天竹(*Nandina domestica* Thunb.)栽培观赏。

10. 罂粟科(Papaveraceae)

$*$ ⚥ $K_2 \quad C_{4\sim12} \quad A_{\infty} \quad \underline{G}_{(2\sim16:1:\infty)}$

本科有 38 属 700 多种，主要分布于北温带；我国有 18 属 362 种，南北各省都有分布。多为药用植物、有毒植物和观赏植物。

科的特征：草本，植物体常含乳汁。叶常互生，全缘或分裂，无托叶。花两性，辐射对称，单生或排列成总状或聚伞花序；萼片 2，早落；花瓣 4～6 或 8～12，排列成 2 轮；雄蕊多数，离生，花药 2 室，纵裂，花粉 2～9 沟或具圆孔；雌蕊由 2 至多数合生心皮组成，子房上位，1 室，侧膜胎座，花柱短或无，柱头单生，2 裂或多裂，胚珠多数。蒴果瓣裂或孔裂；种子小，具油质胚乳。

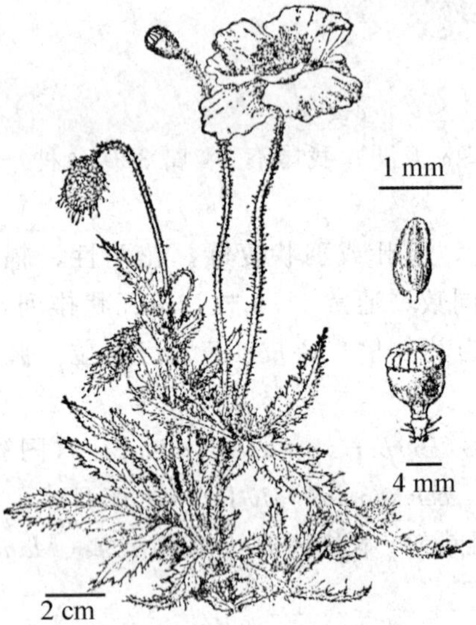

图 3-12　虞美人 *Papaver rhoeas* Linn.

常见植物：罂粟属(*Papaver* Linn.)的罂粟(*Papaver somniferum* Linn.)原产于欧洲，我国栽培供药用，为麻醉药；野罂粟(*Papaver nudicaule* Linn.)产于我国东北、内蒙古及西北诸省、自治区，生于林缘草甸至高山草甸，花黄色；虞美人(*Papaver rhoeas* Linn.)(图 3-12)原产于欧洲，各地栽培供观赏，花瓣 4，紫红色，基部常具深紫色斑，花色多，但不为黄色。刺罂粟属(*Argemine* Linn.)的刺罂粟(*Argemine mexicana* Linn.)在我国南方庭园常有栽培，云南和广东沿海有逸为野生者。

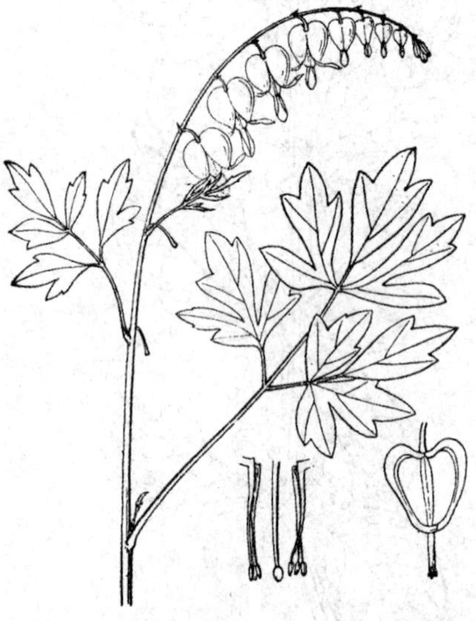

图 3-13　荷包牡丹 *Dicentra spectabilis* (Linn.) Lem.

11. 紫堇科(荷包牡丹科)(Fumariaceae)

↑ $K_2 \quad C_{2+2} \quad A_{(3)+(3)} \quad \underline{G}_{(2:1)}$

紫堇科(Fumariaceae)又名荷包牡丹科，有 17 属，约 530 种，主要分布于北温带，少数种有分布于非洲；我国有 7 属，约 220 种，各地均产。

科的特征：多为草本，少灌木或半灌木。花两侧对称；萼片 2，早落；花瓣 4，2 轮排列，外轮花瓣中 1 枚或偶然 2 枚的基部成囊状或距状；雄蕊 6 枚，合生成 2 束，花粉 3 沟，3 孔沟；雌蕊由 2 心皮合成，子房上位，1 室，有 2 个侧膜胎座。蒴果通常 2 瓣裂。

常见植物：荷包牡丹属(*Dicentra* Borckh.)的荷包牡丹[*Dicentra spectabilis*(Linn.)Lem.]

(图 3-13)总状花序一侧生下垂的荷包状两侧对称花，故称荷包牡丹；产于河北和东北，是我国久经栽培的观赏花卉。

二、金缕梅亚纲(Hamamelidae)

木本。单叶互生，少对生。花单性少两性；花被通常离生、退化、具萼无瓣或两者皆无，风媒传粉；雄花常集成柔荑花序，雄蕊向心发育；雌蕊心皮合生少离生，胚珠具单珠被或双珠被、厚珠心或薄珠心。

12. 金缕梅科(Hamamelidaceae)

$$* \quad ⚥ \text{或} ♂ \quad ♀ \quad K_{(4\sim5)} \quad C_{4\sim5,0} \quad A_{4\sim13} \quad \overline{G}_{(2:2:1\sim\infty)}$$

本科有 27 属 130 种以上，主产于亚洲的热带地区；我国有 17 属 75 种 16 变种，多分布于南部。

科的特征：常绿或落叶乔木或灌木，枝、叶常有星状毛。单叶互生，稀对生，具掌状脉或羽状脉；多数有托叶。花两性或单性同株，头状花序或下垂的总状花序，或为穗状花序；萼片 4 或 5，常合生成筒；花瓣 4 或 5，或缺；雄蕊 4～5 或多数，花药 2～4 室，纵裂或瓣裂；子房下位或半下位，2 室，上半部分离，花柱 2，常宿存，胚珠多数到 1 个。蒴果，先端二喙状。

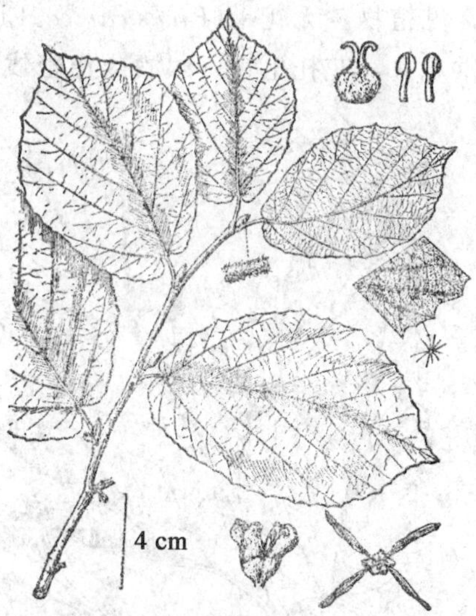

图 3-14　金缕梅 *Hamamelis mollis* Oliv.

常见植物：金缕梅(*Hamamelis mollis* Oliv.)(图 3-14)落叶灌木或小乔木；叶具羽状脉；花两性，组成穗状花序，花瓣黄色；蒴果瓣裂；产于广西、湖南、湖北、安徽、江西和浙江；可供观赏。蜡瓣花(*Corylopsis sinensis* Hemsel.)花为两性，排成总状花序，花瓣黄色，可栽培供观赏。

13. 桑科(Moraceae)

$$* \quad ♂ \quad K_{4\sim6} \quad C_0 \quad A_{4\sim6}; \quad ♀ \quad K_{4\sim6} \quad C_0 \quad \underline{G}_{(2:1)}$$

本科约 40 属，1 000 种，主要分布在热带、亚热带；我国有 16 属 160 余种，主产长江流域以南各省、自治区。桑科植物的桑树叶是我国养蚕业的基本饲料，桑葚、无花果、木菠萝是著名水果，桑和构树皮是造纸原料，榕树是南方习见的园林绿化树种，此外，还有一些药用植物和少数有毒植物。

科的特征：木本，常有乳汁，具钟乳体。单叶互生；托叶明显、早落。花小、单性，雌雄同株或异株；聚伞花序常集成头状、穗状、圆锥状花序或陷于密闭的总(花)托中而成隐头花序；花单被；雄花萼4裂，雄蕊4；雌花萼4裂，雌蕊由2心皮构成，子房上位1室，花柱2。坚果或核果，有时被宿存萼所包，并在花序中集合成聚花果，如桑葚、无花果等。

(1)桑属(*Morus* Linn.)：乔木或灌木，叶互生。花单性，穗状花序，雄花花丝内弯；子房被肥厚的肉质花萼所包。聚花果。本属约12种，分布于北温带；我国约有9种，各地均产。

常见植物：桑树(*Morus alba* Linn.)(图3-15)核果被以肥厚之萼，再集合成白色或紫黑色的聚花果，称谓桑葚；原产于我国，各地栽培，桑叶饲蚕；桑葚、根内皮(称桑白皮)、桑叶、桑枝均药用；茎皮纤维可制桑皮纸。

(2)榕属(无花果属)(*Ficus* Linn.)：乔木、灌木，稀藤本，有乳汁。托叶大而抱茎，脱落时在节上留下环痕。花单性，同株，生于肉质花托之内壁上，花托口部被覆瓦状排列的苞片所封闭；雄花有花被2～6片，雄蕊1～2个；雌花分结实花(具长花柱)与不结实的虫瘿花(具短花柱)两种。果瘦小，骨质，隐头果近球形或倒卵形。本属约1 000种，分布于热带和亚热带地区；我国有120种，分布于西南至东部，南部尤盛。

常见植物：无花果(*Ficus carica* Linn.)(图3-16)落叶灌木，掌状叶；原产地中海沿岸，植株供观赏，花托生食、酿酒或作蜜饯。

图3-15 桑树 *Morus alba* Linn.

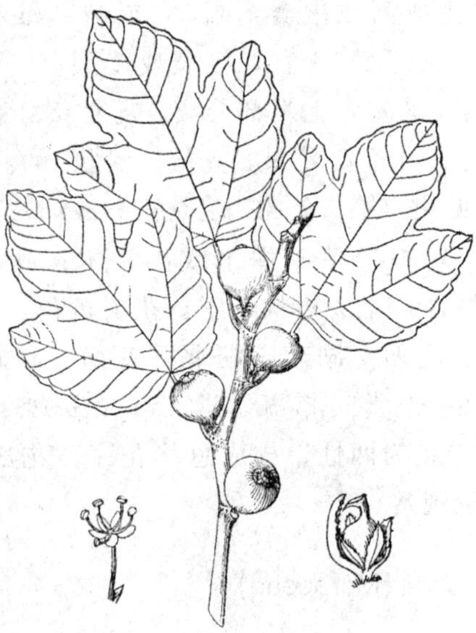

图3-16 无花果 *Ficus carica* Linn.

我国南方常见榕属栽培观赏植物分种检索表

1. 叶对生……………………………………………………… 对叶榕 *Ficus hispida* Linn. f.

1. 叶互生。

  2. 叶全缘，表面无毛，平滑。

3. 叶大，椭圆形，长 8 cm 以上，宽 4 cm 以上。

4. 叶侧脉细密，近平行直出 ………… 印度橡胶树 *Ficus elastica* Roxb. ex Hernem.

4. 叶侧脉疏离，非平行伸出。

5. 叶先端尾尖，基部近截平或浅心形 ……………… 菩提树 *Ficus religiosa* Linn.

5. 叶先端渐尖或钝圆，基部楔形或钝圆。

6. 叶厚革质，果熟时橙黄色 ………………………… 高山榕 *Ficus altissima* Bl.

6. 叶薄革质，果熟时淡红色 ………………………… 黄葛榕 *Ficus lacor* Han.

3. 叶较小，椭圆形，长 8 cm 以下，宽 4 cm 以下。

7. 叶薄革质，尾状尖，常悬垂……………………… 垂叶榕 *Ficus benjamina* Linn.

7. 叶革质，钝尖，非悬垂 ………………………… 榕树 *Ficus microcarpa* Linn.

2. 叶缘有不规则圆锯齿，表面有毛及乳头状突起，粗糙 …… 无花果 *Ficus carica* Linn.

此外，在我国南方栽培的菠萝蜜(木菠萝、面包果)(*Artocarpus heterophyllus* Lam.)(图 3-17)常绿乔木，花单性，雌雄同株，雌花序为椭圆形之假穗状花序，生树干或大枝上，花被管状，包着子房，聚花果肉质，熟时长 25～60 cm，重可达 20 kg，外皮有六角形的瘤状突起，为一种热带果树，花被生食，种子富含淀粉，炒熟食用，树液和叶药用。

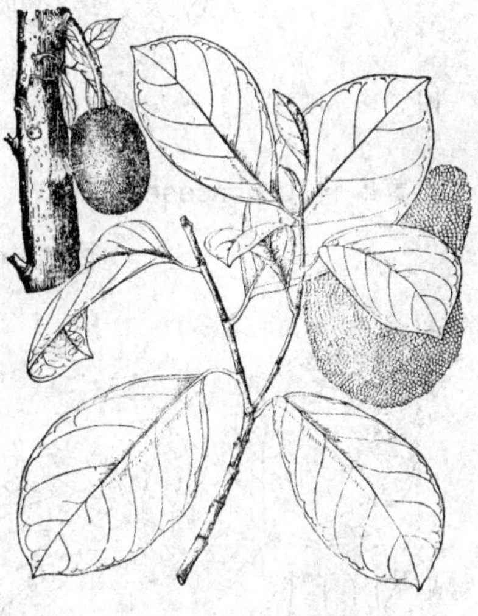

图 3-17 菠萝蜜

Artocarpus heterophyllus Lam.

14. **大麻科(Cannabceae)**

$*\ \ ♂\ \ K_5\ \ A_5;\ \ ♀\ \ K_5\ \ \underline{G}_{(2:1:1)}$

本科有 2 属，3 种，为主要的经济植物和药用植物。

科的特征：直立或攀缘状草本。叶对生或互生，不分裂或掌状分裂。花单性异株，雄花排成圆锥花序，雌花聚生；雄花萼 5 裂，雄蕊 5；雌花萼包围着子房、膜质、全缘，子房无柄、1 室、1 胚珠，花柱 2 裂。瘦果。

常见植物：葎草属(*Humulus* Linn.)啤酒花(*Humulus lupulus* Linn.)(图 3-18)，产于新疆北部，我国北方有栽培，果穗供制啤酒，所含忽布素赋予啤酒澄清、金黄和微香的风味。大麻属(*Cannabis* Linn.)的印度大麻[*Cannabis sativa* subsp. *indica* (Lam.)Small et Cronq.]，植株较小，多分枝且具短而实心的节间，能产生大量的树脂，特别是在幼叶和花序中，是生产“大麻烟”违禁品的植物，在大多数国家禁止栽培；其原种大麻(火麻)(*Cannabis sativa* Linn.)(图 3-19)具较高而细长、稀疏分枝的茎和长而中空的节间，我国各地有栽培，茎皮纤维优良，供纺织；种子含油(30%)，工业用；果为镇痉、止痛药。

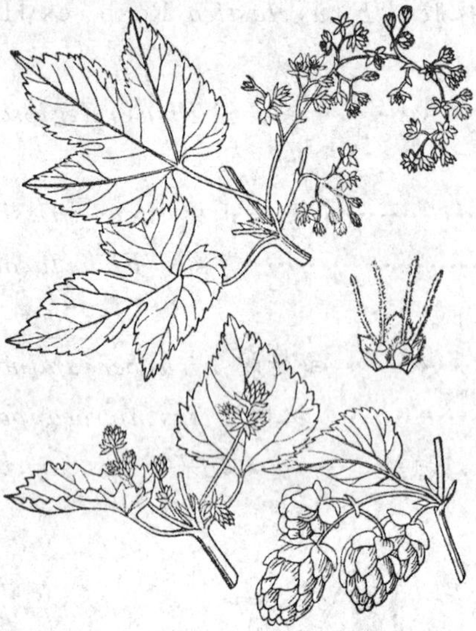

图 3-18 啤酒花 *Humulus lupulus* Linn.

图 3-19 大麻 *Cannabis sativa* Linn.

15. 荨麻科(Urticaceae)

$$* \ \male \ K_{4\sim5} \ C_0 \ A_{4\sim5}; \ \female \ K_{4\sim5} \ C_0 \ \underline{G}_{(2:1:1)}$$

图 3-20 苎麻 *Boehmeria niva* (Linn.) Gaud.

本科有 45 属 550 种，分布于热带至温带地区；我国有 22 属 252 种，全国均产。

科的特征：草本、灌木或乔木，无乳汁，茎皮纤维发达。叶互生或对生，单叶，常有蛰毛。花小，单性、稀两性，雌雄同株或异株，排成聚伞花序、穗状花序或圆锥花序，稀生于肉质的花序托上；雄花被4～5 裂，雄蕊与裂片同数且对生，花丝在花蕾中弯曲；雌花被 4～5 裂，果实增大，心皮 2，子房上位，1 室，1 胚珠，基生。坚果或核果，有胚乳。

常见植物：苎麻属(*Boehmeria* Jacq.)的苎麻[*Boehmeria nivea* (Linn.) Gaud.](图 3-20)，我国中南部地区广为栽培，已有 3 000 多年的利用历史，茎皮纤维为制夏布及优质纸的原料，是我国重要纤维作物之一，产量占世界第一位。根、叶入药，叶可养蚕，种子油供食用。

16. 胡桃科(Juglandaceae)

$$\male \ P_{(1\sim4)} \ A_{(3\sim\infty)}; \ \female \ P_{(2\sim4)} \ \overline{G}_{(2:1:1)}$$

本科有 9 属约 63 种，分布于北半球温带及热带地区；我国有 7 属 27 种，南北均有分布，其中有著名果树核桃和薄壳山核桃。

科的特征：落叶乔木。奇数羽状复叶，互生，无托叶。花单性，雌雄同株；雄花为下垂的柔荑花序，花下具 1 大苞片及 2 小苞片，花被 1～4 裂，或无花被，雄蕊 3 至多数；雌花为柔荑花序或穗状，花下具 1 大苞片及 2 小苞片，花被 2～4 裂，或无花被，雌蕊由 2 心皮合成，子房下位，1 室，或基部不完全 2～4 室。核果或坚果；种子 1 粒，无胚乳。

常见植物：核桃属（*Juglans* Linn.）的核桃（*Juglans regia* Linn.）（图 3-21）在我国有 2 000多年的栽培历史，品种繁多，新疆巩留县有野生核桃林。山核桃属（*Carya* Nutt.）的薄壳山核桃（*Carya illinoensis* K. Koch.）又称美国山核桃，果核长卵形或长圆形，平滑而壳薄；种仁大，富含营养，含油率较高，是重要的干果油料树种。

17. 杨梅科（Myricaceae）

$$♂\ P_0\ A_{(4\sim\infty)};\ ♀\ P_0\ \overline{G}_{(2:1:1)}$$

本科共 2 属 50 余种，分布于两半球热带、亚热带和温带地区；我国有 1 属。

科的特征：常绿或落叶乔木或灌木，常具芳香。单叶互生，常密被腺鳞，无托叶。花单性，无花被，雌雄同株或异株，排成腋生的柔荑花序，雄花具苞片 1 枚，雄蕊通常 4～8 枚，稀 2 至多数，花丝分离或基部稍连合；雌花具 1 枚苞片和 2 至数枚鳞片状小苞片，雌蕊由 2 心皮合成，子房上位，1 室 1 胚珠，花柱短，柱头丝状 2 裂。核果，外被乳头状凸起及油腺点，外果皮稍肉质，富含汁液，内果皮坚硬。

常见果树杨梅属（*Myrica* Linn.）的杨梅[*Myrica rubra* Sieb. et Zucc.]（图 3-22），果汁多，味酸甜，生食可口，也可腌制或制成饮料。

图 3-21　核桃 *Juglans regia* Linn.

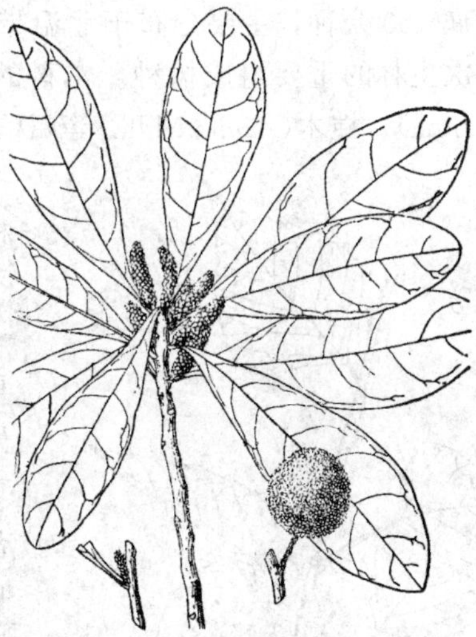

图 3-22　杨梅 *Myrica rubra* Sieb. et Zucc.

18. 壳斗科（Fagaceae）

$$*\ ♂\ K_{(4\sim8)}\ C_0\ A_{4\sim7,\ 8\sim12};\ ♀\ K_{(4\sim8)}\ C_0\ G_{(3\sim6)}$$

本科又称山毛榉科，有 7 属 900 余种，主要分布于热带及北半球的亚热带；我国有 7 属约

320种。壳斗科植物是亚热带常绿阔叶林的重要组成树种，在温带则以落叶的栎属植物为多，很多树种在林业生产中占有重要地位，木材通称柞木，种子统称为“橡子”，含淀粉，可食。

科的特征：常绿或落叶乔木，稀为灌木。单叶互生，托叶早落。花单性，雌雄同株；单被花，花萼4～8裂，无花瓣；雄蕊4～7或更多，雄花组成柔荑花序或头状花序；雌花位于雄花序的基部，单生或三朵雌花生于总苞(involucre)内，子房下位，3～6室，每室2个胚珠，但整个子房仅1个胚珠发育成种子；总苞花后增大，发育为木质的杯状或囊状，称为壳斗(cupule)，壳斗半包或全包坚果，外有鳞片或刺。槲果(glans，生于壳斗中，果皮硬，不开裂，内含1种子，由下位子房发育而成，特指壳斗科的果实，以区别于一般的坚果)。

常见植物：栗属(*Castanea* Mill.)的板栗(栗、中国栗)(*Castanea mollissima* Bl.)(图3-23)叶片背面有密毛，每总苞内含2～3个坚果，果实供食用，为著名的木本粮食作物，原产于我国，各地多有栽培。

图3-23 板栗 *Castanea mollissima* Bl.

19. 桦木科(Betulaceae)

$$* \quad ♂ \quad P_{4,0} \quad A_{2\sim14} \; ; \; ♀ \quad P_0 \quad \overline{G}_{(2:2)}$$

本科有6属100余种，主要分布于北温带；我国有6属70种，大多分布于北部、中部和西南，是我国次生林的重要组成树种。本科的鹅耳枥(*Carpinus* Linn.)、铁木(*Ostrya* Scop.)、桦木(*Betula* Linn.)、桤木(*Alnus* Mill.)等属植物，木质坚韧，不易割裂，可制器具、农具柄；桤木可提制酒精；桦木属的有些种可从树皮及幼枝中蒸馏出桦木油，用以制油膏，治疗皮肤病；榛子可供食用。

科的特征：落叶乔木或灌木，幼嫩部分常具腺点。单叶互生，羽状脉显著，边缘常有锯齿；托叶早落。花单性，雌雄同株；雄花排成下垂的柔荑花序，花单生或2～6朵聚生于每一苞片的腋内，萼膜质、4裂，雄蕊2～14枚，先叶开放；雌花序为球果状、穗状、总状或头状，具多数苞片，每苞片内有雌花2～3朵，无花被或具花被与子房合生；子房下位，2室，每室有1～2胚珠，柱头2。坚果，具翅或无。种子单生，无胚乳。

常见植物：桦木属(*Betula* Linn.)的白桦(粉桦)(*Betula platyphylla* Suk.)(图3-24)树皮

图3-24 白桦 *Betula platyphylla* Suk.

幼时暗赤褐色，老时白色，有白粉；叶三角形，互生或簇生于短枝上，木材可做家具或建筑用，产于东北、华北、西北和西南；亮叶桦(*Betula luminifera* H. Winkl.)果苞中裂片矩圆形，侧裂片卵形，果实倒卵形，可从树皮、木材和叶中提取香桦油和桦焦油，木材供建筑等用，产于西南、华南和湖北。还有榛属(*Corylus* Linn.)的一些种果供食用，如榛(*Corylus heterophylla* Fisch.)、欧洲榛(*Corylus avellana* Linn.)等。

三、石竹亚纲(Caryophyllidae)

多数为草本，常为肉质或盐生植物。叶常为单叶互生、对生或轮生。花常两性，整齐，分离或结合；花被形态复杂而多变，同被、异被或常单被，花瓣状或萼片状；雄蕊常定数，离心发育，花粉粒常3核，稀2核；子房上位或下位，常1室，胚珠1至多数，特立中央胎座或基生胎座，胚珠弯生、横生或倒生，具双珠被及厚珠心。种子常具外胚乳或否，贮藏物质常为淀粉；胚常弯曲、环行或直立，有外胚乳。

本亚纲包括3个目、14科、约11 000种。

20. 紫茉莉科(Nyctaginaceae)

$$⚥\quad K_{3\sim5(10)}\quad C_0\quad A_{1\sim\infty}\quad \underline{G}_{1:1:1}$$

本科约30属290种，大多生于热带和亚热带地区，美洲尤盛；我国包括引进栽培的共有4属11种，分布于西南部至台湾；其中有著名花木宝巾和紫茉莉等。

科的特征：草本，灌木或乔木，有时攀缘状。单叶互生或对生，全缘，无托叶。单被花两性，少单性，辐射对称，排成聚伞花序，基部常围以有色苞片组成的总苞；花萼花冠状、筒状、钟状或漏斗状，通常3～5(10)裂；雄蕊1至多数，分离或基部合生；子房上位，1室，1胚珠，花柱1。瘦果，有棱或有翅。

常见植物：宝巾属(*Bougainvillea* Comm. ex Juss.)的宝巾(三角梅)(*Bougainvillea glabra* Choisy)枝叶无毛或被微毛，苞片玫瑰色或淡红色，各地栽培供观赏。毛宝巾(*Bougainvillea spectabilis* Willd.)枝、叶密被微毛，苞片紫色。紫茉莉属(*Mirabilis* Linn.)的紫茉莉(*Mirabilis jalapa* Linn.)(图3-25)一年生草本，花被红色、粉红色、白色或黄色，有时具斑点，高脚碟形，长3～6 cm，上部扩大，顶端5裂；瘦果球形、黑色，各地栽培供观赏。

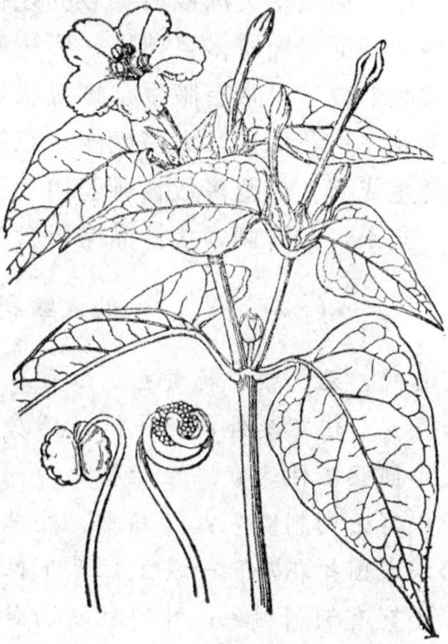

图3-25　紫茉莉 *Mirabilis jalapa* Linn.

21. 番杏科(Aizoaceae)

$$*\quad ⚥\quad K_{(3\sim)5(\sim8)}\quad C_{0\sim\infty}\quad A_{\infty}\quad \overline{G}_{(2\sim5)}$$

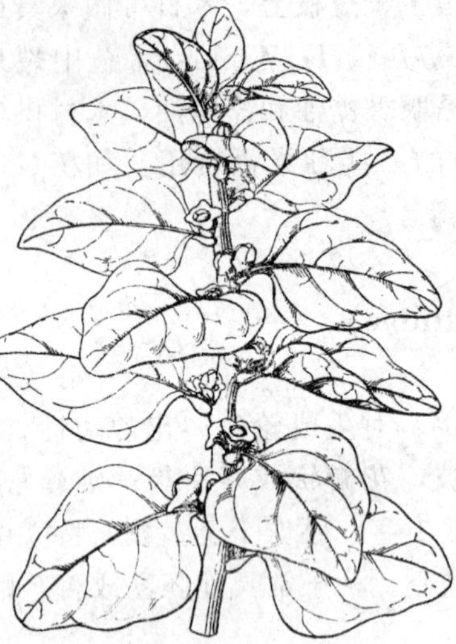

图 3-26 番杏 *Tetragonia tetragonioides* (Pall.) Kuntze

本科有 20 属 650 种，分布于热带和亚热带；我国有 4 属 9 种，产南部海岸，引入的有4 属7 种。

科的特征：草本或亚灌木。常肉质。单叶对生或互生。花两性，辐射对称，单生或数朵聚生叶腋或排成聚伞花序；萼片(3～)5(8)，萼筒常与子房贴生；花瓣多数(来自退化雄蕊)或缺(国产种)；雄蕊少数至多数，分离或于基部合生成束；心皮2～5 或更多，合生，子房上位或下位，1 至数室，胚珠单生或多数。蒴果背裂、环裂或盖裂，有时为不开裂的坚果。

常见植物：四棱番杏属(*Tetragonia* Linn.)的番杏(法国菠菜)[*Tetragonia tetragonioides* (Pall.) Kuntze](图 3-26)嫩叶可作蔬菜食用，产于我国南部海岸。

22. 仙人掌科(Cactaceae)

$$* \; ⚥ \; P_{\infty} \quad A_{\infty} \quad G_{(3\sim\infty:1:\infty)}$$

本科有 20 属 2 000～3 000 种，热带美洲为主产地及分布中心，大多数种植体奇特，花大而艳丽，构成了美洲沙漠植被的独特景观，作为园艺植物，已被广泛栽培。

科的特征：肉质多浆植物，形态变异极大，须根系分布浅。茎绿色，圆柱形、球形或扁平，常收缩成节，常有腋生、螺旋状或成行排列的小窝(相当于腋芽)，从小窝或茎端，稀组成聚伞花序；花两性，大多艳丽；花被片多数，花瓣状或外轮萼片状，螺旋状排列，分离或基部合生成筒；雄蕊多数；雌蕊由 3 至多数心皮合生而成，1 室，3 至多个侧膜胎座，胚珠多数。浆果，常有刺，多汁而常可食。

仙人掌科常见园艺植物分属检索表

1. 茎具叶，无气根；花黄色、红色或白色，白天开放，具梗或无梗，辐状；花托边缘略高出子房，但不延伸成花托筒；子房上位至下位；柱头 3～10(～20)，长圆形至狭长圆形，先端圆至微钝，直立至开展。
    2. 小窝无倒刺刚毛；叶扁平，全缘，具羽状脉和叶柄，宿存；花具梗，组成总状、聚伞状或圆锥花序；子房上位至下位；种子无假种皮，黑色 …… 木麒麟属 *Pereskia* Mill.
    2. 小窝有倒刺刚毛；叶圆柱状、钻形或锥形，无叶脉和叶柄，通常早落；花无梗，单生于小窝；子房下位；种子具骨质假种皮，白色至黄褐色 …… 仙人掌属 *Opuntia* Mill.
1. 茎无叶和倒刺刚毛，具气根；花白色，夜间开放，无梗，单生于小窝漏斗状或高脚碟状；花托延伸成管状花托筒；子房下位；柱头 10～24，线形至狭线形，先端长渐尖，开展。
    3. 分枝三棱柱状或三角柱状，坚硬，具刺 …………………………………… 量天尺属 *Hylocereus* (A. Berg.) Britt. et Rose
    3. 分枝叶状侧扁，具粗大的中肋，柔软，无刺 ……………… 昙花属 *Epiphyllum* Haw.

常见植物：仙人掌属(*Opuntia* Mill.)的仙人掌[*Opuntia stricta* Haw. var. *dillenii* (Ker-Gawl.) Benson](图 3-27)通常栽作围篱，茎供药用，浆果酸甜可食。原产墨西哥东海岸、美国南部及东南部沿海地区；我国南方沿海地区常见栽培，在广东、广西南部和海南沿海地区逸为野生。梨果仙人掌[*Opuntia ficus-indica* (Linn.) Mill.]浆果味美可食，为热带美洲干旱地区重要果树之一，有不少栽培品种。

本科的木麒麟(*Pereskia aculeata* Mill.)叶可作蔬菜，果酸甜可食，有“巴巴多斯醋栗”之称。量天尺[*Hylocereus undatus* (Haw.)Britt. et Rose]花可作蔬菜、浆果可食，商品名“火龙果”。昙花[*Epiphyllum oxypetalum* (DC.)Haw.]为著名的观赏花卉，浆果可食，原产于墨西哥、危地马拉、洪都拉斯、尼加拉瓜、苏里南和哥斯达黎加，世界各地广泛栽培，我国各省、自治区常见栽培。

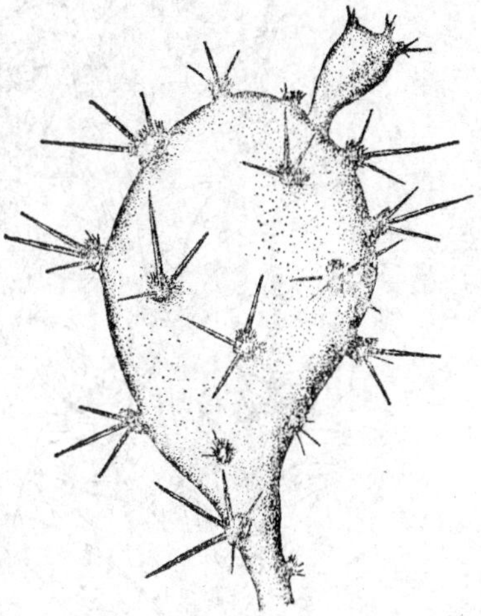

图 3-27　仙人掌 *Opuntla stricta* Haw. var. *dillenii* (Ker-Gawl.) Benson

23. 藜科(Chenopodiaceae)

$$* \quad K_{3\sim5} \quad C_0 \quad A_{1\sim5} \quad \underline{G}_{(2\sim5:1:1)}$$

本科约有 108 属近 2 000 种，主要分布于非洲南部、中亚、南美、北美及大洋洲的干旱草原、荒漠、盐碱地及地中海、黑海、红海沿岸；我国有 60 余属 600 种以上，主要分布于西北、华北及东北，尤以西北荒漠地区为多，是构成我国荒漠及荒漠草原的重要成分，其中栽培作蔬菜的有菠菜，甜菜的肉质根可食用或制糖。

科的特征：草本、半灌木、灌木、稀为小半乔木，植物体光滑或被毛，常被粉粒。单叶互生，少对生，常肉质，扁平状或圆柱状，少呈鳞片状，无托叶。花小，单被，两性、单性或杂性，雌雄同株，稀异株，花单生或密集成簇或由花簇再组成穗状或圆锥花序；花被草质、肉质或膜质，通常 3～5 深裂，宿存，在雌花中有时缺；花被片在果期常增大变硬或其背部生翅状、针状或疣状附属物；雄蕊 1～5，与花被片对生；雌蕊为 2～5 心皮合生而成，子房上位，1 室，具 1 胚珠。胞果；种子直立、横生或斜生，胚螺旋状、环状或马蹄形。

常见植物：甜菜属(*Beta* Linn.)的甜菜(*Beta vulgaris* Linn.)(图 3-28)根肥大，纺锤形或倒圆锥形；茎直立；为制糖原料，我国北方地区有栽培，其变种紫菜头(*Beta vuglaris* var. *rosea* Moq.)根紫红色，叶脉紫红色，供蔬用和观赏；莙荙菜(*Beta vulgaris* var. *cicla* Linn.)栽培供蔬菜用。菠菜属(*Spinacia* Linn.)的菠菜(*Spinacia oleracea* Linn.)(图 3-29)原产于伊朗，现我国南、北均有栽培，为极常见的蔬菜之一。地肤属(*Kochia* Roth)的扫帚苗[*Kochia scoparia* (Linn.)Schrad. var. *trichophylla* (Hort.)Schinz et Thell.]分枝极多而紧密，植株呈卵形或倒卵形；叶条形，鲜绿色，晚秋枝叶变红，栽培供观赏。

图 3-28 甜菜 *Beta vulgaris* Linn.

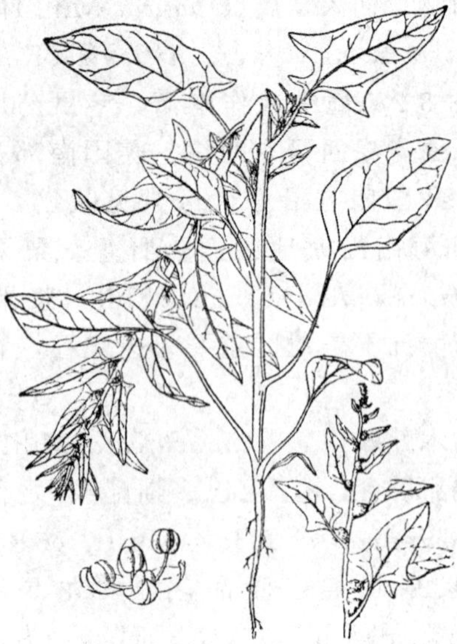

图3-29 菠菜 *Spinacia oleracea* Linn.

24. 苋科(Amaranthaceae)

$$* \quad K_{3\sim5} \quad C_0 \quad A_{1\sim5} \quad \underline{G}_{(2\sim3:1:1)}$$

本科约有 60 属 850 种，广布于热带和温带地区；我国有 13 属约 39 种，分布于全国，其中有蔬菜、花卉和中草药植物。

科的特征：草本，稀灌木。单叶互生或对生，无托叶。花常两性，小形，密集成聚伞花序，再形成穗状或圆锥花序，有时为头状；花被片 3～5，干膜质；雄蕊 1～5，与花被片对生，花粉具圆孔；子房上位，1 室，胚珠 1 至多数。胞果，稀为浆果，果皮薄膜质，不裂、不规则开裂或顶端盖裂。

苋科常见园艺植物分属检索表

1. 叶互生。
  2. 胚珠或种子 2 至数枚，少 1 枚；花柱伸长 ………………………… 青葙属 *Celosia* Linn.
  2. 胚珠或种子 1 枚；花柱短或无 ………………………………… 苋属 *Amaranthus* Linn.
1. 叶对生或茎上部叶互生。
  3. 花两性；头状花序。
    4. 有退化雄蕊；柱头 1，头状(约 200 种，我国 4 种，产于华东、华中、西南、华南，野生，或其他地区有栽培)…………………………… 蓬子菜属 *Alternanthera* Forsk.
    4. 无退化雄蕊；柱头 2～3，或 2 裂(约 100 种，我国 2 种，一种广泛栽培，另一种产于广东、海南、台湾及西沙群岛) ………………………… 千日红属 *Gomphrena* Linn.
  3. 花单性或两性；单生或少数花簇生成穗状花序，再排成圆锥花序(约 80 种，我国 1 种，江苏、广东、广西、云南等地有栽培) ……………………… 血见红属 *Iresine* P. Br.

(1)苋属(*Amaranthus* Linn.)：一年生草本，叶互生，无托叶。花小，单性，穗状或圆锥花序；花被片 5，或 1～3；雄蕊 1～5，分离；花柱极短或无，子房压扁，胚珠 1。胞果盖裂或不裂。本属约 40 种，分布于全世界；我国有 13 种，广布。

常见蔬菜及观赏植物：苋（*Amaranthus tricolor* Linn.）（图 3-30）栽培蔬菜，叶杂有各种颜色可供观赏；繁穗苋（*Amaranthus paniculatus* Linn.）栽培供观赏，茎、叶可作蔬菜；千穗谷（*Amaranthus hypochondriacus* Linn.）和尾穗苋（*Amaranthus caudatus* Linn.）栽培供观赏。

（2）青葙属（*Celosia* Linn.）：一年生或多年生草本。叶互生。花两性，成顶生或腋生，密集或间断的穗状花序，简单或排成圆锥花序，总花梗有时扁化；花被片 5；雄蕊 5，胞果；种子 2 至多数。本属约 60 种，分布于非洲、美洲和亚洲热带及温带地区；我国有 3 种，广布。

常见花卉：青葙（*Celosia argentea* Linn.）穗状花序塔状和圆柱状，无分枝，花被片白色和粉红色。鸡冠花（*Celosia cristata* Linn.）穗状花序鸡冠状，多分枝，花被片红色、紫色、橙色和黄色相间。

苋科常见的观赏植物还有：锦绣苋[*Alternanthera bettzickiana* (Regel) Nichols.]叶片有各种颜色，可排成图案或布置花坛。千日红（*Gomphrena globosa* Linn.）花多数、密生成顶生球形或矩圆形头状花序，单 1 或 2～3 个，直径 2～2.5 cm，常为紫红色，有时淡紫色或白色。血见红（*Iresine berbstii* Hook. f. ex Lindl.）雌雄异株，花排成顶及叶生圆锥花序，由多数穗状花序形成。

25. 马齿苋科（Portulacaceae）

$$⚥ \quad * \quad K_{2} \quad C_{4\sim5} \quad A_{4\sim\infty} \quad G_{(3\sim5:1:1\sim\infty)}$$

本科有 19 属约 500 余种，多分布于热带美洲和太平洋沿岸国家；我国有 3 属 7 种，分布全国。

科的特征：肉质草本或小灌木。单叶互生或对生，全缘；托叶膜质，有时呈毛状。花两性，辐射对称，单生或圆锥花序、头状花序或聚伞花序；萼片 2；花瓣常为 4～5；雄蕊与花瓣同数而对生；雌蕊由 3～5 心皮合生而成，自反上位或下位，少半下位，1 室，特立中央胎座，1 至多数胚珠，花柱单 1，柱头 2～9。蒴果盖裂或 2～3 瓣裂。

常见植物：马齿苋属（*Portulaca* Linn.）的马齿苋（*Portulaca oleracea* Linn.）（图 3-31）为

图 3-30　苋 *Amaranthus tricolor* Linn.

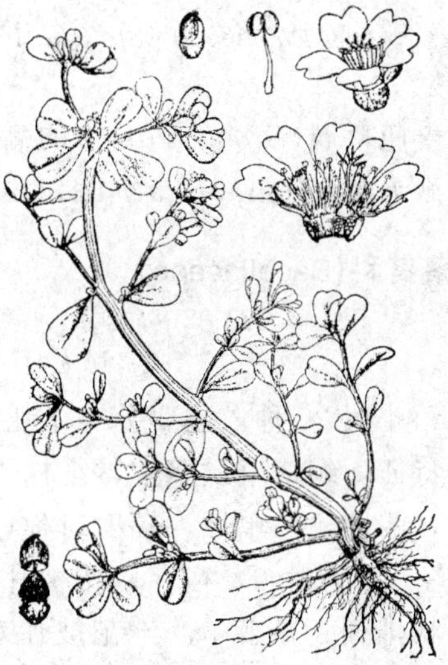

图 3-31　马齿苋 *Portulaca oleracea* Linn.

习见农田杂草，特别是北方菜园最为常见，全草入药，有解毒、利尿、治痢作用；大花马齿苋(半枝莲)(*Portulaca grandiflora* Hook.)一年生花卉，各地均有栽培。

26. 石竹科(Caryophyllaceae)

$$* \quad K_{4\sim5,(4\sim5)} \quad C_{4\sim5} \quad A_{5\sim10} \quad \underline{G}_{(2\sim5:1:\infty)}$$

本科约有 80 余属 2 100 余种，分布于全球，尤以温带和暖温带最多；我国有 30 属约 400 种，分布于全国，其中有康乃馨、满天星等花卉。

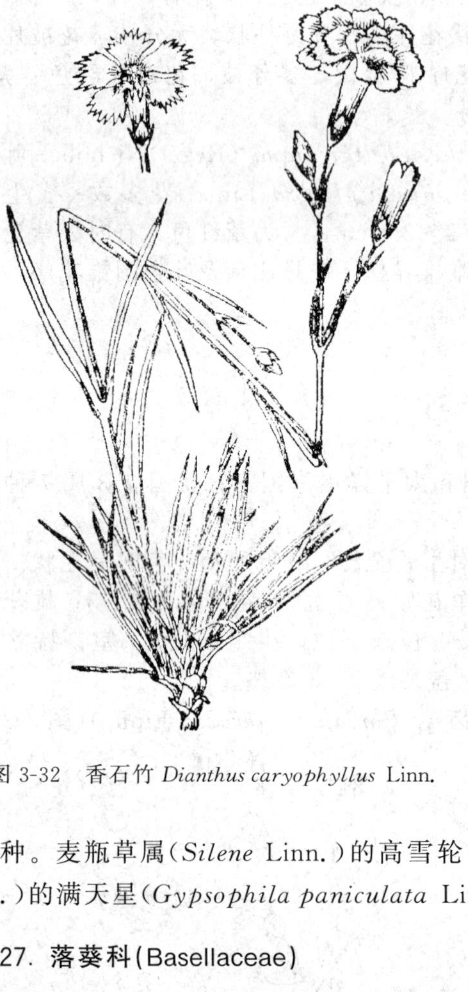
图 3-32 香石竹 *Dianthus caryophyllus* Linn.

科的特征：草本，稀灌木。茎节膨大。单叶对生，全缘。花两性，辐射对称；聚伞花序或单生；萼片 4～5，分离或合生；花瓣 4～5，稀缺；雄蕊5～10；心皮 2～5，合生，子房上位，1 室或基部有分隔，特立中央胎座。蒴果，瓣裂或顶端齿裂，少瘦果或浆果；种子多数，胚弯曲，有胚乳。

常见植物：石竹属(*Dianthus* Linn.)有石竹(*Dianthus chinensis* Linn.)多年生草本；叶条状披针形；花下有苞片 2～3 对，花瓣红紫色、粉红色或白色，顶端有细齿，下部具长爪，我国北部和中部地区均产，生长于山坡草地及草甸草原，庭园亦多栽培，供观赏亦供药用；香石竹(康乃馨)(*Dianthus caryophyllus* Linn.)(图 3-32)花单生或 2～3 朵簇生，有香气，苞片 4，长及萼的 1/4，花色有白、粉、紫等色；须苞石竹(什样锦)(*Dianthus barbatus* Linn.)原产于中国至俄罗斯，头状聚伞花序圆形，苞片先端须状，花瓣有白、粉、绯红、墨紫等色，并具环纹，斑点及镶边等复色以及重瓣品种。麦瓶草属(*Silene* Linn.)的高雪轮(*Silene armeria* Linn.)和丝石竹属(*Gypsophila* Linn.)的满天星(*Gypsophila paniculata* Linn.)为栽培花卉。

27. 落葵科(Basellaceae)

$$* \quad ⚥ \quad P_5 \quad A_5 \quad \underline{G}_{(3:1:1)}$$

本科约 4 属 25 种，主要分布于亚洲、非洲及拉丁美洲热带地区；我国栽培 2 属 3 种。

科的特征：缠绕草质藤本，全株无毛。单叶，互生，全缘，稍肉质，通常有叶柄；托叶无。花小，两性，稀单性，辐射对称，通常成穗状花序、总状花序或圆锥花序，稀单生；苞片 3，早落，小苞片 2，宿存；花被片 5，离生或下部合生，通常白色或淡红色，宿存，在芽中覆瓦状排列；雄蕊 5，与花被片对生，花丝着生花被上；雌蕊由 3 心皮合生，子房上位，1 室，胚珠 1 粒，着生子房基部，弯生，花柱单一或分叉为 3。胞果，干燥或肉质，通常被宿存的小苞片和花被包围，不开裂；种子球形，种皮膜质，胚乳丰富，围以螺旋状、半圆形或马蹄状胚。

常见植物：落葵属（*Basella* Linn.）的落葵（*Basella alba* Linn.）（图 3-33）一年生缠绕草本，花淡红色或淡黄色，果实红色至深红色或黑色，多汁液。叶含有多种维生素和钙、铁等微量元素，栽培作蔬菜，也可观赏。全草供药用，为缓泻剂，有滑肠、散热、利大小便的功效；花汁有清血解毒作用，能解痘毒，外敷治痈毒及乳头破裂。果汁可作无害的食品着色剂。原产于亚洲热带地区，我国南北各地多有种植，南方有逸为野生者。

28. 蓼科（Polygonaceae）

$$* \quad K_{3\sim6} \quad C_0 \quad A_{6\sim9} \quad \underline{G}_{(2\sim4:1:1)}$$

本科有 50 属，1 150 种，主要分布于北温带；我国有 13 属，约 235 种，分布于全国各地，其中有沙区的固沙树种，有药用植物、粮食作物，而大多数种可供饲用。作为园艺植物，可推木蓼及沙拐枣。

科的特征：草本，稀灌木或木质藤本。茎节常膨大。单叶互生，多全缘；托叶膜质鞘状或叶状。花两性，稀单性异株；花序穗状、圆锥状等；花被片 3～6，2 轮，花瓣状，宿存；雄蕊 6～9，稀较少或较多，花粉 3～4 孔沟，8 沟，多孔；子房上位，1 室，1 胚珠，花柱 2～4。瘦果三棱形或双凸镜状，全部或部分包于宿存的花被内；种子具胚乳。

常见植物：荞麦属（*Fagopyrum* Mill.）的荞麦（*Fagopyrum esculentum* Harald.）（图 3-34），种子富含淀粉，供食用，南北各省均有栽培。

图 3-33　落葵 *Basella alba* Linn.

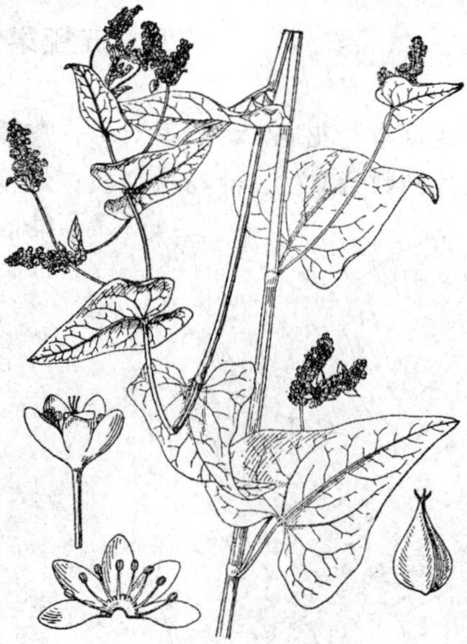

图 3-34　荞麦 *Fagopyrum esculentum* Harald.

29. 白花丹科（蓝雪科）（Plumbaginaceae）

$$* \quad K_{(5)} \quad A_5 \quad \underline{G}_{(5:1:1)}$$

图 3-35 角柱花
Ceratostigma plumbaginoides Bunge

本科约有 21 属约 580 种，广布于世界；我国有 7 属 40 余种，主要分布于西北和西南。本科植物花序多样，着生多数小花其造型独特，可供观赏，而补血草、驼舌草、伊犁花和彩花等属的花萼干膜质而着色、宿存而经久不枯萎，是天然干插花的主要种源。

科的特征：草本或灌木。叶互生或基生。花两性，辐射对称，通常 2～5 朵花集为 1 簇状小聚伞花序，即“小穗”，由小穗再排列成穗状、头状或圆锥花序；小穗基部有苞片；每花基部有小苞片，花萼漏斗状、管状或倒圆锥状，5 齿裂，具 5～10 棱，常干膜质而着色；花冠通常合生，管状，或仅于基部合生，裂片 5；雄蕊 5，与花冠裂片对生，下位或着生于花冠筒上；子房上位，1 室，具 1 胚珠，花柱 5。蒴果包藏于宿存花萼内。

常见植物：蓝雪属（*Plumbago* Linn.）的蓝雪花（*Plumbago auriculata* Lam.）花浅蓝色，原产于非洲南部，世界热带地区均有栽培，我国庭园也有栽培。紫雪花（*Plumbago indica* Linn.）花紫色，原产于印度，我国庭园有栽培。蓝雪花属（*Ceratostigma* Bunge）的角柱花（*Ceratostigma plumbaginoides* Bunge）（图 3-35）花冠深蓝色，产于河北、河南和山西，生于坡地，也常见庭园栽培。

四、五桠果亚纲（Dilleniidae）

木本或草本。花通常为辐射对称，离瓣。少数为合瓣或无瓣；雄蕊少数，离心发育，或与花冠裂片同数且对生，花粉粒 2 核；雌蕊多为合生心皮组成，稀由离生心皮组成，如五桠果目；中轴胎座、侧膜胎座，稀为基底胎座和特立中央胎座；珠被 1～2 层，种子不具外胚乳。

图 3-36 五桠果 *Dillenia indica* Linn.

本亚纲包括有 13 目、78 科、2 500 种；我国有 11 目、42 科。

30. 五桠果科（Dilleniaceae）

$$* \quad K_5 \quad C_5 \quad A_\infty \quad \underline{G}_{\infty(\infty)}$$

本科有 11 属 400 种；我国 2 属 5 种，分布于云南、广东、广西。

科的特征：木本或藤本。单叶、互生，羽状脉。花两性或单性，整齐；萼片 5；花瓣 5；雄蕊多数，分离或集合成束，药孔裂或纵裂；雌蕊心皮分离或结合。

常见植物：五桠果（*Dillenia indica* Linn.）（图 3-36）常绿灌木，高达30 m；花单生枝顶，直径 15～

20 cm，花瓣 5，白色，花药顶孔开裂；心皮 8～10 合生，果近球形包于增大的萼内，可食。

31. 芍药科(Paeoniaceae)

$* \ K_5 \ C_{5\sim13} \ A_\infty \ \underline{G}_{2\sim5:1:1}$

本科仅 1 属，芍药属(*Paeonia* Linn.)约 35 种，主要分布于欧、亚大陆温带地区，少数种分布于北美洲；我国产 11 种，主要分布在西南、西北地区，在东北、华北及长江两岸各省也有分布。本科植物含芍药甙、牡丹酚、丹皮甙、牡丹酚原甙及没食子酰鞣质，可作为药用。并且花大、艳丽，极具观赏价值。

科的特征：灌木或多年生草本，地下块根圆柱状或纺锤形。叶通常为二回或三回羽状复叶或深裂。花大，单生；萼片 5，宿存；花瓣 5～13；雄蕊多数；心皮 2～5，离生。聚合蓇葖果。

图 3-37　块根芍药 *Paeonia anomala* Linn. var. *intermedia* (C. A. Mey.) O. et B. Fedtsch.

常见植物：芍药属(*Paeonia* Linn.)的芍药(*Paeonia lactiflora* Pall.)、牡丹(*Paeonia suffruticosa* Andr.)为著名的栽培花卉；产于新疆的块根芍药［*Paeonia anomala* Linn. var. *intermedia* (C. A. Mey.) O. et B. Fedtsch.］(图 3-37)地下块根数个、纺锤状或块状加粗，可供观赏。

32. 山茶科(Theaceae)

$* \ ⚥，稀♂ \ ♀ \ K_{5\sim6} \ C_{5\sim6} \ A_\infty \ \underline{G}_{(3\sim5:3\sim5)}$

本科约 36 属，700 种，主要分布于东亚，也见于西南太平洋、美洲和非洲；我国有 15 属480 余种，广泛分布于秦岭与淮河以南各省区常绿阔叶林中，其中有世界著名饮料——茶，木本油料——油茶，著名花卉——山茶等。

科的特征：常绿或落叶乔木或灌木，茎、叶中常含分枝或不分枝的石细胞。单叶互生，具腁胝质状锯齿，无托叶。花两性，稀单性，辐射对称，单生，或数花簇生于叶腋，稀有总状花序；具苞片或小苞片，萼片 5 或 6，有时苞片与萼不分化，由下至上、从外向内逐渐增大；花瓣 5 或 6，或多数；雄蕊多数，多轮，分离或连合，花粉具 3 孔沟；子房由 3～5 个心皮组成，稀更多，上位，花柱分离或合生；胚珠多数到较少，中轴胎座。蒴果、核果或浆果状，种子无胚乳，或具胚乳。

山茶属(*Camellia* Linn.)：常绿乔木或灌木，有 280 种，分布于东亚；我国有238 种，广泛分布于秦岭与淮河以南各省区。我国栽培茶树和制茶已有 2 500 多年的历史，19 世纪传到国外，现今世界各地广泛栽培。茶的芽和嫩叶含 1%～5%的咖啡碱，有兴奋神经和利尿的作用；茶的制成品有绿茶、乌龙茶、红茶等，视发酵与否或发酵程度而定，而地方品种又与当地特殊的地理环境有关；茶树的根入药，能清热解表；种子油是很好的润滑油，提炼后供食用。

常见栽培植物有以下几种：

图 3-38 茶 *Camellia sinensis* O. Ktze.

著名的饮料——茶［*Camellia sinensis*（Linn.）Kuntze］（图 3-38）落叶灌木或小乔木；叶薄革质，长圆形，顶端钝，长 5～10 cm；花白色，直径 3～4 cm，1～4 朵组成腋生聚伞花序；花瓣7～8，雄蕊多数，花丝近于分离；蒴果顶端开裂；我国长江流域及以南各地广泛栽培。普洱茶［*Camellia assamica*（Mast.）Chang］常绿乔木高达 17 m，叶椭圆形，顶端尖，长 8～20 cm，无毛；产于华南至云南、贵州。

木本油料作物——油茶（*Camellia oleifera* C. Abel.）灌木或小乔木，小枝微有毛；叶革质，椭圆形，长 3.5～9 cm；花大，白色，顶生，单生或并生，花瓣 5～7，分离或基部稍合生，雄蕊多数，外轮花丝基部合生，子房密被白色丝状绒毛；蒴果直径1.8～2.2 cm；从长江流域到华南各地广泛栽培的重要木本油料作物，种子含油 30％以上，供食用及工业用油；果壳可提制栲胶、皂素、糠醛等。

著名花卉——山茶（*Camellica japonica* Linn.）灌木或小乔木，枝叶无毛；花红色，子房有毛；原产于四川峨嵋山，朝鲜、日本也有栽培，栽培品种繁多，花色有红色与白色。滇山茶（*Camellia reticulata* Lindl.）乔木，栽培后成灌木状，枝、叶有毛；花红色，子房有毛；产于云南，广泛栽培。金花茶（*Camellia nitissima* Chi）花瓣 8～12 枚，黄色；产于广西南部和越南北部，是培育黄色山茶的重要材料，属国家一级保护植物。

图 3-39 中华猕猴桃

Actinidia chinensis Planch.

33. 猕猴桃科（Actinidiaceae）

* ⚥ 或 ♂♀ K_5 C_5 A_∞ $\underline{G}_{(5\sim\infty:5\sim\infty:\infty)}$

本科有 2 属约 83 种，分布于热带至亚热带；我国有 2 属约 73 种，其中有著名的水果猕猴桃。

科的特征：木质藤本。单叶互生，无托叶。花两性或单性，雌雄异株，辐射对称；聚伞花序腋生；萼片 5，覆瓦状排列；花瓣 5，少 4～12；雄蕊多数，花药丁字形着生；雌蕊由 5 至数心皮合成，子房上位，5 室以上，胚珠多数，花柱离生。浆果常被毛；种子有丰富胚乳。

常见植物：猕猴桃属（*Actinidia* Lindl.）的中华猕猴桃（*Actinidia chinensis* Planch.）（图 3-39）果味甘甜多汁且具香味，经济性状最好，分布于西北经中南至华东，广泛栽培。

34. 藤黄科(Clusiaceae 或 Guttiferae)

$$* \ ⚥ \quad K_{2\sim6} \quad C_{2\sim6} \quad A_{\infty} \quad G_{(2\sim\infty:2\sim\infty:1\sim\infty)}$$

本科约 40 属 1 000 余种，分布于热带地区；我国有 6 属约 15 种，分布于西南至台湾，其中有热带著名水果罗汉果、野生花卉金丝桃和苦丁茶。

科的特征：灌木或乔木，有黄色胶汁。叶对生，稀轮生；有托叶或无。花两性，辐射对称，单生或排成聚伞花序；萼片与花瓣 2～6，稀更多，覆瓦状排列；雄蕊多数，花丝分离或各式组合；子房上位，2 至多室，稀 1 室，每室有胚珠 1 至多数，花柱长或短或缺。浆果或核果。

常见植物：山竹子属(*Garcinia* Linn.)的莽吉果(罗汉果)(*Garcinia mangostana* Linn.)常绿乔木；果球形，直径 6～8 cm，红紫色，有宿存大型革质萼片，果壳厚而韧，内含5～7 枚种子，种子薄而小，外被白色、多汁、香甜的假种皮，是热带著名果品。岭南山竹子(*Garcinia oblongifolia* Champ.)(图 3-40)常绿乔木，果球形，直径 2～4 cm；产于广东、广西，越南也有，果可食。

图 3-40　岭南山竹子
Garcinia oblongifolia Champ.

此外，藤黄科的苦丁茶[*Cratoxylum formosum* (Jack) Dyer]乔木，高 5～12 m，树干基部具刺，叶对生、薄革质或纸质，可代茶。栽培花卉有金丝蝴蝶(*Hypericum ascyron* Linn.)花黄色。

35. 锦葵科(Malvaceae)

$$* \quad K_5 \quad C_5 \quad A_{(\infty)} \quad \underline{G}_{(3\sim\infty:3\sim\infty:1\sim\infty)}$$

本科有 50 属约 1 000 种，广布于温带与热带；我国有 16 属 81 种 30 变种或变型。其中有著名的纺织和油料工业原料、药用及观赏等植物。

科的特征：草本或灌木。茎皮纤维发达。单叶互生，常为掌状脉，托叶早落。花两性，稀单性，辐射对称，单生或为聚伞花序；萼片 5，分离或合生，其外常有副萼(总苞)；花瓣 5，旋转状排列，基部与雄蕊管连生；雄蕊多数，为单体雄蕊，花粉 3～4 孔沟、多孔；子房上位，由 3 至多数心皮组成，3 至多室，中轴胎座，每室具 1 至多数胚珠。蒴果或分果。

常见锦葵科栽培植物分属检索表

1. 子房由数个离生心皮组成；果裂为分果，与果轴或花托脱离。
  2. 花柱分枝与心皮同数；雄蕊柱上花药着生到顶。
    3. 小苞片(副萼)3～9 片；胚珠在每室中只有 1 个。

4. 小苞片 3，分离；花瓣倒心形或顶端微缺；果轴圆筒形 …… 锦葵属 *Malva* Linn.
4. 小苞片 3～9，基部合生；花瓣齿啮状；果轴盘状。
5. 小苞片 3～9；心皮 7～14，花柱基部于果实扩大成圆锥状或盘状；果轴较心皮高出 …………………………………………………… 花葵属 *Lavatera* Linn.
5. 小苞片 6～9；心皮30 或更多，花柱基部于果实不扩大；果轴较心皮低或几等高 …………………………………………………… 蜀葵属 *Althaea* Linn.
3. 无小苞片；胚珠在每室中有 2～9 个 ………………………… 苘麻属 *Abutilion* Mill.
2. 花柱分枝数为心皮数的 2 倍；雄蕊柱上仅外部着生花药；成熟心皮合生成肉质浆果状，以后变干并裂为分果 ………………………… 悬铃花属 *Malvaviscus* Dill. ex Adans.
1. 子房由数个合生心皮组成；果为蒴果。
6. 萼佛焰苞状，花后在一边裂开而半落；果长而尖，种子平滑无毛 …………………………………………………… 秋葵属 *Abelmoschus* Medik.
6. 萼钟形或杯状，整齐 5 裂或 5 齿；果通常圆球形至长圆形，种子有毛或腺状乳突 …………………………………………………… 木槿属 *Hibiscus* Linn.

(1)锦葵属(*Malva* Linn.)：草本。叶掌状浅裂至深裂。花单生或数朵簇生于叶腋。副萼片 3，分离；萼 5 裂；花瓣 5，粉红色或白色。果熟时各心皮彼此分离成分果，且与中轴脱离，每果瓣含 1 种子。本属约 30 种，分布于北温带；我国有 4 种，南北均产。

常见植物：锦葵(*Malva sinensis* Cavan.)二年生草本；花紫红色，直径 2.5～4 cm，簇生于叶腋；分布全国各地，多栽培。野葵(*Malva verticillata* Linn.)花小，直径约 1 cm，淡紫色或淡红色，簇生于叶腋；广布于全国各地，生于山坡、田间、村舍旁、路边等处，亦有栽培，摘其嫩叶供蔬食。

(2)蜀葵属(*Althaea* Linn.)：一、二年生或多年生草本，被毛。叶多掌状深裂。花具柄，单生于叶腋或呈总状花序或排列于茎的上部，萼下小苞片 6～9，基部合生；心皮 30 或更多，成熟时裂为分果，果轴较心皮矮或几乎相等。本属有 40 余种，分布于亚洲中部及西部温带地区；我国有 3 种，产于新疆及西南各地。

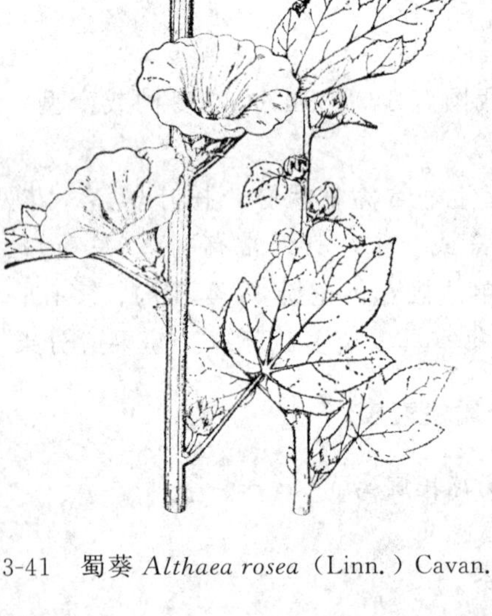

图 3-41 蜀葵 *Althaea rosea* (Linn.) Cavan.

常见植物：蜀葵[*Althaea rosea* (Linn.) Cavan.](图 3-41)花大型，直径 6～9 cm，有红、白、黄、黑紫等色，单瓣或重瓣；原产于我国，世界各地广泛栽培。药蜀葵(*Althaea officinalis* Linn.)花淡红色，直径 2.5 cm，产于新疆北部，我国一些城市有栽培。

(3)木槿属(*Hibiscus* Linn.)：木本或草本，有时具刺。叶互生，不分裂或多少掌状分裂，有托叶。花两性，大型，单生或排成总状花序；副萼 5 或多数，分离或基部合生；萼钟状或碟状，5 浅裂或深裂，很少筒状，2～3 裂；花瓣 5，基部与雄蕊柱合生；花药多数，生于柱顶；子房 5 室，每室 3 至多数胚珠，中轴胎座；花柱 5，较长。蒴果背裂。本属约 200 种，分布于热带和亚热带地区；我国约有 24 种，大多为观赏植物。

常见观赏植物：木槿（*Hibiscus syriacus* Linn.）花单生叶腋，花冠钟形，淡紫、白、红等色，直径 5～6 cm；全国各地栽培。朱槿（扶桑）（*Hibiscus rosa-sinensis* Linn.）花单生于叶腋，花冠漏斗形，直径 6～10 cm，玫瑰红、淡红或淡黄色；产于福建、台湾、广东、广西、云南和四川，常栽培观赏或作绿篱。吊灯花［*Hibiscus schizopetalus*（Mast.）Hook. f.］花单生于枝端叶腋，花瓣 5，红色，长 5 cm，深细裂作流苏状，雄蕊柱长而突出；原产于非洲热带地区，我国引入栽培，供观赏。洋麻（*Hibiscus cannabinus* Linn.）是很重要的纤维植物，原产于非洲，20 世纪初传入我国，现已广泛栽培。

（4）悬铃花属（*Malvaviscus* Adans.）：本属约 3 种，分布于中、南美洲，我国引入栽培 1 种数个变种。

常见植物：悬铃花（*Malvaviscus arboreus* Cavan.）灌木或亚灌木；花腋生，小苞片 7～8，花冠鲜红色，长 2～3 cm，开花时下垂，花瓣不展开，如悬挂之铃，故此得名，全年开花，是一种美丽的花木。

（5）棉属（*Gossypium* Linn.）：一年生灌木状草本。叶掌状分裂，常有紫色斑点。花大，两性，单生于叶腋，黄色或紫色，但当花凋萎时常变为其他颜色；副萼 3、5 或 7 枚，有腺点；萼杯状，全缘或 5 齿裂；花蕊大，雄蕊管有多数具药的花丝；子房上位，3～5 室，每室有 2 至数个胚珠。蒴果背裂；种子被棉毛，俗称棉花。本属有 20 多种，分布于热带和亚热带地区；我国约有 5 个栽培种，是我国纺织工业最主要的原料，种子油可食用。

常见植物：陆地棉（*Gossypium hirsutum* Linn.）（图 3-42）叶常 3 裂；花黄色，副萼 3，有 7～13 个尖齿，花药密生于等长的短花丝上；原产于美洲，我国南北方棉区普遍栽培。海岛棉（*Gossypium barbadense* Linn.）叶 3～5 半裂；花淡黄带紫色，副萼 5，边缘浅裂或具尖齿，花药疏生于长短不齐的花丝上；原产于热带美洲，我国南方和新疆的南疆地区有栽培。巴西棉（*Gossypium brasiliense* Maef.）原产南美洲，我国南方棉区有栽培。目前我国栽培棉的主要品种，多出自上述三种，而长绒棉品种主要出自海岛棉。草棉（*Gossypium herbaceum* Linn.）叶 5～7 裂；副萼广三角形，中部以上有 6～8 齿，花黄色，中心紫色；原产于西亚，生长期短（130 d 左右），我国西北地区曾广泛栽培，但因棉毛较短，现在少有栽培。树棉（*Gossypium arboreum* Linn.）掌状深裂叶；副萼顶端有 3 齿，花淡黄色，有暗紫色心；原产于亚洲，曾广植于黄河以南地区，但棉毛较短，现少有栽培。

图 3-42 陆地棉 *Gossypium hirsutum* Linn.

其他引入栽培的花卉有花葵属（*Lavatera* Linn.）的花葵（*Lavatera arborea* Linn.）和三月花葵（*Lavatera trimestris* Linn.）。苘麻属（*Abutilon* Mill.）的金铃花（*Abutilon striatum* Dickson.）常绿灌木，单叶互生、掌状 5 裂，花单生于叶腋、下垂，花冠钟形、橘黄色、具紫色条纹，原产于巴西；还有杂种金铃花二年生草本；花白、黄、粉、红等色。秋葵属（*Abelmoschus* Medik.）

的咖啡黄葵[*Abelmoschus esculentus* (Linn.)Moench]一年生草本，叶常5～7裂，花单生于叶腋、花黄色，具紫心，直径5～7 cm，分布于热带地区和大洋洲，我国引种栽培，嫩果可炒食，种子含油约20%，可榨油或炒热磨粉供食用。

36. 木棉科(Bombacaceae)

$$* \ ⚥ \quad K_{3\sim5} \quad C_5 \quad A_{5\sim\infty} \quad \underline{G}_{(2\sim5:2\sim5:2\sim\infty)}$$

本科约20属180种，广布全球热带地区，尤以美洲居多；我国原有1属2种，引入栽培5属5种，常见园艺植物有榴莲(热带著名水果)、木棉和发财树。

图3-43 木棉 *Bombax malabaricaum* DC.

科的特征：落叶或半常绿乔木。叶互生，单叶或掌状复叶；托叶早落。花两性，大型，辐射对称，顶生或腋生，单生或聚生；花萼杯状，顶部截平或不规则3～5裂；花瓣5，覆瓦状排列；雄蕊5至多数，分离或合生成筒，常有退化雄蕊；子房上位，2～5(15)室，每室2至多数倒生胚珠，中轴胎座，花柱1，柱头2～5裂。蒴果背裂或不裂；种子常有毛。

常见植物：木棉(攀枝花、英雄花)(*Bombax malabaricum* DC.)(图3-43)落叶乔木，大枝轮生，幼树干及枝条具圆锥形皮刺；掌状复叶，小叶5～7片、全缘；花先叶开放，红色，直径约10 cm，簇生枝端；花萼厚，杯状，长3～4.5 cm，常5浅裂；花瓣5；雄蕊多数，合生成短筒；花柱较雄蕊短；蒴果长圆形，长10～15 cm，木质，5瓣裂，内有棉毛；产于江西、福建、台湾、广东、广西、四川、贵州和云南等地；树姿雄伟，花大而美丽，开花时鲜艳夺目，被荣为广州市树。榴莲(*Durio zibethinus* Linn.)高大乔木，常绿。单叶革质，长椭圆形；花大型，组成侧生聚伞花序；花瓣3，白色；蒴果卵形、球形和椭圆形，长达25 cm，熟时黄色，表面有多数粗大木质尖刺，不开裂；种子周围附生乳白色肉质假种皮，可食用，有特殊气味，有些人甚为欣赏；种子形如栗子，含糖及淀粉，可炒食。发财树[*Pachira macrocarpa* (Cham. et Schlecht.)Walp.]半常绿乔木，枝叶轮生，茎基部常膨大，有疏生栓质皮刺；掌状复叶，小叶4～7片。花大型、粉红色，单生于叶腋；蒴果卵状椭圆形。原产于墨西哥，作为观叶植物，我国广东、海南、台湾等地大量种植，已成全球生产供应中心。

37. 梧桐科(Sterculiaceae)

$$* \ ⚥ 或 ♂ \quad ♀ \quad K_5 \quad C_{0\sim5} \quad A_{(\infty)} \quad \underline{G}_{(2\sim5:2\sim5:\infty)}$$

本科约68属1 100种，分布于热带地区，我国有19属82种，主产西南部至东部，其中有著名园艺植物梧桐、可可树等。

科的特征：草本、灌木至乔木。单叶互生或掌状复叶；有托叶。花两性或单性，辐射对称，单生或组成各式花序；萼片 5，多少合生；花瓣 5 或缺；雄蕊多数合生成筒状，稀少数而分离；子房上位，2～5 室，很少单心皮，子房有时具柄，胚珠每室数个至多数。蓇葖果或蒴果，干燥，开裂或不裂。

常见植物：梧桐[*Firmiana simplex*（Linn.）W. Wight]著名园艺树种，落叶乔木。单叶互生，3～5 浅至深裂。圆锥花序长约 20 cm；花单被无花瓣，萼筒长约 2 mm。蓇葖果，成熟前即裂成 5 个叶状果瓣，果瓣有短柄，似叶状，有脉。我国原产，分布于长江以南、自华南至河北广泛栽培。可可树（*Theobroma cacao* Linn.）（图 3-44）常绿乔木，高达12 m。单叶全缘，卵状矩圆形至倒卵状矩圆形。花序簇生于树干或主枝上，花直径约 18 mm；萼粉红色，5 深裂；花瓣 5，淡黄色。蒴果椭圆形或长椭圆形，长 15～20 cm，深黄色或近于红色，5 室，每室有种子 12～14 颗；种子卵形，长约 2.5 cm，炒种仁磨成粉即为可可。原产于热带美洲，我国海南及广东省南部有栽培。午时花（*Pentapetes phoenicea* Linn.）一年生草本。茎高 50～100 cm。单叶互生、条状披针形。花序腋生或顶生，具 1～2 花，花直径 2.5～3 cm；花瓣 5，红色。蒴果近球形，直径约 1.2 cm，密被星状毛。原产于热带亚洲，我国有栽培。

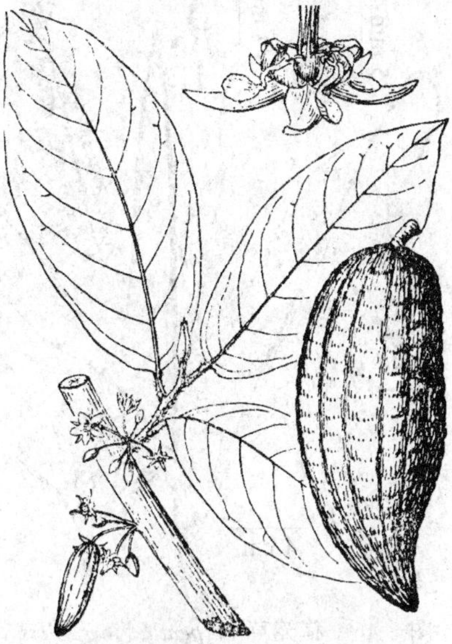

图 3-44　可可树 *Theobroma cacao* Linn.

38. 玉蕊科（Lecythidaceae）

$* \ ⚥ \ K_{3\sim4} \ C_{4\sim5} \ A_{\infty} \ \overline{G}_{(2\sim4:2\sim4:2\sim8)}$

本科共约 20 属 450 种，分布在全世界的热带，以南美洲的热带雨林地区最多。中国只有玉蕊属 1 属 3 种，产于云南南部、广东、海南岛和台湾南部。

科的特征：直立灌木或乔木。叶互生，单叶，全缘或有齿缺。花辐射对称，两性，常大而美丽，排成顶生或腋生的穗状花序或总状花序；萼 3～4 裂；花瓣 4～5，覆瓦状排列；雄蕊多数，花丝基部稍合生；子房下位，2～4 室，每室有胚珠 2～8 颗。果木质、纤维质或肉质；不开裂或盖裂，顶冠以宿萼。

常见植物：巴西栗（巴西坚果）（*Bertholletia excelsa* H. B. K.）产于巴西，我国引种栽培，果实可榨油，又作干果；玉蕊[*Barringtonia racemosa*（Linn.）Bl. ex DC.]（图 3-45）庭园栽培供观赏。

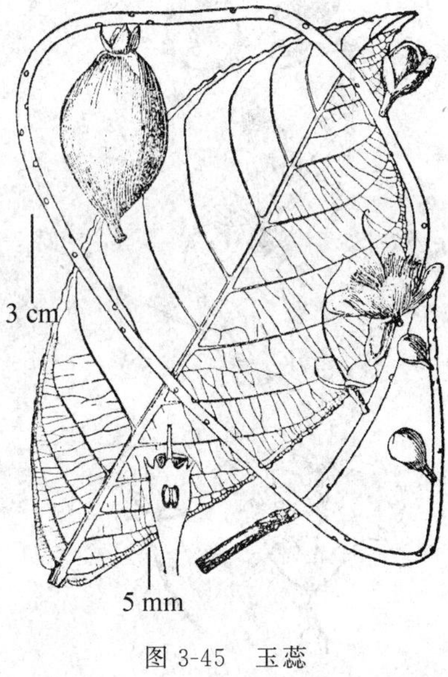

图 3-45　玉蕊
Barringtonia racemosa（Linn.）Bl. ex DC.

39. 猪笼草科(Nepenthaceae)

$$* \quad ♂ \quad C_{3\sim4} \quad A_{(\infty)} \quad ♀ \quad C_{3\sim4} \quad \underline{G}_{(3\sim4:3\sim4:\infty)}$$

本科2属约68种，主产加里曼丹等热带岛屿，少数分布至大洋洲北部、非洲马达加斯加岛以及印度半岛；我国产1属，分布于广东。本科植物能捕食昆虫，为著名观赏植物。

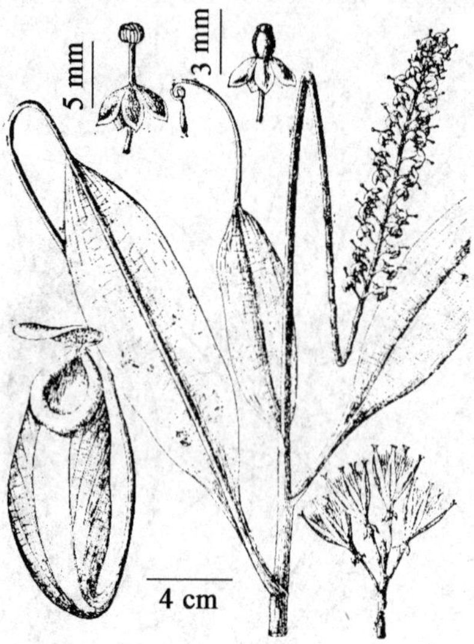

图 3-46 猪笼草 *Nepenthes mirabilis* (Lour.) Druce

科的特征：草本，有时多少木质；茎圆筒形或三棱形。叶互生。花整齐，无苞片，单性异株，组成总状花序、圆锥花序或具二次分枝的蝎尾状聚伞花序；花被3～4片，通常分离而排成二基数的2轮，稀基部合生成倒圆锥形的花被管；雄花无定数，花丝合生成一柱，花药于柱顶聚生成一头状体；雌花具1雌蕊，雌蕊由3～4枚与花被片对生的心皮组成，子房上位，胚珠多数，数行排列于中轴胎座上。蒴果；种子多数。

常见植物：猪笼草[*Nepenthes mirabilis* (Lour.) Druce](图3-46)叶互生，长椭圆形，全缘，中脉延长为卷须，末端有一叶笼。叶笼瓶状，瓶口边缘较厚，上有小盖，成长时盖张开，不能再闭合。笼色以绿色为主，有褐色或红色的斑点或斑纹，还有整个叶笼都呈红色、褐色甚至紫色、黑色的品种。叶笼大小因品种而异，有些大型杂交种能盛水300～400 mL。笼的内壁光滑，笼底能分泌黏液和消化液，有气味引诱昆虫之类的小动物入内，而小动物一旦落入笼内，就很难逃出，最终被消化和吸收。

40. 堇菜科(Violaceae)

$$* \quad \uparrow \quad K_5 \quad C_5 \quad A_5 \quad \underline{G}_{(3:1:\infty)}$$

本科约22属900种，广布于全球；我国约有4属130种，遍布全国各地，其中有药用植物和花卉。

科的特征：草本、灌木，稀乔木。叶互生，基生，少对生，单叶，全缘或有时分裂，有托叶。花辐射对称或两侧对称，两性或单性，少杂性；单生或排成圆锥花序，有小苞片；萼片5，常宿存；花瓣5，下面的1瓣常扩大，基部囊状或有距；雄蕊5；子房上位，1室，胚珠多数着生于侧膜胎座上。蒴果或浆果。

常见植物：堇菜属(*Viola* Linn.)的三色堇(*Viola tricolor* Linn.)(图3-47)花大，直径3～6 cm，每朵花有蓝、白、黄3种颜色；原产于欧洲，我国各大城市多有栽培，供观赏。

图 3-47 三色堇 *Viola tricolor* Linn.

41. 葫芦科(Cucurbitaceae)

$$♂\ K_{(5)}\quad C_{(5)}\quad A_{(2)+(2)+1,(5)};\ ♀\ K_{(5)}\quad C_{(5)}\quad \overline{G}_{(3:1:\infty)}$$

本科约113属800种，主要分布于热带和亚热带地区；我国有32属154种，多分布于南部和西南部，栽培种类全国各地均产，人类食用蔬菜中的瓜类，如南瓜、黄瓜、西葫芦、冬瓜、丝瓜、苦瓜等，水果中的西瓜、甜瓜、香瓜等，还有可供药用的罗汉果、栝楼以及葫芦等均为葫芦科植物。

科的特征：攀缘或匍匐状草本，稀木本，常有卷须。单叶互生，常掌状分裂，稀为复叶。花单性，雌雄同株或异株，单生，总状花序或圆锥花序；雄花的花萼管状，5裂；花瓣5，多合生；雄蕊5，其中2对合生，花药常弯曲成S形，花粉3～5孔沟、3孔；雌花的萼筒与子房合生；花瓣合生，5裂；子房下位，有3个侧膜胎座，胚珠多数，柱头3。瓠果，肉质或最后干燥变硬，不开裂、瓣裂或周裂。

常见葫芦科栽培植物分属检索表

1. 一年或多年生草本；花冠裂片全缘或近于全缘，绝不流苏状。
 2. 花冠钟状，黄色、5中裂；叶有长硬毛；果大型 ……………… 南瓜属 *Cucurbita* Linn.
 2. 花冠辐状，若钟状则5深裂或近分离。
  3. 雄花花托(萼筒部分)伸长呈漏斗状，长约2 cm；花冠白色；叶片基部有2明显的腺体 ………………………………………………………… 葫芦属 *Lagenaria* Ser.
  3. 雄花花托不伸长。
   4. 花梗上有盾片状苞片；果实表面常有明显的瘤状突起，成熟后有时3瓣裂 ……… ……………………………………………………… 苦瓜属 *Momordica* Linn.
   4. 花梗上无盾状苞片。
    5. 雄花生于总状或聚伞花序上。
     6. 一年生草质藤本；果实有多数种子 …………………… 丝瓜属 *Luffa* Mill.
     6. 多年生木质藤本；果实仅有1枚大型种子(1种，原产南美洲，我国南方有栽培) ………………………………………… 佛手瓜属 *Sechium* P. Br.
    5. 雄花单生或簇生。
     7. 叶两面密被硬毛；花萼裂片叶状，有锯齿、反折…… 冬瓜属 *Benincasa* Savi.
     7. 叶两面被柔毛状硬毛；花萼裂片钻形，近全缘，不反折。
      8. 卷须分2～3叉；叶羽状深裂 …………………………………………… ……………………………… 西瓜属 *Citrullus* Schrad. ex Eckl. et Zeyh.
      8. 卷须不分叉；叶3～7浅裂 ………………………… 甜瓜属 *Cucumis* Linn.
1. 木质藤本；花冠裂片流苏状，流苏长达15 cm，果实较大，含6枚能育的种子和6枚不育的种子 ……………………………………… 油渣果属 *Hodgsonia* Hook. f. et Thoms.

(1)甜瓜属(*Cucumis* Linn.)：草质藤本，有不分枝的卷须。叶3～7裂。花冠辐状、黄色、5深裂；雄花单生或有时簇生；花萼裂片钻形，近全缘，不反折。本属约70种，分布于热带和亚热带地区；我国栽培有 41 种 3 变种。

常见植物：黄瓜(*Cucumis sativus* Linn.)(图 3-48)叶掌状浅裂，裂片锐三角形，有毛；雌雄同株，花冠 5 深裂，雄蕊 5，花药扭曲，心皮 3，合生，侧膜胎座肉质，胚珠多数；瓠果圆柱形，有刺或否，嫩时绿色，熟时变黄；原产于印度、南亚和非洲，我国广泛栽培。甜瓜(*Cucumis melo* Linn.)原产于印度，我国栽培已久，以新疆甜瓜最负盛名，常见的栽培变种(品种)有：中国甜瓜[*Cucumis melo* cv. *chinensis*(Pang)Greb.]如白香(梨)瓜和绿香(梨)瓜等；卡沙巴甜瓜(cv. *cantalupa*)如白兰瓜、伯谢克辛、皮山奎瑞克等；瓜旦甜瓜(cv. *chandalak*)如黄旦子、甘里甘等；夏甜瓜(cv. *ameri*)如白皮脆、红皮脆等；冬甜瓜(cv. *Zard*)如炮台红、青麻皮等。菜瓜[*Cucumis melo* var. *conomon*(Thunb.)Makino]的果为夏季蔬菜，各地均有栽培。

(2)西瓜属(*Citrullus* Schrad. ex Eckl. et Zeyh.)：草质藤本，有分枝的卷须。叶羽状深裂。花冠辐状、淡黄色，5 裂几达基部；雄花单生；萼裂片钻形、近全缘。本属有 9 种，分布于热带非洲、地中海地区和亚洲；我国栽培 1 种。

常见植物：西瓜[*Citrullus lanatus*(Thunb.)Matsum. et Nakai](图 3-49)原产于热带非洲，我国栽培已久，品种很多，多为水果；此外，还有籽用西瓜(红瓜籽、黑瓜籽)(cv. *Megalaspermus* Lin et Chao)和饲用西瓜[cv. *Citroides* (Bailey)Mansf.]，种子绿色，产量高，耐寒、耐瘠薄。

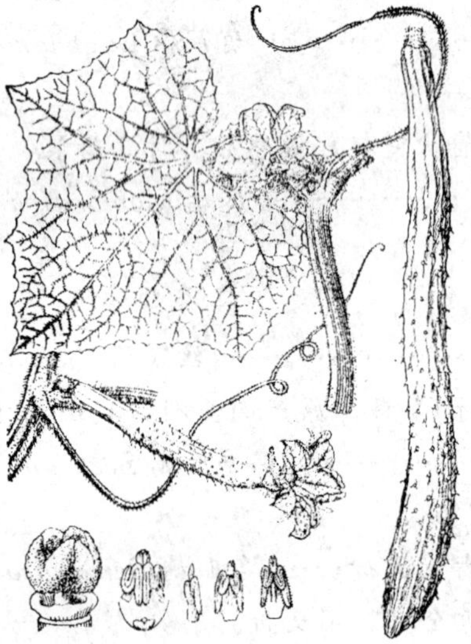

图 3-48 黄瓜 *Cucumis sativus* Linn.

图 3-49 西瓜 *Citrullus lanatus* (Thunb.) Matsum. et Nakai

(3)葫芦属(*Lagenaria* Ser.)：草质藤本。叶片心状卵形，叶柄顶部有 2 个明显的腺体。花白色，辐状；雄花萼筒部伸长约 2 cm。本属约 6 种，产于热带地区；我国仅有 1 种。

常见植物：葫芦[*Lagenaria siceraria*(Molina)Standl.](图 3-50)果下部大于上部，中部缢细，成熟后果皮变为木质，可作各种容器。它还有一些变种，如瓠子[*Lagenaria siceraria* var. *hispida*(Thunb.)Hara]果长棒状、皮绿白色，供蔬食；小葫芦[*Lagenaria* siceraria var. *microcarpa*(Naud.)Hara] 果与葫芦相似，但较小，长约 10 cm；还有长柄葫芦(*Lagenaria siceraria* var. *cougourda* Makino)、扁圆葫芦 [*Lagenaria siceraria* var. *deprssa*(Ser.)Hara]、细腰葫芦(*Lagenaria siceraria* var. *gouda* Makino)可作器皿或供玩赏。

(4)南瓜属(*Cucurbita* Linn.)：草质藤本，茎粗糙，卷须分枝。花冠大型钟状、黄色，5 中裂。本属约 30 种，产于美洲。

我国引种栽培有南瓜 [*Cucurbita moschata* Duch.] (图 3-51)、西葫芦(*Cucurbita pepo* Linn.)，南方和北方都有栽培；笋瓜(*Cucurbita maxima* Duch.)北方有栽培。

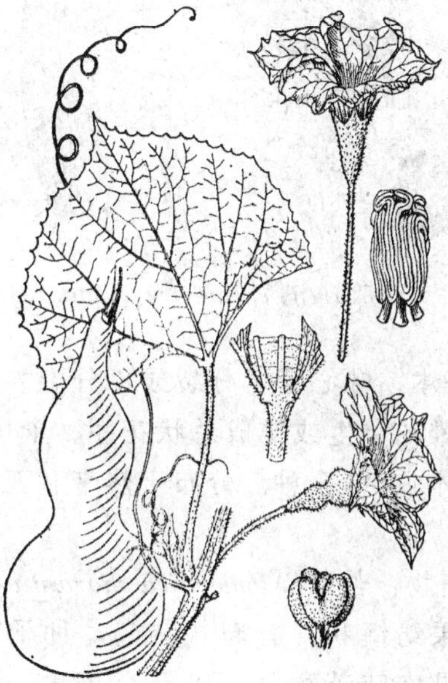

图 3-50　葫芦 *Lagenaria siceraria* (Molina) Standl.

图 3-51　南瓜 *Cucurbita moschata* Duch.

(5)冬瓜属(*Benincasa* Savi)：大藤本。叶两面密生硬毛。花冠大型辐状、黄色；花萼裂片叶状，有锯齿，反折；雄花单生。本属 1 种，分布于亚洲热带地区。

冬瓜 [*Benincasa hispida*(Thunb.)Cogn.](图 3-52)各地广为栽培，果供蔬食或供作蜜饯用。广州地区有栽培变种节瓜(*Benincasa hispida* var. *chieh-qua* How)与冬瓜相似，唯果小，长 15～20 cm，径 4～8(10) cm，老时仍被毛而无明显的粉被，其风味也略有差异。

(6)丝瓜属(*Luffa* Mill.)：草质藤本，有分枝的卷须。叶 5～7 裂。花冠辐状，黄色，5 深裂；雄花排成总状花序。本属约 8 种，分布于热带地区；我国栽培有 2 种。

常见植物：丝瓜(水瓜)[*Luffa cylindrica*(Linn.)Roem.](图 3-53)果圆柱形，有纵的浅槽和条纹，果嫩时供蔬食，成熟后的维管束网称丝瓜络；棱角丝瓜(*Luffa acutangula* Roxb.)果有 8～10 条明显的棱和沟，果幼嫩时供蔬食，成熟后的丝瓜络供药用，能通经络。

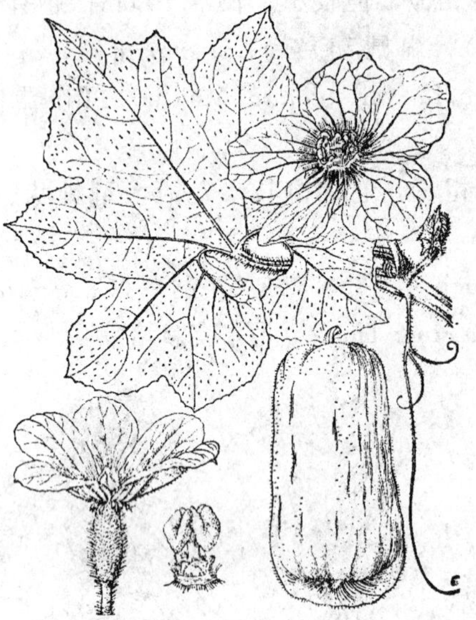

图 3-52 冬瓜 *Benincasa hispida*（Thunb.）Cogn.

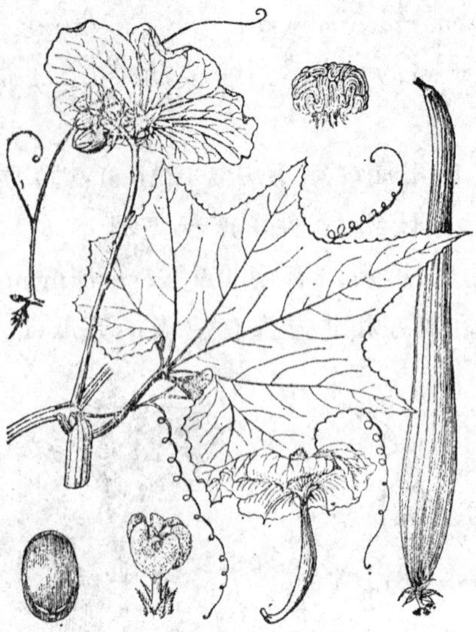

图 3-53 丝瓜 *Luffa cylindrica*（Linn.）Roem.

(7)苦瓜属(*Momordica* Linn.)：一年或多年生藤本。叶心形，分裂或不分裂。花冠辐状、黄色或白色，5 裂几达基部；花梗上常有苞片；雄花单生或排成总状花序、伞房花序。果实表面常有明显的瘤状突起，成熟后有时 3 瓣裂。本属 80 余种。分布于热带和亚热带地区；我国约有 4 种。

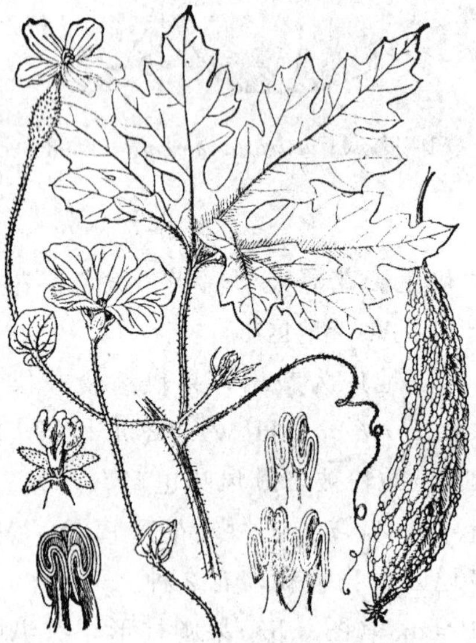

图 3-54 苦瓜 *Momordica charantia* Linn.

常见植物：苦瓜(*Momordica charantia* Linn.)(图 3-54)果纺锤状，有瘤状突起，种子有红色假种皮，果肉味苦稍甘，供夏季蔬食，南北各地均有栽培；罗汉果(光果木鳖)(*Momordica frosvenori* Swingle)果平滑，被柔毛，产于华南，果烘烤后，味甜如糖，为镇咳良药，也是广州人的褒汤用品。

(8)油渣果属(*Hodgsonia* Hook. f. et Thoms.)：高大的木质藤本，有分枝的卷须。叶革质，3～5 深裂。花单性异株，黄色，内面白色，雄花排成总状花序，雌花单生；花冠 5 深裂，裂片流苏状，长达15 cm。果大，扁球形，具 6 枚大型种子(另有 6 枚不发育)。

常见植物：油渣果(油瓜)[*Hodgsonia macrocarpa*(Bl.)Cogn.] 1 种，分布于亚洲南部至东南部，我国产于云南和广西，野生或栽培，果可食，种子可榨油，供食用。

(9)佛手瓜属(*Sechium* P. Br.)：藤本，有分枝的卷须和块根；花单性同株，小；雄花为具柄的小花束；雌花单生或双生，具短柄，生于同一叶腋内；花冠杯状至近轮状，5 深裂。果肉质，梨形，有大种子 1 颗。我国南方引种栽培 1 种。

佛手瓜［*Sechium edule*(Jacq.)Swartz］(图 3-55)原产于南美洲，我国云南、贵州、广东和广西有栽培，果实长 10～20 cm，有 5 纵沟，供蔬食。

42. 柽柳科(Tamaricaceae)

$*$ ⚥ $K_{4\sim5}$ $C_{4\sim5}$ $A_{4\sim10}$ $\underline{G}_{(3\sim5:1:2\sim\infty)}$

本科约 3 属 100 余种，分布于温带和亚热带地区；我国有 3 属 32 种，分布于西南、西北、中部和北部，是荒漠植被的重要组成成分，其中有些种可供观赏。

科的特征：灌木、亚灌木，稀小乔木。单叶互生，极小而呈鳞片状；无托叶。花两性，辐射对称，单生和排成穗状、总状或圆锥花序；花萼分离或 4～5 深裂，宿存；花瓣与花萼同数而互生，分离，有时宿存；下位花盘肉质，蜜腺状；雄蕊与花瓣同数，或常为花瓣的 2 倍，或多数而基部合生成 5 束；子房上位，1 室，有 2～3 个侧膜胎座或基生胎座，胚珠每胎座 2 至多数。蒴果室背裂；种子全部被毛或仅顶端具被毛的芒柱。

常见植物：柽柳属(*Tamarix* Linn.)的密花柽柳(*Tamarix arceuthoides* Bunge)(图 3-56)灌木，枝条红紫色；顶生圆锥花序夏初出现，花白、粉红至紫红色；产于新疆、青海、甘肃和内蒙古，北方栽培供观赏。

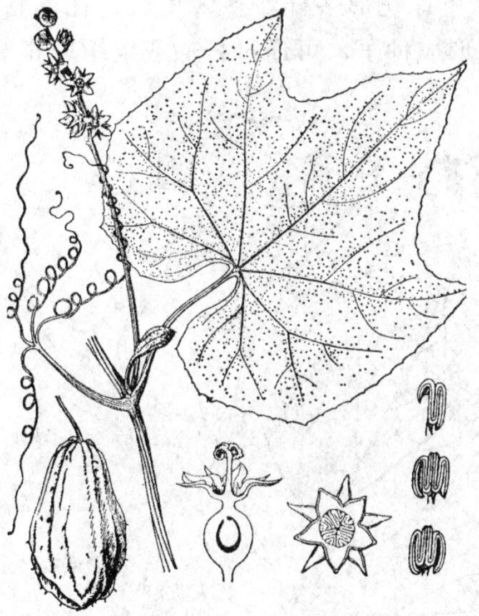

图 3-55　佛手瓜 *Sechium edule*（Jacq.）Swartz.

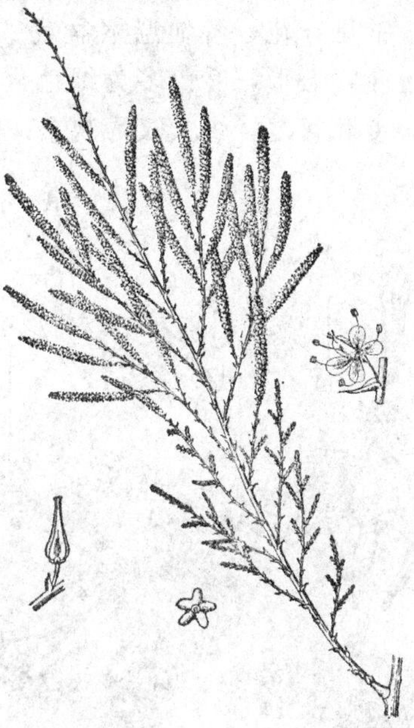

图 3-56　密花柽柳 *Tamarix arceuthoides* Bunge

43. 番木瓜科(Caricaceae)

$*$ ♂ K_5 C_5 A_{10}；♀ K_5 C_5 $\underline{G}_{(5:1:\infty)}$

本科约 4 属 55 种，分布于热带美洲及非洲；我国广东、广西、福建、台湾、云南等省、自治区引种栽培番木瓜属(*Carica* Linn.)1 种。

番木瓜(*Carica papaya* Linn.)(图 3-57)为热带果树，常绿性软木质小乔木，高可达 8 m，有乳汁。叶大，簇生于茎顶部，近圆形，直径 40～60 cm，掌状 5～7 深裂，裂片羽状分裂。花多为单性，雌雄异株；雄花排成长达 1 m 的下垂圆锥花序，花萼 5 裂，花冠漏斗状、乳黄色，雄蕊 10，贴生于花冠筒上，花丝分离或基部连合；雌花单生或数朵排成伞形花序，长约 2.5 cm，花萼 5 裂，花瓣 5，分离，乳黄色或黄白色，子房上位，1 室，侧膜胎座，胚珠多数。肉质浆果矩圆形，长可达 30 cm，熟时橙黄色，果肉黄色，厚而多汁，味香甜，中间空腔 5 角形；种子圆形、小、黑色。

44. 秋海棠科(Begoniaceae)

本科约 5 属 1 000 余种，分布于热带地区，以美洲最多；我国仅秋海棠属(*Begonia* Linn.)1 属，多为庭园观赏植物。

常见植物：秋海棠(*Begonia grandis* Andr.)(图 3-58)有球形块根，茎高 60～100 cm，粗壮、多分枝，叶腋有珠芽；叶宽卵形，长 8～22 cm、宽 6～18 cm。花大，淡红色；蒴果有 3 翅，其中 1 翅较大，产于长江以南，野生或栽培。斑叶秋海棠(*Begonia argenteo-guttata* Lemoine)叶上面有许多白斑，花白色、美丽，各地温室盆栽。四季海棠(*Begonia semperflorens* Link et Otto)肉质草本，高 15～30 cm，基部多分枝，叶卵形至宽卵形，长 5～8 cm，基部略偏斜，边缘有锯齿和腺毛，花淡红或带白色，雄花较大，有花被片 4，雌花稍小，有花被片 5，常见开花，各地温室盆栽。丽格海棠(*Begonia elatior-hybrid* Otto)茎枝肉质、多汁；单叶互生，心形，叶色多为绿色，也有的为棕色；花形多样，多为重瓣，花色有红、橙、黄、白等，变化繁复，令人叹为观止；丽格海棠不形成种子，可通过扦插或组织培养繁殖。

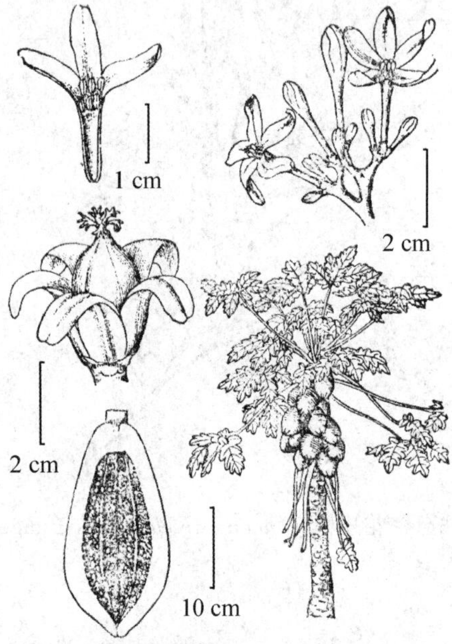

图 3-57 番木瓜 *Carica papaya* Linn.

图 3-58 秋海棠 *Begonia grandis* Andr.

45. 杨柳科(Salicaceae)

$$* \quad ♂ \; K_0 \; C_0 \; A_{2\sim\infty}; \; ♀ \; K_0 \; C_0 \; \underline{G}_{(2:1:\infty)}$$

本科共3属约620种，分布于北温带和亚热带地区；我国3属均产，约320种，全国均有分布，多为速生树种，是营造防护林和绿化环境的主要树种，其嫩枝及树叶又是较好的饲料，羊和骆驼均乐食。

科的特征：落叶乔木或灌木。单叶互生，有托叶。花单性，雌雄异株，柔荑花序，常先叶开花，每花基部具1苞片，无花被；雄花具2至多数雄蕊，花粉无沟(杨属)或3沟(柳属)；雌花子房上位，1室，由2心皮合生，侧膜胎座，胚珠多数，花柱短，柱头2～4裂。具杯状花盘与蜜腺或否。蒴果2～4瓣裂；种子多数，小形，基部有白色丝状长毛，无胚乳。

常见植物：柳属(*Salix* Linn.)的垂柳(*Salix babylonica* Linn.)落叶乔木，小枝细长而下垂，是著名的景观树种，全国各地均有栽培；旱柳(*Salix matsudana* Koidz.)(图3-59)乔木，枝直立或稍下垂，产于东北、西北、安徽、江苏、华中和四川等地，多生于河岸及平原，我国北部多有栽培，木材供建筑、制家具，枝条编筐。

图3-59　旱柳 *Salix matsudana* Koidz.

46. 白花菜科(Capparidaceae)

$$* \quad ⚥ \; K_{4\sim8} \; C_{4\sim8} \; A_{4\sim\infty} \; \underline{G}_{(2:1:\infty)}$$

本科约45属近1 000种，分布于热带和亚热带地区；我国有5属42种，产于西南至台湾。常见花卉仅醉蝶花1种。

科的特征：草本、灌木或乔木，偶见攀缘状藤本。叶互生，单叶或掌状复叶；有托叶，常变为刺或腺体。花两性，辐射对称或稍两侧对称，单生或总状花序；萼片4～8，分离或合生；花瓣4～8，稀缺；花盘环状或鳞片状；雄蕊4至多数，分离或基部与雌蕊柄合生成1长或短的雌雄蕊柄；子房上位，常有雌蕊柄，1～3室，有2个侧膜胎座，胚珠多数。蒴果或浆果。

常见植物：醉蝶花(*Cleome spinosa* Linn.)(图3-60)一年生草本，高90～120 cm，有臭味和黏质腺毛；掌状复叶，小叶5～7，短圆状披针形；总状花序顶生；花玫瑰紫色或白色，雄蕊4～6，长于花瓣2～3倍，常带紫色或蓝色；蒴果圆柱形，

图3-60　醉蝶花 *Cleome spinosa* Linn.

长 5～6 cm，具纵纹；种子近平滑。原产于南美洲，我国各地栽培供观赏。

47. 十字花科(Brassicaceae 或 Cruciferae)

$$* \ ⚥ \ K_4 \quad C_4 \quad A_{2+4} \quad \underline{G}_{(2:2:1\sim\infty)}$$

本科有 300 属以上，约 3 200 种，主要分布于北温带，尤以地中海地区分布较多；我国有 95 属 425 种以上，全国各地均有分布。十字花科是一个经济价值较大的科，包含一些蔬菜与油料植物，多集中在芸薹属中，如大白菜、青菜、卷心菜、芜菁和油菜等，还有一些种类可作辛辣调味品、观赏植物与药用植物，也有的可用作染料、野菜或饲料。

科的特征：草本，少为半灌木。被单毛、分枝毛、星状毛、有时被腺毛或无毛。叶互生，全缘、有齿或羽状分裂，无托叶。总状花序或伞房花序；花两性，辐射对称，花瓣 4，多开展成十字形，很少无花瓣，每个花瓣常分为瓣片与瓣爪两部分；雄蕊 6，排列成 2 轮，内轮 4 枚长，外轮 2 枚短(四强雄蕊)，少 1～2 枚或更多，花粉具 3 沟；雌蕊由 2 个心皮合成，子房上位，多为 2 室，少数 1 室，如为 2 室，则由假隔膜隔开，侧膜胎座。果实为角果，以长宽比例不同而分为长角果与短角果，开裂或否；种子无胚乳。

十字花科常见园艺植物分属检索表

1. 果实为长角果。
  2. 植株无毛或被单毛。
    3. 果实成熟后不开裂；花较大，淡紫色或紫色；叶大头羽裂 …………………………………………………… 萝卜属 *Raphanus* Linn.
    3. 果实成熟后开裂；花黄色 ………………………………… 芸薹属 *Brassica* Linn.
  2. 植株被分枝毛。
    4. 植株被具柄的分枝毛或星状毛；长角果窄条形或圆筒形，种子 1 行；花紫红色、淡红色或白色、淡黄色 ………………………………… 紫罗兰属 *Matthiola* R. Br.
    4. 植株被贴生的二叉状丁字毛，少 3～4 分枝毛；长角果窄条形，四棱状，种子近2 行；花橘黄色或褐黄色 ………………………………… 桂竹香属 *Cheiranthus* Linn.
1. 果实为短角果。
    5. 短角果倒三角形或倒心形，扁压；花小，白色；一年或越年生草本 …………………………………………………… 荠菜属 *Capsella* Medik.
    5. 短角果球形、卵形或椭圆形；一年生或多年生草本、亚灌木。
      6. 植株无毛或被单毛 ………………………………… 屈曲花属 *Iberis* Linn.
      6. 植株被分枝毛 ………………………………… 香雪球属 *Lobularia* Dev.

(1)芸薹属(*Brassica* Linn.)：一、二年生或多年生草本。基生叶莲座状，茎生叶无柄抱茎。总状花序伞房状，结果时伸长；萼片近等长，内轮基部囊状；花瓣黄色或白色，具长爪。长角果圆筒形，开裂，具锥状喙；子叶对折。本属约 40 种，分布于地中海地区；我国有 14 种、11 变种、1 变型，多为栽培蔬菜和油料作物。

芸薹属常见园艺植物分种检索表

1. 叶厚，稍肉质，被蜡粉；花白色至浅黄色，大，直径 1.5～3 cm，花序花蕾高于盛开的花；角果较长；种子黑褐色。

2. 植物具球形或扁球形的地上块茎；茎生叶具细柄 … 擘蓝 *Brassica caulorapa* Pasq.
2. 植物具正常的茎；茎生叶无柄或抱茎。
3. 花序在花期呈伞房状；花较小，直径 1～1.5 cm，淡黄色；幼叶有少数刺毛 ……………………………………………………………… 欧洲油菜 *Brassica napus* Linn.
3. 花序在花期不为伞房状；花较大，直径 2～2.5 cm，淡黄色或白色；幼叶无毛(甘蓝 *Brassica oleracea* Linn. 含以下多个变种)。
4. 基生叶层层包裹成球状体 ……………………………… 卷心菜 var. *capitata* Linn.
4. 基生叶不包裹成球状体。
5. 花序由花序轴、花梗和未发育的花芽密集成乳白色肉质头状体 ……………………………………………………………… 花椰菜 var. *botrytis* Linn.
5. 花序正常；叶皱缩，呈黄色、粉红色或紫色 ……………………………………………………………… 羽衣甘蓝 var. *acephala* DC.
1. 叶薄，不被或稍被蜡粉；花黄色，小，直径 4～20 mm；角果较短；种子褐色、黄褐色、黄色或红色。
6. 花序中花蕾低于盛开之花；植物无辛辣味；种子表面无明显窝孔；植株有时稍被蜡粉。
7. 基生叶大头羽状裂，叶柄不变宽。
8. 地下有块根；茎生叶多具细齿 ……………………………… 芜菁 *Brassica rapa* Linn.
8. 地下无块根；茎生叶具不整齐的弯缺牙齿或全缘 ……………………………………………………………… 油菜 *Brassica campestris* Linn.
7. 基生叶不裂，叶柄宽或很宽，或有 1～2 对不显著的裂片。
9. 基生叶叶柄无翅，叶无毛 ……………………………… 青菜 *Brassica chinensis* Linn.
9. 基生叶叶柄很宽，并具叶片下延所形成的翅，背面沿脉有疏生的刺毛 ……………………………………………… 大白菜 *Brassica pekinensis* (Lour.)Rupr.
6. 花序中花蕾高于盛开的花；植物有辛辣味；种子表面有明显的窝孔(芥菜 *Brassica juncea* (Linn.)Czern. et Coss. 含有以下多个变种)。
10. 块根肉质、膨大 ……………………………… 大头菜 var. *megarrhiza* Tsen et Lee
10. 根既不肉质，也不膨大。
11. 基生叶不分裂，倒披针形或长圆状倒披针形，边缘有不整齐锯齿或重锯齿 ……………………………………………………………… 雪里蕻 var. *multiceps* Tsen et Lee
11. 基生叶大头羽状裂。
12. 基生叶宽卵形至倒卵形，边缘有缺刻或裂齿 ……… 芥菜(原变种)var. *juncea*
12. 基生叶长圆形或倒卵形，边缘有重锯齿或缺刻 ……………………………………………………………… 油芥菜 var. *gracilis* Tsen et Lee

栽培油料：油菜(芸薹)(*Brassica campestris* Linn.)、欧洲油菜(*Brassica napus* Linn.)、油芥菜(*Brassica juncea* var. *gracilis* Tsen et Lee)等。

栽培蔬菜：大白菜[*Brassica pekinensis* (Lour.) Rupr.]和青菜(小白菜)(*Brassica chinensis* Linn.)原产于我国，卷心菜(椰菜、莲花白)(*Brassica oleracea* var. *capitata* Linn.)和菜花(花椰菜)(*Brassica oleracea* var. *botrytis* Linn.)原产于地中海。塌棵菜(*Brassica narinosa* L. H. Bailey.)原产于我国，在华东一带栽培为冬季蔬菜；此外，擘蓝(芥蓝头)(*Brassica caulorapa* Pasq.)、芜菁(*Brassica rapa* Linn.)(图 3-61)、球茎甘蓝(芜菁甘蓝)

(*Brassica napobrassica* Mill.)、大头菜(*Brassica juncea* var. *megarrhiza* Tsen et Lee)、雪里蕻(*Brassica juncea* var. *multicepas* Tsen et Lee)、榨菜(*Brassica juncea* var. *tumida* Tsen et Lee)等常用于盐腌和酱渍。

栽培芥辣：芥菜［*Brassica juncea*（Linn.）Czerm. et Coss.］（图 3-62）、白芥（*Sinapis alba* Linn.）、黑芥［*Brassica nigra*（Linn.）K. Koch.］等种子称“芥子”，均可制芥末，作为辛辣调味香料。

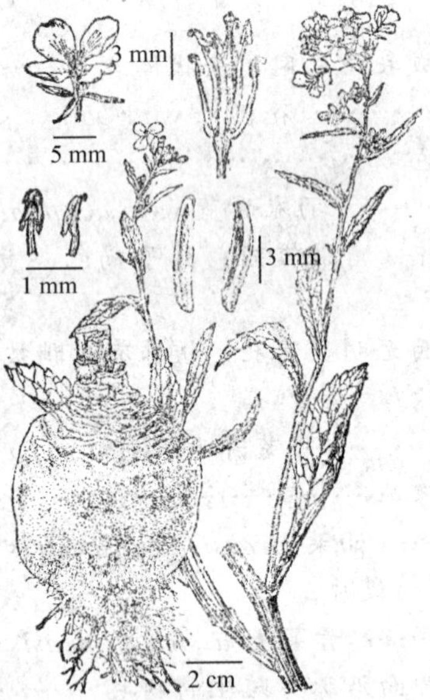

图 3-61　芜菁 *Brassica rapa* Linn.

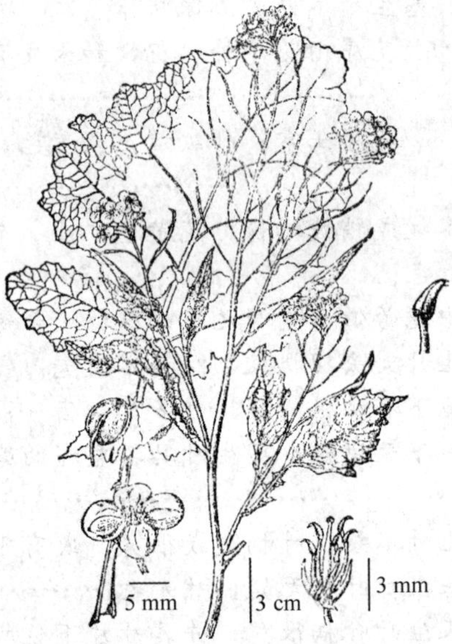

图 3-62　芥菜 *Brassica juncea*（Linn.）Czerm. et Coss.

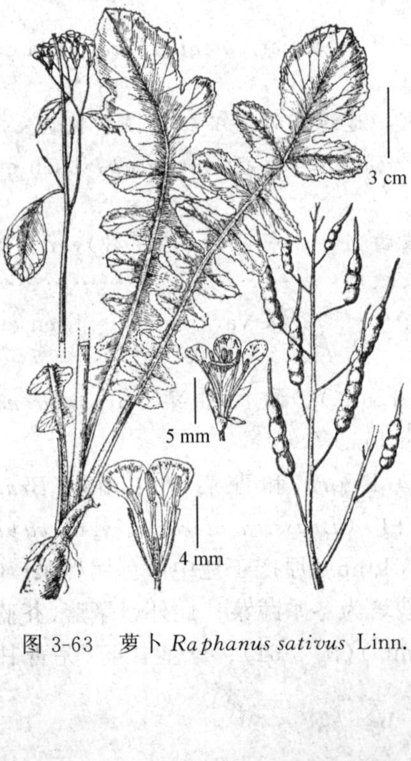

图 3-63　萝卜 *Raphanus sativus* Linn.

芸薹属中还有一种羽衣甘蓝（*Brassica oleracea* var. *acephala* DC.）变型，叶皱缩，呈粉红、紫红、黄绿、黄白等色，各地公园、宾馆多有栽培，供观赏。

(2)萝卜属(*Raphanus* Linn.)：一年生或二年生草本。常有肉质根。叶大头羽状瓣裂，上部多有锯齿。总状花序花时伞房状；花大，白色或紫色，具深色脉纹。长角果圆筒状，不开裂，明显地于种子间缢缩，或断成几个不开裂的部分，顶端有细喙。本属约 8 种，多分布于地中海地区；我国有 2 种，2 变种。

常见植物：萝卜（*Raphanus sativus* Linn.）（图 3-63）各地普遍栽培，不同品种是春、夏、秋、冬季的重要蔬菜。种子、根、叶皆可入药：种子消食化痰；鲜根止渴、助消化，枯根利二便；叶治初痢，并预防痢疾。

(3)荠属(*Capsella* Medic.)：一年生或二年生草本，无毛，具单毛或分枝毛。基生叶莲座状，全缘、大头羽状或羽状裂，茎生叶常抱茎。花瓣小，白色，匙形。短角果倒三角形或倒心形，扁压，开裂；子叶背倚。本属约 5 种，主产于地中海地区、欧洲及亚洲中部。

我国仅荠菜[*Capsella bursa-pastoris*(Linn.)Medic.]1 种，遍布全国各地，生于山坡草地、荒地、田边、宅旁和路边，嫩枝叶可食用，有些地方少量栽培供蔬食。亦可入药，有利尿、止血、清热明目、消积之效。

(4)紫罗兰属(*Matthiola* R. Br.)：本属约 50 种，分布于地中海地区、欧洲、亚洲及南非；我国有 3 种。

栽培花卉：紫罗兰[*Matthiola incana* (Linn.)R. Br.]一年生或多年生草本，总状花序顶生或腋生，花有白、淡黄、淡红、紫红等色，直径约 2 cm，原产于欧洲，我国各地有栽培。

(5)桂竹香属(*Cheiranthus* Linn.)：本属约 10 种，分布于欧洲和亚洲；我国有 3 种，产于西北及西南。

栽培花卉：桂竹香(*Cheiranthus cheiri* Linn.)多年生草本，总状花序顶生，花大，直径 2～2.5 cm，芳香，花瓣橘黄或褐黄色；供观赏，花供药用，种子含油约 26%，供工业用；原产于欧洲南部，我国各地有栽培。

(6)香雪球属(*Lobularia* Desv.)：本属约 5 种，分布于地中海地区，我国栽培 1 种。

香雪球[*Lobularia maritima* (Linn.)Desv.]多年生草本，花序花时伞房状，呈球形，具淡香，花白色，故此得名，此外还有淡紫、深紫、浅堇、紫红等色，果时伸长成总状，原产于地中海地区，我国各地有栽培。

(7)屈曲花属(*Iberis* Linn.)：约 30 种，主产于地中海地区，我国有 2 种栽培花卉。

常见植物：屈曲花(*Iberis amara* Linn.)一、二年生草本，茎多分枝，高 15～30 cm，总状花序伞房状，花白、粉红、红、玫瑰红等色，原产于地中海地区，我国各地有栽培。

48. 杜鹃花科(Ericaceae)

$$* \quad ⚥ \quad K_{(4\sim5)} \quad C_{(4\sim5)} \quad A_{8\sim10} \quad \underline{G}\text{或}\overline{G}_{(2\sim5:2\sim5:\infty)}$$

本科有 103 属 3 350 种，分布于全球，以亚热带的山区为最多。我国有 15 属 757 种。全国均有分布，而以西南山区的种类最多，其中杜鹃花属(*Rhododendron* Linn.)和吊钟花属(*Enkianthus* Lour.)有许多观赏花卉，滇白球含芳香油，越橘属(*Vaccinium* Linn.)的一些种果实可食，如蓝莓类的笃斯越橘(*Vassinium uliginosum* Linn.)等。此外，还有部分药用植物和有毒植物。

科的特征：通常为常绿或落叶灌木、半灌木。单叶，互生，少对生或轮生，无托叶。花两性，辐射对称或稍两侧对称，单生或簇生，但常排成各种花序；萼片 4～5，宿存；花瓣合生，4～5 裂；雄蕊 10，两轮，着生在花盘上，花药顶孔开裂；子房上位或下位，2～5 室，中轴胎座，胚珠多数。蒴果，浆果或核果。

常见植物：杜鹃花属的映山红(*Rhododendron simsii* Planch.)(图 3-64)花 2～6 朵簇生于枝顶，花冠蔷薇色、鲜红色或深红色，裂片 5，上面 1～3 片里面有深红色斑点，产于长江和珠江流域，向西达四川、云南，有许多变种。兴安杜鹃(*Rhododendron dauricum* Linn.)半常绿灌木，1～2 朵花侧生于枝顶和茎顶，花冠宽呈漏斗状、粉红色，产于东北以及内蒙古，生于山地落叶松林和桦木林下及林缘，植物体含杜鹃酮、杜鹃黄素、杜鹃醇等，均对慢性气管炎有良效。吊钟花属的吊钟花(*Enkianthus quinqueflorus* Lour.)花 5～8 多排成下垂的伞形花序，花粉红或红色，花冠合生成宽钟状，常先叶开花，为广州和香港点缀春节佳品。

49. 柿树科(Ebenacea 或 Diospyraceae)

$* \quad ♂ ♀ \quad K_{(3\sim7)} \quad C_{(3\sim7)} \quad A_{3\sim7,6\sim14或9\sim12} \quad \underline{G}_{(2\sim16:2\sim16)}$

本科 5 属 300 种，分布于热带或亚热带地区；我国仅 1 属柿树属(*Diospyros* Linn.)约 40 种，产西南至东南部。柿树属植物的心材黑褐色，统称“乌木”。

科的特征：灌木或乔木，木材多黑褐色。单叶互生，稀对生，全缘；无托叶。花单性，雌雄异株，单生或排成少数花组成的伞形花序；花萼 3～7 裂，果熟时常增大而宿存；花冠钟状或壶状，裂片 3～7，旋转状排列；雄蕊与花瓣裂片同数、2 倍或更多、通常 16，分离或合生成束；子房上位，2～16 室，每室有胚珠 1 个或 2 个。浆果有 1 至少数种子，胚乳通常咀烂状。

常见植物：柿树(*Diospyros kaki* Thunb.)(图 3-65)浆果熟时鲜黄色至橘红色；柿为我国原产，栽培历史悠久，据《上林赋》记载，在汉武帝时已有栽培，大型浆果含糖量高，富有营养价值，各地广为栽培。

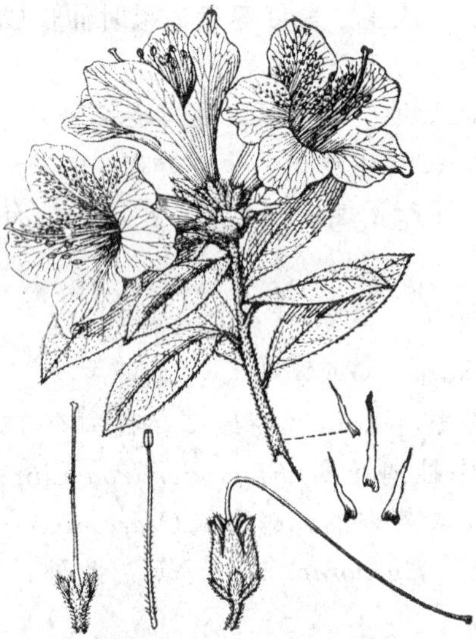

图 3-64 映山红 *Rhododendron simsii* Planch.

图 3-65 柿树 *Diospyros kaki* Thunb.

50. 山榄科(Sapotaceae)

$* \quad ⚥ \quad K_{4\sim8} \quad C_{4\sim8} \quad A_{4\sim8} \quad \underline{G}_{(4\sim8:1\sim\infty:1)}$

本科 40～75 属 700 余种，主产于热带和亚热带地区。我国有 10 属 20 余种，引入约 3 属5 种。本科有很多重要油脂、果品及用材树种。

科的特征：乔木或灌木；常具乳液；幼嫩部分常被锈色绒毛。单叶，互生，革质，全缘，羽状脉；常无托叶，或托叶小，早落。花单生或数朵簇生，两性，稀单性或杂性，辐射对称，具小苞片。花萼4～8裂；花冠管短，裂片与萼片同数或为其2～3倍；雄蕊着生于花冠裂片基部或花冠管喉部，与花冠裂片同数而对生，或多数排成2～3(6)轮，花药2室，纵裂，外向，退化雄蕊常与发育雄蕊互生，或无退化雄蕊；子房上位，1至多室，中轴胎座，每室1胚珠。浆果或核果，花柱和花萼常宿存。

我国广东、广西、云南引种栽培蛋黄果属(*Lucuma* Molina)的蛋黄果(*Lucuma nervosa* A. DC.)，果蛋黄色，可食，味如鸡蛋黄，故名蛋黄果。本科的人心果[*Manilkara zapota* (Linn.) Van Royen.](图3-66)、星苹果(*Chrysophyllum cainito* Linn.)、神秘果(*Synsepalum dulcificum* Daniell)、桃榄[*Pouteria annamensis* (Pierre) Baehni]等果可食。

51. 报春花科(Primulaceae)

$$* \ ⚥ \ K_{(5)} \quad C_{(5)} \quad A_5 \quad \underline{G}_{(5:1)}$$

本科有22属近1 000种，广布于全世界，以北温带和高寒地区较多；我国有13属近500种，主产于西南部，多数种有观赏价值，有的种为有毒植物。

科的特征：一至多年生草本。叶互生、对生或轮生，有时全部基生，单叶或分裂，无托叶。伞形花序，生于花葶上，或单生，或为总状、圆锥状、穗状花序；花两性，辐射对称；花萼5裂，宿存；花冠合瓣，5裂，辐状至高脚碟状；雄蕊5，与花冠裂片对生；雌蕊常由5心皮合成，子房上位，少半下位，1室，特立中央胎座。蒴果。

常见植物：报春花属(*Primula* Linn.)的报春花(*Primula malacoides* Franch.)原产于我国，生于云南西北部、中部和贵州中部，多生于田野潮湿地带，是较早引种的花卉，花冠浅红色至深红、白色等，还有重瓣品种。其四季报春(*Primula obconica* Hance)(图3-67)花冠高脚碟状；产于湖北西部、四川、西藏南部、云南、贵州、湖南和广东北部，经多年栽培花有粉红、红、黄、橙、蓝、紫、白等色，国内外多在温室栽培。藏报春(*Primula sinensis* Lindl.)花冠高脚碟状，径2～3 cm，裂片先端2裂，粉红色；产于湖北西北部、四川、甘肃和陕西(秦岭)，经多年栽培现有粉红、大红、淡青和白色等。本科植物中可供观赏的除报

图3-66　人心果 *Manilkara zapota* (Linn.) Van Royen.

图3-67　四季报春 *Primula obconica* Hance

春花属以外，点地梅属(*Androsace* Linn.)也有一些种，此外，还有从国外引种的仙客来(*Cyclamen persicum* Mill.)花大，单生而下垂，花冠5深裂，裂片长椭圆形，向上翻卷、扭曲，形如兔耳，有白、绯红、玫瑰红、大红等色，原产于地中海东部沿岸、希腊、土耳其、叙利亚等地。

五、蔷薇亚纲(Rosidae)

木本或草本。单叶或常为羽状复叶，偶极度退化或无。花被明显分化，异被，分离或偶接合；蜜腺，具雄蕊内盘或雄蕊外盘；雄蕊多数或少数，向心发育，花粉粒常2核，极少3核，常具3个萌发孔；雌蕊心皮分离或合生，子房上位或下位，心皮多数或少数；胚珠具双或单珠被；胚乳存在或否，但外胚乳大多数不存在。

本亚纲包括18目、114科、约58 000种，占整个双子叶纲的1/3，是被子植物最大的亚纲。

52. 景天科(Crassulaceae)

$$* \quad K_{4\sim5} \quad C_{4\sim5} \quad A_{4\sim5} \quad \underline{G}_{(4\sim5)}$$

本科有34属1 500种，广布于全世界，以南非为多。我国有10属242种，全国均有分布；植物多数种可供药用，部分种供观赏。

科的特征：多为肉质草本，少半灌木。叶对生、互生或轮生；单叶，少羽状复叶；无托叶。花序为聚伞状，有时为穗状、总状、圆锥状或单生；花两性，少单性，辐射对称；萼片4～5；花瓣与萼片同数，离生或基部多少合生；雄蕊与花瓣同数或为其2倍；心皮与花瓣同数，离生或基部合生，每心皮基部常有一腺状鳞片，子房1室，胚珠多数。蓇葖果。

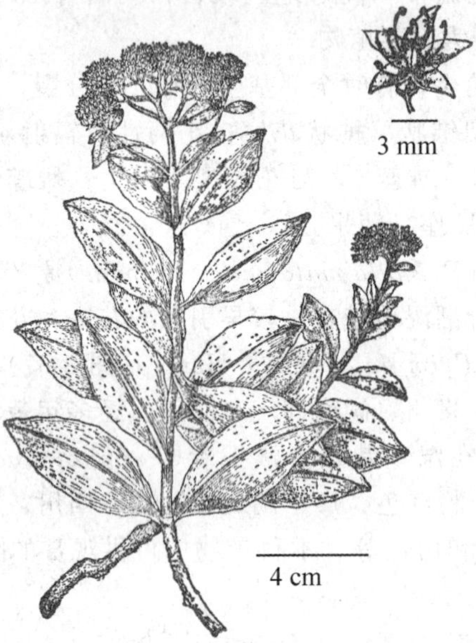

图 3-68 景天 *Sedum erythrostictum* Miq.

常见植物：景天属(*Sedum* Linn.)的景天(*Sedum erythrostictum* Miq.)(图 3-68)花白色或淡红色；产于东北、华北及四川、云南等地，生于山坡草地或沟边；全草入药，治肝热赤眼、丹毒、吐血等症；也栽培，供观赏。落地生根属(*Bryophyllum* Salisb)的落地生根[*Bryophyllum pinnatum* (L. f.) Oken]多年生肉质草本，叶片边缘有粗的圆齿，圆齿底部生芽，芽长大后落地即生成1新植物体，故此得名，产于云南、广西、广东、福建和台湾，各地多有栽培，供观赏。

景天科可供观赏的还有伽蓝菜属(*Kalanchoe* Adans.)、青锁龙属(*Crassula* Linn.)和石莲花属(*Echeveria* Berger)的长寿花(*Kalanchoe blossfeldiana* Poelln)、燕子掌(*Crassula portulacea* Lam.)、石莲花(*Echeveria peacockii* Baker)等一些植物。

53. 虎耳草科(Saxifragaceae)

$$* \quad ⚥ \quad K_{4\sim5} \quad C_{4\sim5,0} \quad A_{5\sim10} \quad G_{(1\sim4:1\sim4:\infty)}$$

本科约30属500种，主产北温带；我国有13属约500种，大多可供观赏，有少数入药。

科的特征：草本或灌木。单叶基生，互生、无托叶。花两性，辐射对称，组成聚伞花序、总状花序或圆锥花序，稀单生；萼片 4～5；花瓣 4～5，或缺，周位或上位；雄蕊 5 或 10，着生于花瓣上，花丝分离；心皮 1～4，合生，子房上位，1～4 室，花柱分离，中轴胎座或侧膜胎座，胚珠多数。蒴果。花粉具 3 空沟。

常见植物：虎耳草属（*Saxifraga* Linn.）的虎耳草（*Saxifraga stolonifera* Curt.）叶圆形或肾形，上面绿色，下面红紫色；圆锥花序顶生，花白色；产秦岭以南地区；庭园种植或盆栽悬挂花架。落新妇属（*Astilbe* Buch. -Ham.）的落新妇（*Astilbe chinensis* Franch. et Sav.）（图 3-69）花密集，红紫色，自长江中下游至东北广布；花序美丽，可供观赏。

54. 绣球花科(八仙花科)(Hydrangeaceae)

$$* \quad ⚥ \quad K_{4\sim10} \quad C_{4\sim10} \quad A_{5\sim\infty} \quad \underline{G} \text{ 或 } \overline{G}_{(2\sim5:1\sim5:\infty)}$$

本科有 16 属约 200 种，主要分布于北温带；我国有 11 属约 119 种，广布于南北各地，大多供观赏。

科的特征：草本、灌木或小乔木，有时攀缘状。单叶，稀复叶，互生或对生；通常无托叶。花两性，稀单性；排成伞房状、总状或圆锥状聚伞花序，有时缘花不发育而有扩大的萼；萼 4～10 裂；花瓣 4～10，有时缺；雄蕊 5 至多数、有时有退化雄蕊；心皮 2～5，合生或离生，花柱离生，子房上位至下位，1～5 室，中轴胎座或侧膜胎座，胚珠数颗至多数。蒴果或浆果；种子小，有翅，胚乳丰富。

常见植物：八仙花属（*Hydrangea* Linn.）的绣球［*Hydrangea macrophylla*（Thunb.）Ser.］（图 3-70）花白色，后变粉红色或蓝色，原产于我国中部，湖北、四川、浙江、江西、广东和云南等地都有分布，各地庭园习见栽培。

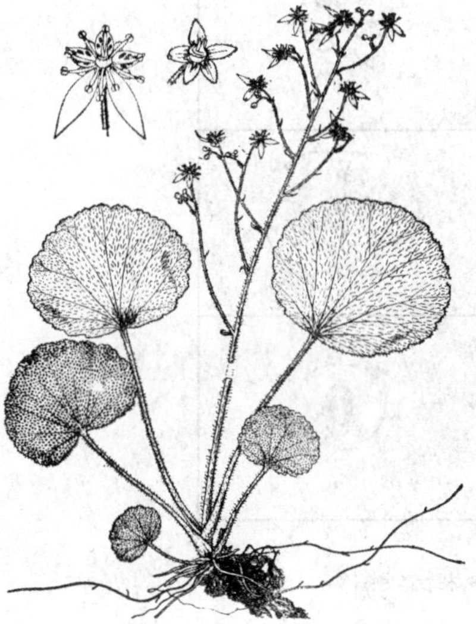

图 3-69　虎耳草
Saxifraga stolonifera Curt.

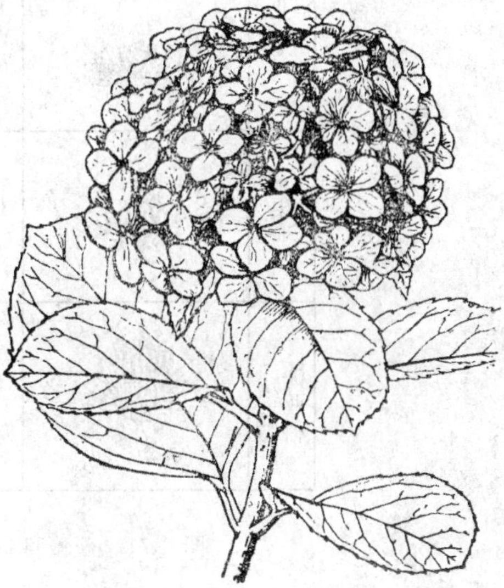

图 3-70　绣球
Hydrangea macrophylla（Thunb.）Ser.

55. 蔷薇科(Rosaceae)

$$* \quad K_5 \quad C_5 \quad A_{5\sim\infty} \quad \underline{G}_{1\sim\infty}、\overline{G}_{(1\sim5)}、\overline{\underline{G}}_{(1\sim5)}$$

本科有 124 属 3 300 余种，广布于全世界；我国有 51 属 1 000 余种，全国各地均产。本科中有许多著名的水果，如苹果、梨、桃、杏、李、草莓、樱桃、枇杷、悬钩子(覆盆子)、山楂等，有些为著名的观赏植物，如月季、玫瑰、珍珠梅、蔷薇、榆叶梅、樱花、梅花等，在世界各地庭园中占有重要地位；有的种为蜜源、香料或药用植物；本科乔木树种的木材多坚韧细致，如梨木供雕刻、石楠制家具及农具，桃木、山楂木供工艺用材。

科的特征：乔木、灌木或草本。叶互生，稀对生，单叶或复叶；常具托叶。花两性，辐射对称；花托突起或下陷成杯状、壶状、或平展为浅盘状；萼片、花瓣常为 5；雄蕊多数，花粉多为 3 孔沟；心皮多数至 1 枚，分离或合生；子房上位或下位。果实为核果、梨果、瘦果、蓇葖果，稀蒴果。

根据心皮的离合、胚珠的数目、子房的位置、心皮的数目和果实的形态，分为 4 个亚科，各亚科的花、果比较图解(图 3-71)。

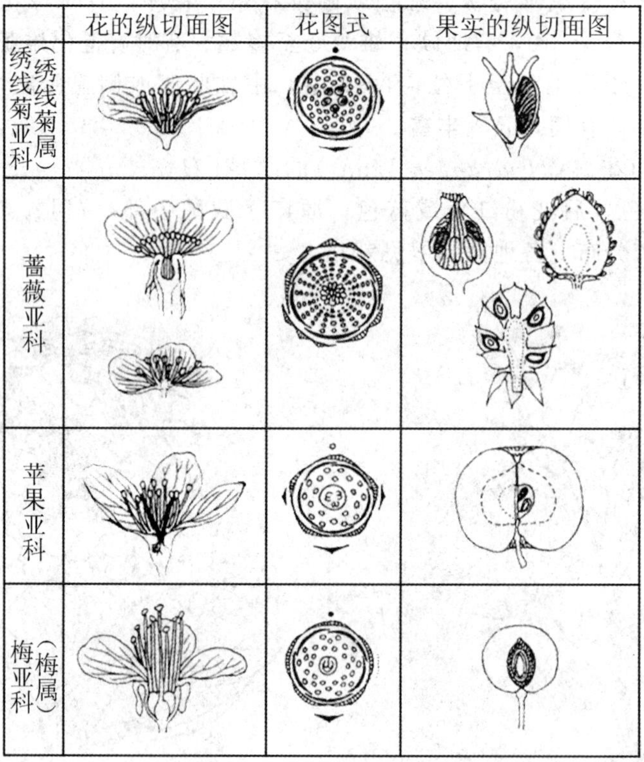

图 3-71　蔷薇科各亚科的花、果比较图解

蔷薇科常见园艺植物分亚科、分属检索表

1. 果为开裂的蓇葖果；心皮 1～5(～12)；托叶有或无(Ⅰ. 绣线菊亚科 Spiraeoideae)。

 2. 果为开裂的蓇葖果，种子无翅；花不及 2 cm。

3. 单叶，叶缘常有锯齿或裂片，无托叶；花序伞形或伞房状；心皮 5，离生 …………………………………………………………………… 绣线菊属 *Spiraea* Linn.

3. 羽状复叶，有托叶；大型顶生圆锥花序；心皮 5，基部合生 …………………………………………………………………… 珍珠梅属 *Sorbaria* (Ser.) A. Br.

2. 果为蒴果，种子有翅；花径 2 cm 以上；单叶，无托叶 … 白鹃梅属 *Exochorda* Lindl.

1. 果实不开裂；全有托叶。

4. 子房下位或半下位，心皮 1～5，花托与子房壁愈合；梨果(Ⅲ. 苹果亚科 Maloideae)。

5. 心皮成熟时变为骨质，果实内含 1～5 颗种子；单叶。

6. 叶边全缘；心皮 2～5，小型梨果；枝条无刺……… 栒子属 *Cotoneaster* B. Ehrhart

6. 叶边有锯齿或裂片；心皮 1～5，梨果稍大；枝常具刺 … 山楂属 *Crataegus* Linn.

5. 心皮成熟时为革质或纸质，梨果 1～5 室，每室有 1 或多数种子。

7. 复伞房花序或圆锥花序，有花多朵。

8. 单叶常绿。

9. 复伞房花序，总花梗和花梗常有瘤状突起；心皮在果熟时顶部与萼筒分离，不开裂，子房半下位(约 60 种，分布于亚洲东部和南部，我国约 40 余种，多数观赏植物) ………………………………………… 石楠属 *Photinia* Lindl.

9. 圆锥花序；心皮全部合生，子房下位 …………… 枇杷属 *Eriobotrya* Lindl.

8. 奇数羽状复叶，落叶；复伞房花序(约 80 余种，分布于亚洲、欧洲和北美洲，多数可供观赏) ………………………………………… 花楸属 *Sorbus* Linn.

7. 伞房花序或花单生。

10. 伞房花序；各心皮内含种子 1～2 枚。

11. 花柱离生，花药紫红色；果多数含石细胞………… 梨属 *Pyrus* Linn.

11. 花柱基部合生，花药黄色；果不含石细胞……… 苹果属 *Malus* Mill.

10. 花单生或簇生；各心皮内含种子多数。

12. 花单生于枝顶，花柱离生，萼片果期宿存；枝条无刺；叶边全缘 ………………………………………………… 榅桲属 *Cydonia* Mill.

12. 花单生或簇生，花柱基部合生，萼片果期脱落；枝条有刺或无；叶边缘有锯齿、稀全缘(共 5 种，分布于东亚，我国全产，多数观赏植物) ………………………………… 木瓜属 *Chaenomeles* Lindl.

4. 子房上位，花托与子房壁不愈合。

13. 心皮常多数；瘦果，稀小核果；萼宿存；常为复叶，稀单叶(Ⅱ. 蔷薇亚科 Rosoideae)。

14. 瘦果生于坛状花托中，花托成熟时肉质而有色泽；灌木，枝有皮刺；常为羽状复叶，少单生 ………………………………………………… 蔷薇属 *Rosa* Linn.

14. 瘦果或小核果，着生在扁平或隆起的花托上；三出复叶。

15. 每个心皮有 2 胚珠；聚合小核果；常为灌木，茎枝常有皮刺 …………………………………………………………………… 悬钩子属 *Rubus* Linn.

15. 每心皮含 1 胚珠；瘦果；花托成熟时膨大变为肉质；花白色，副萼比萼片小；多年生草本，叶基生 ……………………………………… 草莓属 *Fragaria* Linn.

13. 心皮常 1，稀 2 或 5；核果；萼片常脱落；单叶，有托叶(Ⅳ. 李亚科 Prunoideae

Focke)。

16. 果实被绒毛，稀无毛。

17. 叶圆形或卵形，在芽中旋卷；果核表面光滑，具锐利的边棱 ……………………………………………………………………… 杏属 *Armeniaca* Linn.

17. 叶披针形或卵形，在芽中对折；果核表面具网状、条状或蜂窝状洼痕 ……………………………………………………………………… 桃属 *Amygdalus* Linn.

16. 果实光滑无毛，被蜡粉或否。

18. 花为总状花序；果小，近球形，被蜡粉 …………… 稠李属 *Padus* Mill.

18. 花单生、簇生或伞形花序。

19. 果被蜡粉，具缝合线，果核扁压状；叶在芽中旋卷；花单生或2～5簇生 ……………………………………………… 李属 *Prunus* Linn.

19. 果较小，无蜡粉，果核球形或卵形；叶在芽中对折 ……………………………………………………………… 樱桃属 *Cerasus* Mill.

Ⅰ. 绣线菊亚科(Spiraeoideae)

(1)绣线菊属(*Spiraea* Linn.)：落叶灌木。单叶，无托叶，边缘有锯齿，有时分裂。花序伞形、伞房状、总状或圆锥状；花托钟状；萼片、花瓣均为5；雄蕊多数；心皮5，离生。膏葖果5，沿腹缝线开裂。本属约100种，广布于北温带；我国有50余种，分布于南北各地。多数种是庭园中常见的栽培观赏灌木。

常见植物：粉花绣线菊(*Spiraea japonica* Linn.)花粉红色，原产于日本和朝鲜，我国各地栽培观赏。笑靥花(*Spiraea prunifolia* Sieb. et Zucc.)花白色，我国南方多见栽培；朝鲜、日本也有栽培。

(2)珍珠梅属(*Sorbaria* Ser. A. Br.)：落叶灌木。奇数羽状复叶。花小，未开放时珍珠状，排成顶生圆锥花序，花瓣5；雄蕊20～50；心皮5，基部合生。膏葖果具多数种子。本属约9种，分布于亚洲；我国约有4种，产于西南和东部。

常见植物：华北珍珠梅［*Sorbaria kirilowii* (Regel) Maxim.］花小，白色，蕾似珍珠，故此得名，生于北方山地阔叶林中及河谷灌丛中，华北各地广泛栽培观赏。东北珍珠梅(*Sorbaria sorbifolia* A. Br.)与华北珍珠梅相似，主要区别是本种的雄蕊40～50枚，长于花瓣，产于东北，华北等地有栽培。

(3)白鹃梅属(*Exochorda* Lindl.)：落叶灌木。单叶互生，全缘或有齿，具柄，无托叶或托叶早落。花白色，两性，排成顶生总状花序；萼筒钟状，裂片5枚；花瓣5、具爪；雄蕊15～30，着生于花盘边缘；心皮5，合生，子房上位，花柱分离。蒴果倒圆锥形，具5棱，5室，沿背腹两缝线开裂，每室种子1～2枚；种子扁平，有翅。本属有4种，分布于亚洲东部和中部；我国有3种，分布由中部向东部至东北部。

常见植物：白鹃梅［*Exochorda racemosa* (Lindl.) Rehd.］花白色，6～10朵组成总状花序；产于江苏、浙江、江西、湖南和湖北等地，不少城市有栽培。

Ⅱ. 蔷薇亚科(Rosoideae)

(1)蔷薇属(*Rosa* Linn.)：有刺灌木。羽状复叶。花托壶状，内生多数单心皮雌蕊，成熟时形成多数小形瘦果，包于稍肉质的壶状花托内，形成蔷薇果。本属约有 200 种，分布于北半球温带及亚热带；我国有 82 种，分布于南北各省区。其中有世界著名的观赏植物，也有野生蔷薇。

常见植物：月季（*Rosa chinensis* Jacq.）花大型，少数或单生；原产于我国，栽培历史悠久，品种很多，市场上称为“玫瑰花”，有些品种已远输国外；花和根供药用。玫瑰（*Rosa rugosa* Thunb.）花瓣紫红、玫瑰红色，单瓣或重瓣；蔷薇果扁球形；原产于我国，栽培供观赏或作香料和提取芳香油，现今世界各地广泛栽培。黄刺玫（*Rosa xanthina* Lindl.）花单生，黄色，花瓣 5 或重瓣；蔷薇果近球形；产于华北和西北，生于山坡或沟谷；北方种植供观赏。

(2)悬钩子属（*Rubus* Linn.）：灌木，直立或攀缘状，常有刺。复叶，稀单叶而分裂。萼宿存，5 裂；花瓣 5；雄蕊多数；心皮多数，分离，花柱近顶生，胚珠 2，成熟时聚集于花托上而成一浆果状聚合核果。本属约 700 种，主要分布于北温带；我国有 194 种，南北均有分布。

常见植物：树莓（覆盆子）（*Rubus idaeus* Linn.）花白色，果红色；产于东北、华北和新疆，生于山地灌丛及林缘；果鲜食，供药用，植株可供观赏。茅莓（*Rubus parvifolius* Linn.）花粉红色或紫红色，果红色；分布几遍全国；果鲜食，熬糖和酿酒；根、茎、叶均可入药，能舒筋活血，消肿止痛。

(3)草莓属（*Fragaria* Linn.）：多年生草本，有匍匐茎。叶为 3 出复叶或 5 小叶，具长柄；托叶膜质，基部与叶合生。花单生、数朵或聚伞花序；花托盘状；萼片 5，副萼 5，与萼片互生；花瓣 5，白色；雄蕊多数；心皮多数、离生，着生于凸起的花托上，花柱侧生，宿存。瘦果多数，嵌于膨大的肉质花托内，形成聚合果，萼片宿存，果实均可食。本属约 20 种，分布于北温带及亚热带；我国有 8 种，分布于西南、西北至东北。

栽培草莓（*Fragaria ananassa* Duch.）三出羽状复叶；花白色；聚合果直径达 3 cm，鲜红色或淡红色，萼片紧贴果实；原产于南美洲，我国各地有栽培。

Ⅲ. 苹果亚科（Maloideae）

(1)栒子属（*Cotoneaster* Medik）：灌木，少小乔木。单叶，互生，全缘；托叶小，早落。花单生或数朵组成聚伞花序；萼片 5；花瓣 5，白色或粉红色；雄蕊通常 20；心皮2～5，全部或大部与萼筒贴生。梨果内有 1～5 小核。本属有 90 余种，分布于亚洲、欧洲和北非的温带地区；我国有 50 余种，主要分布于西北和西南。多数种类为观赏灌木或作栽培苹果的砧木。

常见植物：黑果栒子（*Cotoneaster melanocarpus* Lodd.）（图 3-72）花粉红色；果实近球形，蓝黑色或黑色，被蜡粉；产于东北、华北和西北，生于山坡、疏林间或灌丛中；植株可供观赏。

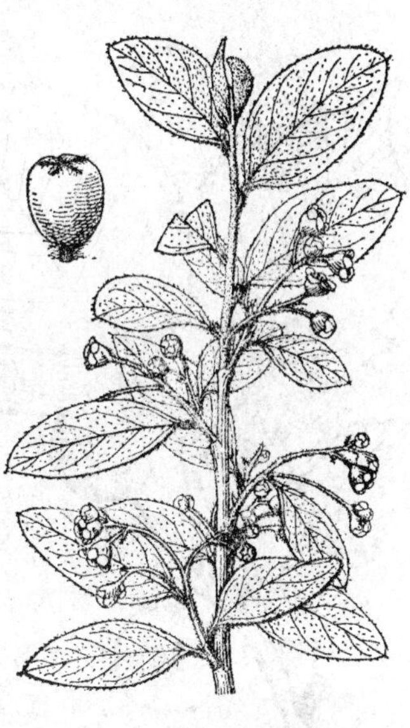

图 3-72　黑果栒子

Cotoneaster melanocarpus Lodd.

(2)山楂属（*Crataegus* Linn.）：落叶灌木或小乔木，通常有茎刺。单叶互生，通常分裂，有托叶。顶生伞房花序；萼钟状，5 裂；花瓣 5；雄蕊 15～25；子房下位，1～5 室。梨果具 1～5 种子。本属约 1 000 种，分布于北温带，北美最盛；我国约有 17 种，各地均有分布。

栽培山楂(*Crataegus pinnatifida* Bunge)(图 3-73)果红色，近球形，直径 1～1.5 cm。可鲜食，制果酱、果糕，并可药用。

(3)枇杷属(*Eriobotrya* Lindl.)：常绿灌木或小乔木。单叶互生，大型。花白色，排成顶生圆锥花序；萼裂片 5，宿存；花瓣 5，有柄；雄蕊约 20；雌蕊 1，子房下位，2～5 室，每室有胚珠 2 颗。梨果。本属约 30 种，分布于东亚；我国约有 13 种。

栽培枇杷［*Eriobotrya japonica*(Thunb.)Lindl.］(图 3-74)果球形，黄色或橘黄色；果鲜食或酿酒；叶药用，能利尿、清热、止渴，枇杷仁及叶有镇咳作用。

图 3-73 山楂 *Crataegus pinnatifida* Bunge

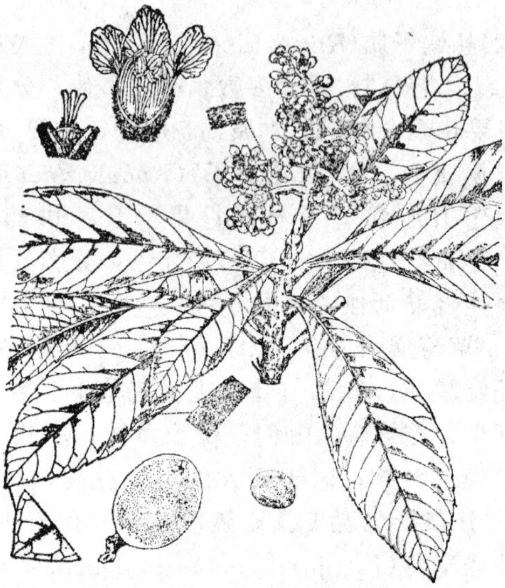

图 3-74 枇杷 *Eriobotrya japonica* (Thunb.) Lindl.

(4)梨属(*Pyrus* Linn.)：落叶或常绿小乔木，有刺。单叶互生，全缘或有锯齿；托叶小，有时脱落。花白色，稀淡紫色，聚生成一束；萼筒壶形，5 裂；花瓣 5；雄蕊 20～30，花药紫红色；子房下位，花柱 2～5，离生。梨果含石细胞。本属约 25 种，分布于北温带；我国约有 14 种。

常见植物：沙梨［*Pyrus pyrifolia*(Burm. f.)Nakai］、秋子梨(*Pyrus ussuriensis* Maxim.)(图 3-75)、白梨(*Pyrus bretschneideri* Rehd.)等是我国北方著名果树的原始种，有很多品种。

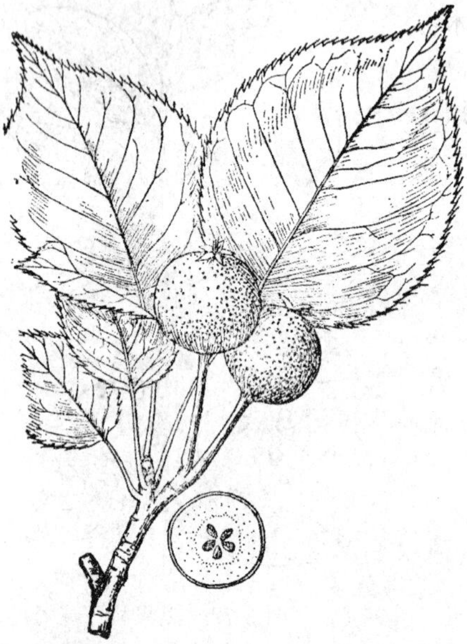

图 3-75 秋子梨 *Pyrus ussuriensis* Maxim.

(5)苹果属(*Malus* Mill.)：落叶小乔木，常无刺。单叶互生，边缘有锯齿或分裂。花白色或粉红色，排成伞房花序；萼筒钟状，5 裂；花瓣5；雄蕊15～50，花药黄色；子房下位，花柱3～5，基部合生。梨果，无石细胞，子房壁软骨质。本属约35种，广布于北温带；我国有20余种，分布于西南、西北、经中部至东北。多数为重要的果树及砧木或观赏树种。

常见植物：栽培苹果(*Malus pumila* Mill.)(图3-76)原产于欧洲、西亚，我国北部至西南有栽培，果鲜食或加工果品。在新疆有野苹果[*Malus sieversii*(Ladb.)M. Roem.]是构成天山野果林的主要树种，有80多个野生类型，是栽培苹果的原始种，果加工成果酱或酿苹果酒。

同属的垂丝海棠(*Malus halliana* Koehne)、海棠花[*Malus spectabilis*(Ait.)Borkh.]、西府海棠(*Malus micromalus* Makino)等均为庭园常见的果树和观赏植物。

图3-76　苹果 *Malus pumila* Mill.

中国苹果属植物分种检索表

(引自俞德浚，中国果树分类学，1979)

1. 叶片不分裂，在芽中旋卷状；果实内无石细胞。
  2. 萼片脱落；花柱3～5；果形较小，直径多在1.5 cm以下。
    3. 萼片披针形，比萼筒长。
      4. 嫩枝光滑无毛，细弱；叶片最初有短柔毛，以后多数脱落，近于无毛；花白色。
        5. 叶柄、叶脉、花梗和萼筒外部均光滑无毛；果实球形 ………………………… 山荆子 *Malus baccata* (Linn.)Bork.
        5. 叶柄、叶脉、花梗和萼筒外部均有稀疏柔毛；果实椭圆形 ………………………… 毛山荆子 *Malus mandshurica* (Maxim.)Komarov
      4. 嫩枝和叶片下面常被绒毛和柔毛。
        6. 花柱基部有长柔毛。
          7. 叶边有紧贴锯齿，基部圆形或宽楔形，下面密被短柔毛；花白色；果实卵形或近球形，萼洼微隆起 ………………………… 丽江山荆子 *Malus rockii* Rehd.
          7. 叶边有尖锐齿，基部楔形，下面幼时具短柔毛，老则脱落近于无毛；花粉红色；果实近球形，萼洼下陷，萼片脱落、少数宿存 ………………………… 西府海棠 *Malus micromalus* Makino
        6. 花柱基部无毛；叶边有尖锐锯齿，下面被白色绒毛；果实倒卵形，有白点 ………………………… 锡金海棠 *Malus sikkimensis* (Wenz.)Koehne
    3. 萼片三角卵圆形，与萼筒等长或稍短；嫩枝有短柔毛不久脱落。
      8. 叶边有细锯齿；萼片先端渐尖或急尖；花柱3，稀为4；果实椭圆形或球形 ………………………… 湖北海棠 *Malus hupehensis* (Pamp.)Rehd.
      8. 叶边有圆钝锯齿；萼片先端圆钝；花柱4或5；果梨形 …………………………

…………………………………………………… 垂丝海棠 *Malus halliana* Koehne

2. 萼片永存；花柱5；果实较大，直径常在2 cm以上。

9. 萼片先端渐尖，比萼筒长。

10. 叶片有圆钝锯齿；果实扁圆形，先端常有隆起，萼洼下陷。

11. 果实直径较大，果柄粗短；叶边锯齿稍深；小枝冬芽及叶片上毛茸较多；栽培种 ………………………………………………………… 苹果 *Malus pumila* Mill.

11. 果实直径较小，果柄细长；叶边锯齿较浅；小枝冬芽及叶片上毛茸较少；野生种 ……………………………… 新疆野苹果 *Malus sieversii* (Ldb.) Roem.

10. 叶边锯齿常较尖；果实卵圆形，先端尖狭下具隆起，萼洼微凹。

12. 果实较大，果柄中长；叶片下面密被短柔毛 ……… 花红 *Malus asiatica* Nakai

12. 果实较小，果柄细长；叶片下面仅在叶脉具短柔毛或近无毛 …………………………………………………………… 楸子 *Malus prunifolia* (Willd.) Borkh.

9. 萼片先端急尖，比萼筒短或等长；果柄细长。

13. 叶片基部宽楔形或近圆形，叶柄长1.5～2 cm；果实黄色，基部柄洼隆起；萼片宿存 ……………………………………… 海棠花 *Malus spectabilis* (Ait.) Borkh.

13. 叶片基部渐狭或楔形，叶柄长2～3.5 cm；果实红色，基部柄洼下陷；萼片宿存或脱落 ……………………………………… 西府海棠 *Malus micromalus* Makino

1. 叶片多数有裂片并有尖锐锯齿，在芽中呈对折状。

14. 萼片脱落。

15. 花柱基部有长柔毛；果实近球形，无石细胞；叶片在发育枝上者常具3～5浅裂 ……………………………………………………………… 三叶海棠 *Malus sieboldii* (Reg.) Rehd.

15. 花柱基部光滑无毛；果实椭圆形或倒卵圆形。

16. 叶片多具3～5个浅裂片，边缘有重锯齿；果实内有少数石细胞。

17. 叶裂片三角状卵圆形，叶基宽楔形至圆形；果柄长2～3.5 cm ……………………………………………… 陇东海棠 *Malus kansuensis* (Batal.) Schneid.

17. 叶裂片长圆状卵圆形，叶基部心形或近心形；果柄长1.2～1.5 cm ……………………………………………… 山楂海棠 *Malus komarovii* (Sarg.) Rehd.

16. 叶片多具5个浅裂片，边缘无重锯齿；果实内不具石细胞。

18. 嫩枝稍具细毛，不久脱落；叶片有时具深裂，有时不分裂；花直径2～2.5 cm ……………………………………… 变叶海棠 *Malus toringoides* (Rehd.) Hughes

18. 嫩枝外被绒毛；叶片深裂，上、下两面均被柔毛；花直径1.5～2 cm ……………………………………………… 花叶海棠 *Malus transitoria* (Batal.) Schneid.

14. 萼片宿存。

19. 果实先端有杯状浅洼，果心不分离。

20. 叶片不分裂；花序近伞形。

21. 叶边锯齿较细，下面无毛或微具短柔毛；果实直径1～1.5 cm，果柄无毛…… ……………………………………………… 川滇海棠 *Malus prattii* (Hemsl.) Schneid.

21. 叶边具重锯齿，下面中脉或侧脉上密具绒毛；果实直径1.5～2 cm，果柄有长柔毛 ……………………………… 沧江海棠 *Malus ombrophila* Hand.-Mazz.

20. 叶片有3～5个浅裂片，边缘有尖锐锯齿；花序近总状。
22. 叶片下面具短柔毛；萼筒和花梗外面具稀疏柔毛；花柱3～4 ………………………………………………………… 河南海棠 *Malus honanensis* Rehd.
22. 叶片下面密被绒毛；萼筒和花梗外面密被绒毛；花柱5 ……………………………………………………… 滇池海棠 *Malus yunnanensis* (Fr.)Schneid.
19. 果实先端隆起，果心分离。
23. 叶边有尖锐锯齿；果实直径4～5 cm；宿萼有短筒……………………………………………………… 台湾林檎 *Malus formosana* Kawak. et Koidz.
23. 叶边有圆钝锯齿；果实直径1.5～2.5 cm；宿萼有长筒………………………………………………… 尖嘴林檎 *Malus melliana* (Hand.-Mazz.)Rehd.

(6)榅桲属(*Cydonia* Mill.)：灌木或小乔木。单叶互生，全缘，脱落。花大，白色或粉红色，单生于小枝顶端；萼片5，全缘，外翻；花瓣5，花冠直径4～5 cm；雄蕊约20枚；雌蕊1枚，子房下位，通常5室，胚珠多数生中轴胎座上，花柱5，分离。果大，被绒毛，花萼宿存；产于小亚细亚至中亚，我国新疆、陕西、江西、福建、云南和贵州等地只栽培榅桲(*Cydonia oblonga* Mill.)1种，果供生食或煮食。

Ⅳ. 李亚科(Prunoideae)

(1)桃属(*Amygdalus* Linn.)：乔木和灌木。叶披针形，在芽中对折。花单生，稀2朵生于1芽内，粉红色，少白色；雄蕊多数；雌蕊1枚，子房有毛，1室1胚珠。核果被绒毛，稀无毛，果核表面具网状、条状或蜂窝状洼痕。本属约40种，分布于亚洲中部至地中海地区，栽培品种广泛分布于寒温带、温带至亚热带地区；我国有12种，主要分布于西部和西北部，栽培品种全国各地均有分布。

常见植物：栽培桃(*Amygdalus persica* Linn.)(图3-77)小乔木；果球形或宽卵形，果肉厚而多汁，核表面具不规则的沟纹或具孔穴；原产于我国，各地广泛栽培，果可鲜食，或加工果品，种仁供药用。桃的常见变种蟠桃[*Amygdalus persica* var. *compressa* (Loud.)Yü et Lu]果扁圆形，核小，圆形，有深沟纹；离核光桃[*Amygdalus persica* var. *aganonucipersica* (Schübler et Martens) Yü et Lu]果较小，果皮光滑无毛。扁桃(巴旦杏)(*Amygdalus communis* Linn.)乔木，果长圆状卵形或长斜卵形，成熟时干燥，密被短绒毛，核表面具孔穴，扁桃果仁含脂肪(40%～70%)、蛋白质(15%～35%)、糖(2%～10%)，营养丰富，味道香美，是著名的干果；原产于亚洲西部，我国新疆、甘肃、陕西、河北、山东有栽培。

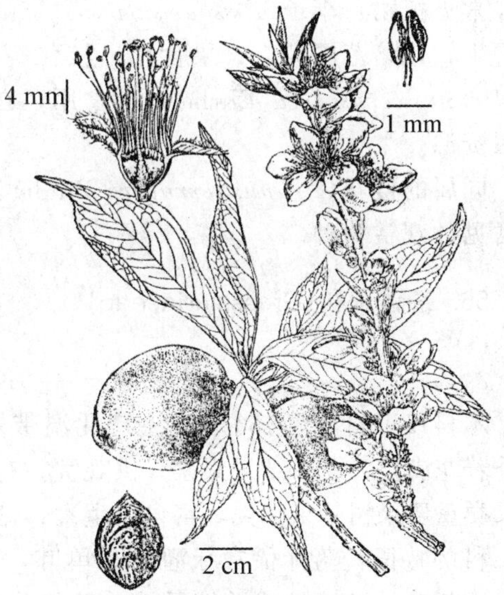

图3-77　桃 *Amygdalus persica* Linn.

同属的榆叶梅[*Amygdalus triloba* (Lindl.)

Ricker]和碧桃(*Amygdalus persica* var. *duplex* Rehd.)等为庭园常见的观赏树种。

(2)杏属(*Armeniaca* Mill.)：乔木或灌木。叶圆形或卵形，在芽中旋卷。花单生，少2朵，先叶开放；萼5裂；花瓣5，粉红色或粉白色；雄蕊15～45枚；心皮1，花柱顶生，子房无毛。核果球形或两侧稍扁，有明显纵沟，果肉肉质多汁，果核表面光滑，具锐利的边棱。本属约8种，分布于东亚、中亚、小亚细亚和高加索；我国有7种，分布于我国北方，淮河以北广大地区普遍栽培。

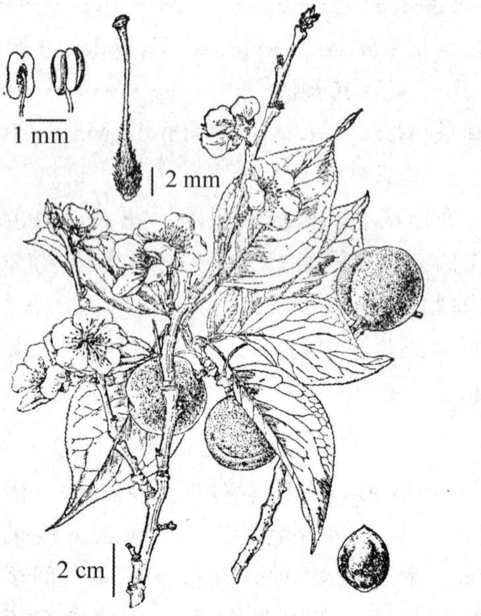

图 3-78 杏 *Armeniaca vulgaris* Lam.

常见植物：杏(*Armeniaca vulgaris* Lam.)(图 3-78)果黄色和黄红色，少白色，可鲜食，或加工果品，果仁含油率约50%，入药有润肺止咳、平喘、润肠之效；我国东北、华北、西北、西南及长江中、下游多有栽培，在新疆天山野果林有野生杏片林，是栽培杏的重要基因库。梅(干枝梅、酸梅、红梅花)(*Armeniaca mume* Sieb.)原产于我国西南，主产于长江以南各地，各地多有栽培，果食用或药用，梅也是著名的观赏树种。

(3)李属(*Prunus* Linn.)：乔木或灌木；顶芽常缺。叶柄基部边缘或叶柄顶端常有腺体。花单生或2～5朵簇生，具短梗；萼筒杯状或钟状，裂片5；花瓣5，白色或粉红色；雄蕊多数；雌蕊1，子房上位，无毛。核果表面有沟，常被蜡粉；核两侧扁平，具沟槽或皱纹。本属约30种，主要分布于北半球温带；我国有7种，主要分布于我国北方。

常见植物：李子(*Prunus salicina* Lindl.)原产于我国，东北南部、华北、华东、华中山区野生，栽培范围甚广；果食用，核仁等可入药。欧洲李(*Prunus domestica* Linn.)和樱桃李(*Prunus cerasifera* Ehrhart)果食用，在新疆天山野果林均有野生片林，是栽培李的重要基因资源。

同属的樱花(*Prunus serrulata* Zindi)、日本樱花(*Prunus yedoensis* Matsum.)等均为庭园常见的观赏树种。

56. 茶藨子科(Grossulariaceae)

$$* \quad ⚥或♂ \quad ♀ \quad K_{4\sim5} \quad C_{4\sim5} \quad A_{4\sim5} \quad \overline{G}_{(2:1:\infty)}$$

本科仅1属，约150种，主产北温带及南美；我国约50种，产东北、西北及西南各地，春季着花满枝，夏季结果累累，供观赏。有些种类在欧美温带地区栽培，并育成优良品种，为浆果类重要果树。果味美，富含维生素、糖分、有机酸等，可生食、制果酱、果汁、罐头。

科的特征：落叶稀常绿灌木。单叶，互生或簇生，常掌状分裂，在芽内折扇状稀席卷状，无托叶。花两性或单性异株；总状花序，稀簇生或单生；萼4～5裂，花瓣状；花瓣4～5，小或鳞状；雄蕊4～5；子房下位，1室，侧膜胎座2，花柱2。浆果多汁，萼宿存。种子具胚乳，胚小。

常见植物：茶藨子属(*Ribes* Linn.)的红茶藨子(*Ribes rubrum* Linn.)原产于欧洲和亚洲北部，我国东北黑龙江等地区长期栽培，是寒冷地区优良的绿化观赏植物；欧洲醋栗(*Ribes reclinatum* Linn.)果球形至卵形，红色、黄色和绿色，可生食，原产于欧洲和北非，我国引入栽培，栽培历史悠久，品种很多。

57. 含羞草科(Mimosaceae)

$$* \quad K_{(5)} \quad C_5 \quad A_{5\sim10,\infty} \quad \underline{G}_{(1:1:\infty)}$$

本科约有 56 属 2 800 种，分布于热带和亚热带；我国有 17 属约 66 种，主产西南至东南部。其中有荒山造林树种、建筑用材树种、庭园绿化树种和药用植物等。

科的特征：多为木本，稀草本。1～2 回羽状复叶。花两性，辐射对称，穗状或头状花序；萼片 5、合生；花瓣 5，镊合状排列；雄蕊多数，稀与花瓣同数。荚果有时具次生横膈膜。

(1)合欢属(*Albizia* Durazz.)：木本。二回羽状复叶，总叶柄具腺体，羽片及小叶对生，小叶近无柄。花萼钟状或漏斗状，具 5 齿；花瓣在中部以下合生；雄蕊多数。荚果扁平，通常不开裂，种子间无横膈。本属约有 150 种，分布于热带和亚热带地区；我国有 17 种，大部分产长江以南各省区，主要作木材及庭园绿化用。

常见植物：阔荚合欢［*Albizia lebbeck*（Linn.）Benth.］(图 3-79)我国广东、广西、福建有栽培，为良好的庭园观赏植物及行道树。合欢(*Albizia julibrissin* Durazz.)作为行道树和绿化树种，各地多有栽培。南洋楹［*Albizia falcataria*（Linn.）Fosberg.］原产于印度尼西亚北部，我国福建、广东和海南等地有栽培，常绿乔木，树冠稀疏美观，生长迅速，材质轻、韧性好，可作庭园遮阴树、绿地风景树和用材树种。

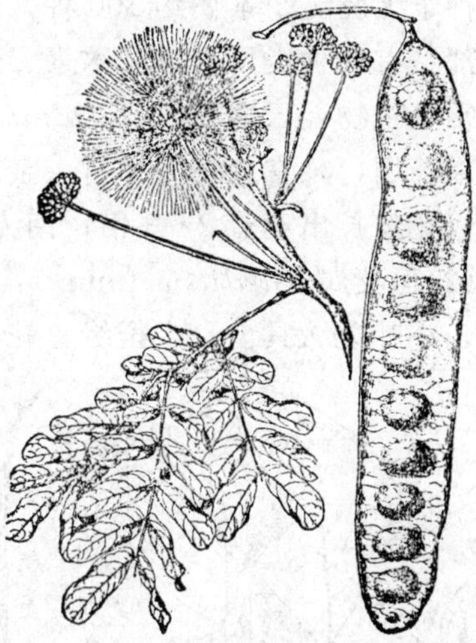

图 3-79　阔荚合欢
Albizia lebbeck（Linn.）Benth.

(2)银合欢属(*Leucaena* Benth.)：常绿无刺灌木或小乔木。二回羽状复叶；总叶柄常具腺体。花白色，通常两性，5 基数，密集成球形头状花序、单生或簇生于叶腋；雄蕊 10 枚，分离，花药顶端无腺体。荚果带状，成熟时缝线纵裂；种子横生。本属约有 40 种，大部分产美洲；我国引种数种。

常见植物：银合欢［*Leucaena leucocephala*（Lam.）dewit.］福建、广东、广西和云南有栽培，也常逸生于低海拔的荒地或疏林中；材质坚硬，为优良薪炭材，嫩荚及种子可食；树胶可代阿拉伯树胶为食品乳化剂；树皮可提制栲胶；可作观赏树。

(3)含羞草属(*Mimosa* Linn.)：多年生有刺草本或灌木，稀乔木或藤本。二回羽状复叶，常很敏感，触之即闭合而下垂。花小，两性或杂性，组成稠密的球形头状花序或圆柱形的穗状花序；花萼钟状；花瓣下部合生，雄蕊与花瓣同数或为其 2 倍，分离。荚果成熟时横裂为数节，每节含 1 种子。本属约有 500 种，大部分产于热带美洲；我国有 3 种，见于广东、广西和云南，均非原产；多数种有毒，可药用或观赏。

常见植物：含羞草(*Mimosa pudica* Linn.)原产于热带美洲，现广布于世界热带地区，野生于荒地、灌木丛中；全草药用，能安神镇静、止血收敛、散瘀止痛；亦可栽培，供观赏。

本科的台湾相思(*Acacia confusa* Merr.)乔木，叶柄扁平化成叶状，花含芳香油，树皮含单宁，木材质优，为荒山造林及水土保持的优良树种，在华南，是人工林的主要树种。海红豆(*Adenanthera pavonina* Linn.)高大落叶乔木，种子鲜红色，产于热带亚洲及非洲，我国中南部栽培观赏。

58. 云实科(苏木科)(Caesalpiniaceae)

$$\uparrow\ K_5\ \ C_5\ \ A_{10}\ \ \underline{G}_{1:1}$$

本科约 180 属 3 000 种，分布于热带和亚热带；我国有 21 属约 113 种，主产于南部和西南部。其中有建筑或家具用材树种、庭院观赏树种及药用植物。

科的特征：多为木本。常为偶数羽状复叶，稀单叶。花两性，两侧对称；萼片 5；花瓣 5，覆瓦状排列，最上 1 瓣在最内，形成假蝶形花冠；雄蕊 10，或较少，多分离。荚果，有时具横隔。

(1)云实属(*Caesalpinia* Linn.)：乔木、灌木或藤本，通常有刺。二回羽状复叶。花两性，较大，通常美丽，黄色或橙黄色。荚果卵形、长圆形或披针形，平滑或有刺，革质或木质；种子无胚乳。本属约 100 种，分布于热带和亚热带地区；我国产 17 种，主产于南部和西南部。有的种类可提取苏木素、药用、作绿篱及观赏。

常见植物：云实[*Caesalpinia decapetala* (Roth) Alston]花黄色，产于长江以南各地；根、果药用，又常栽培为绿篱。金凤花(黄蝴蝶)(*Caesalpinia pulcherrima* Sw.)花黄色或橙黄色，花丝长出花冠 2～3 倍；南方各地庭园栽培供观赏。

(2)皂荚属(*Gleditsia* Linn.)：乔木或灌木，具分枝的粗刺。一回或兼有二回偶数羽状复叶，小叶边缘具齿，少全缘。花杂性或单性异株，淡绿色或绿白色，雄蕊 6～10。本属约有 16 种，分布于亚洲中部和美洲；我国产 6 种，广布于南北各地。

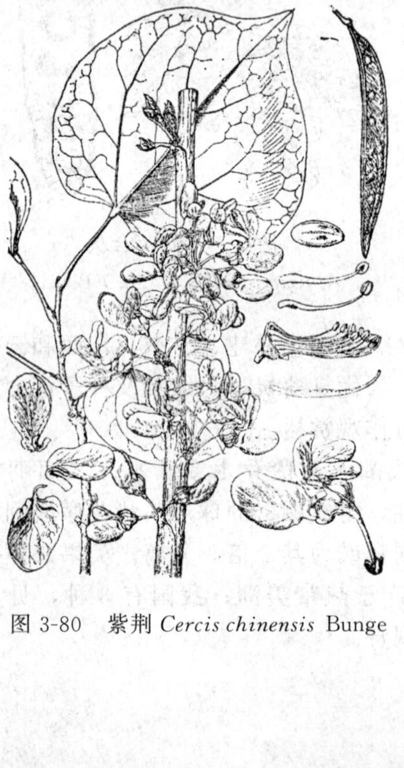

图 3-80 紫荆 *Cercis chinensis* Bunge

常见植物：皂荚(*Gleditsia sinensis* Lam.)花杂性，细小，白色，排成总状花序；荚果大，长 12～37 cm，黑棕色；产于东北、华北、华东、华南及四川、贵州，生于山坡林中或谷地、路旁；本种木材坚硬，为车辆、家具用材，荚果煎汁可代肥皂用；荚、种子、刺均可入药。

(3)紫荆属(*Cercis* Linn.)：灌木或乔木。单叶，互生，具掌状叶脉。花两性，紫红色或粉红色；雄蕊 10，分离。荚果扁，狭长圆形，于腹缝线一侧常有狭翅。本属约有 8 种，通常分布于温带地区；我国有 5 种，多数为观赏植物。

常见植物：紫荆(*Cercis chinensis* Bunge)(图 3-80)花紫色，2～10 朵簇生于老枝和主干上；产于我国北方，生于山坡、溪旁、灌丛中，或栽培于庭园，供观赏；树皮、木材、根入药，有活血行气、消肿止痛、祛瘀解毒之效；树皮、花梗为外科疮疡要药。

(4)决明属(*Cassia* Linn.)：木本或草本。偶数羽状复叶，叶柄和叶轴上常有腺体。花常黄色。荚果圆柱形或扁平，里面于种子间有横隔。本属约有600种，分布于热带和亚热带地区，少数分布至温带地区；我国有10余种，广布于各地。

常见植物：黄槐(*Cassia surattensis* Burm. f.)花冠鲜黄至深黄色，枝叶茂密，树姿优美，花期长；还有腊肠树(*Cassia fistula* Linn.)花序长达30 cm，花冠黄色，荚果长圆柱状，似腊肠，均为热带和亚热带地区广为栽培的行道树。

(5)羊蹄甲属(*Bauhinia* Linn.)：乔木、灌木或藤本，有时有卷须。叶常2裂，稀全缘或分裂至基部。花多数，大而美丽，花瓣5，稍不相等，有爪；雄蕊10，有时退化为5～3或1，花丝分离。果线形或长圆形，扁平。本属约600种，分布于热带和亚热带地区；我国约有40种，大多分布于南部和西南部，长江以北绝少。

常见植物：羊蹄甲(*Bauhinia purpurea* Linn.)花紫红色，能育雄蕊3或4枚。白花羊蹄甲(*Bauhinia acuminata* Linn.)花白色，能育雄蕊10枚。紫荆花(红花羊蹄甲)(*Bauhinia blakeana* Dunn)花红色排成总状花序，能育雄蕊5枚(该花图案即为香港特别行政区的区徽)。洋紫荆(宫粉羊蹄甲)(*Bauhinia variegata* Linn.)花粉红色排成伞房花序，能育雄蕊5枚。白花洋紫荆[*Bauhinia variegata* Linn. var. *candida* (Roxb.) Voigt]，花瓣白色，有时杂以淡黄色斑块；花无退化雄蕊。均为我国南部庭园绿化及行道树种。

本科的凤凰木[*Delonix regia* (Bojca) Raf.]落叶乔木，二回羽状复叶长20～60 cm，原产于非洲，全世界热带地区常见栽培，我国南方有引种，常见于庭园和道路两侧，也是人工林的重要组成树种，木材可制轻便小型家具。

59. 蝶形花科(Fabaceae)

$$\uparrow K_{(5)} \quad C_{1+2+2} \quad A_{(9+1),10} \quad \underline{G}_{1:1}$$

本科约有440属12 000种，广布世界各地，是被子植物中的第三大科；我国有128属1 372种，全国各地均有分布。本科植物不仅数量大，而且蛋白质含量高，很多豆科植物栽培供食用或为油料作物，如大豆、落花生、豌豆、蚕豆、豇豆、菜豆等；有些为绿肥植物，有的可供药用，有的种类可改良土壤、保持水土、作绿化、蜜源、染料等用，作为观赏植物资源也比较丰富，待开发利用。

科的特征：草本，灌木或乔木。根具根瘤。羽状复叶或三出复叶，稀为单叶，有时具有卷须，有托叶。花两侧对称；萼齿5；花冠蝶形，最上方1片最大，为旗瓣，两侧两片为翼瓣，最里面两片常连合为龙骨瓣；雄蕊10，成二体或单体，少分离。荚果开裂或不开裂，有时形成横断开裂的节荚。

蝶形花科常见园艺植物分族、分属检索表

1. 雄蕊10，分离或仅基部合生。
　2. 乔木、灌木或草本；羽状复叶；荚果串珠状(I. 槐族 Sophoreae) …………………………………………………………………………… 槐属 *Sophora* Linn.
　2. 灌木或草本，掌状三出复叶；荚果扁，不为串珠状(II. 黄华族 Podalyrieae)。
　3. 常绿灌木；托叶贴生于叶柄上 …………………… 沙冬青属 *Ammopiptanthus* Cheng f.
　3. 草本；托叶分离 …………………………………………… 野决明属 *Thermopsis* R. Br.

1. 雄蕊10，连合为二体或单体。

4. 荚果如含有种子2粒以上时，不在种子间裂为荚节，通常为2瓣裂或不开裂。

5. 乔木或攀缘状灌木；奇数羽状复叶，小叶互生，无托叶；荚果通常含1～2粒种子而不开裂（Ⅷ. 黄檀族 Dalbergieae）。

6. 花小，带白色或红色；花药以基部附着花丝，其二药室背与背对；荚果薄而扁平，呈矩圆形或带状 …………………………………………… 黄檀属 *Dalbergia* Linn. f.

6. 花较大，带黄色；花药以背部附着花丝而可转动；荚果圆形或卵形，其周围常具宽翅 ……………………………………………………… 紫檀属 *Pterocarpus* Jacq.

5. 植株各种习性均有，但多为草本植物；荚果含1至多数种子，开裂或否。

7. 雄蕊连合成单体；花药二型，5枚较大的长圆形，基着，5枚小的球形，背着药；矮小灌木，单叶或掌状复叶，小叶1～3枚；荚果肿胀（Ⅸ. 染料木族 Genisteae）
……………………………………………………………… 金雀儿属 *Cytisus* Linn.

7. 雄蕊合生为单体或为9与1的二组；花药通常均为一式。

8. 小叶5，其中3片丛聚于叶柄先端，另2片着生于叶柄基部，类似托叶；伞形花序，稀单生，其下托以叶状苞片1至数枚（Ⅲ. 百脉根族 Loteae） ………………
……………………………………………………………… 百脉根属 *Lotus* Linn.

8. 叶为羽状或掌状复叶，稀单叶；花序有各种形式，若为伞形花序，其下亦不托以叶状苞片。

9. 叶为3枚小叶组成的复叶，稀为仅有小叶1～9枚。

10. 叶为掌状或羽状复叶，小叶边缘通常均有锯齿，托叶常与叶柄相连合；子房基部并无鞘状花盘（Ⅳ. 车轴草族 Trifolieae）。

11. 掌状三出复叶，少5～7小叶；花多数聚集成紧密的头状花序；荚果小，几乎完全藏于萼内 ………………………… 车轴草属 *Trifolium* Linn.

11. 羽状三出复叶；总状花序较紧密或稀疏；荚果超出萼外 ……………
……………………………………………………… 苜蓿属 *Medicago* Linn.

10. 叶为羽状或有时为掌状复叶；小叶全缘或具裂片；托叶不与叶柄相连合；子房基部常有鞘状花盘所包围（Ⅹ. 菜豆族 Phaseoleae）。

12. 花柱光滑无毛。

13. 腋生总状花序，花序轴延续一致，花的着生处无瘤状隆起（栽培作物）
…………………………………………………… 大豆属 *Glycine* Willd.

13. 花单生或2～3朵簇生于腋生花序轴瘤状隆起的节上。

14. 花萼钟形，其后方2裂片常合生为1，前方居中的1裂片常较其他裂片为长；荚果长而稍扁，缝线两侧不具纵肋；缠绕性灌木或草本，常具块根 …………………………………… 葛属 *Pueraria* DC.

14. 花萼二唇形，其后方2裂片远大于前方的3裂片；荚果大而扁平，其缝线的两侧各具一纵肋；缠绕性草本；不具块根 ……………
…………………………………………………… 刀豆属 *Canavalia* DC.

12. 花柱上部于后方具纵列的须毛，或于柱头周围具柔毛。

15. 龙骨瓣先端具螺旋状卷曲的长喙，翼瓣与龙骨瓣合生；种子肾形，脐小 …………………………………………………… 菜豆属 *Phaseolus* DC.

15. 龙骨瓣先端钝圆或具喙，但不螺旋状卷曲。

16. 花柱细长成线形；缠绕生草本或灌木，不具块根 ………………………………………………………… 豇豆属 *Vigna* Savi

16. 花柱上部变曲，顶端向内卷曲；蔓生或缠绕性草本，有块根 …… ……………………………………………… 豆薯属 *Pochyrhizus* Rich.

9. 叶为4枚乃至多数小叶组成的复叶，稀仅具小叶1～3枚。

17. 叶通常为偶数羽状复叶，在叶轴顶端多半具卷须或少数变为刚毛状（Ⅶ. 野豌豆族 Fabeae）。

18. 花柱圆柱形，上部四周被长柔毛或在顶端外面有一丛髯毛 …………………… ………………………………………………………………… 野豌豆属 *Vicia* Linn.

18. 花柱扁，在上部里面只有长柔毛，像刷形。

19. 花柱不纵折；托叶或多或少小于小叶，雄蕊管口斜形。

20. 种子为双凸镜状；萼较花瓣稍长 ……………………………………… ………………………………………………………… 兵豆属 *Lens* Mill.

20. 种子不为双凸镜状；萼较花瓣短 ……………………………………… ……………………………………… 山黧豆(香豌豆)属 *Lathyrus* Linn.

19. 花柱向外面纵折；托叶大于小叶；雄蕊管口截形 ……………………… …………………………………………………………… 豌豆属 *Pisum* Linn.

17. 叶为单数羽状复叶，如为双数复叶时，则不于顶端具卷须，仅叶的中肋(即小叶轴)有时延伸呈刺状；稀(如补骨脂属)为单叶(Ⅴ. 山羊豆族 Galegeae)。

21. 叶常具腺点或透明微点；雄蕊合生为单体；荚果通常含1粒种子而不开裂 … ……………………………………………………… 紫穗槐属 *Amorpha* Linn.

21. 叶不具腺点；雄蕊通常为9与1的2组；荚果大多含种子2粒至多数，2瓣裂开，亦可不裂或迟缓裂开。

22. 花序总状或复总状、顶生；乔木、灌木或木质藤本。

23. 花大型，组成下垂的长总状花序；叶通常具小叶9枚以至多数 ………… ……………………………………………………… 紫藤属 *Wisteria* Nutt.

23. 花美丽，组成顶生圆锥花序；叶通常具小叶5～9枚，稀13～19枚 …… ……………………………………… 鸡血藤属 *Millettia* Wight et Arn.

22. 花序总状、穗状、伞形或头状，稀为花单生或簇生，但通常均为腋生。

24. 荚果扁平或于种子间具有横隔 ……………………………………………… …………………………………………………………… 洋槐属 *Robinia* Linn.

24. 荚果常膨大或肿胀，或为圆筒形，但从不于种子间具横隔 ……………… ……………………………………………………… 甘草属 *Glycyrrhiza* Linn.

4. 荚果含有种子2粒以上时，则于种子间隔裂或紧缩为2至数节，各节荚常具网状纹，含1粒种子而不开裂，或有时荚果退化而仅具1节(Ⅵ. 岩黄芪族 Hedysareae) ………… ……………………………………………………………………… 落花生属 *Arachis* Linn.

(1)槐属(*Sophora* Linn.)：乔木、灌木或多年生草本。奇数羽状复叶。总状或圆锥花序，花冠黄色或白色；雄蕊10，分离或仅基部合生。荚果串珠状。本属70余种，分布于温带和亚热带；我国有21种，南北均产。多数种为有毒植物，有的可药用、作绿肥或用以保持水土等。

常见植物：槐(*Sophora japonica* Linn.)(图3-81)花黄白色，荚果串珠状，是我国北方习见的行道树和庭园树。槐的变种有龙爪槐(*Sophora japonica* var. *pendula* Lour.)、紫花槐(*Sophora japonica* var. *pubescens* Bosse)、五叶槐(*Sophora japonica* var. *oligophylla* Franch.)各地栽培供观赏。

(2)车轴草属(*Trifolium* Linn.)：草本。掌状三出复叶，少5～7小叶。花小，排列成头状、穗状或短总状花序，凋萎后不脱落。荚果小，几乎完全藏于萼内。本属约有250种，分布于欧亚大陆和美洲的温带地区；我国引入栽培和野生的共有13种。有些种为世界著名的牧草，其营养价值较高，适口性好，为家畜所喜食，也可作地被植物，绿肥及蜜源植物。

常见植物：白车轴草(白三叶草)(*Trifolium repens* Linn.)(图3-82)花多，密集成头状花序；花冠白色，稀黄白色或淡粉红色。红车轴草(红三叶草)(*Trifolium pratense* Linn.)花序具多数花，密集成簇或头状；花冠紫红色；两种均为是世界著名优良牧草，原产于欧洲，我国引种栽培，新疆有野生。

图3-81 槐 *Sophora japonica* Linn.

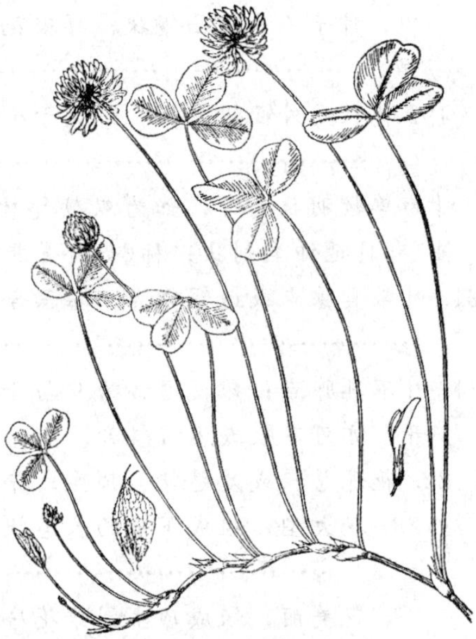

图3-82 白车轴草 *Trifolium repens* Linn.

(3)苜蓿属(*Medicago* Linn.)：一年生或多年生草本。羽状三出复叶，小叶边缘上部有锯齿，中下部全缘。短总状或头状花序；花小，黄色或紫色。荚果螺旋形、镰刀形或肾形，不开裂，含种子1至数粒。本属约有65种，分布于地中海区域、西南亚、中亚和非洲；我国有14种2变种，分布甚广，西北种类尤多；多为优良牧草，也可作地被植物。

常见植物：紫花苜蓿(*Medicago sativa* Linn.)(图3-83)花紫色或蓝紫色；荚果螺旋形；为世界上栽培最广泛的优良豆科牧草，我国栽培紫花苜蓿已有2 000多年的历史，目前主要分布在黄河中下游及西北地区，东北的南部也有少量栽培。金花菜(*Medicago polymorpha*

Linn.)在长江中下游地区有栽培，食用或作绿肥。

(4)紫穗槐属(*Amorpha* Linn.)：灌木。单数羽状复叶，常具腺点。花小，蓝紫色，密集为顶生圆锥状总状花序，花仅有1旗瓣，翼瓣及龙骨瓣均不存在。荚果通常含1粒种子而不裂开，通常有腺点。本属约有25种，主产于北美洲至墨西哥；我国引种1种。

紫穗槐(*Amorpha fruticosa* Linn.)花冠蓝紫色，旗瓣倒心形；荚果矩圆形，稍弯，表面有腺点；我国东北、华北、华东、中南、西南多有栽培，枝条编筐，又可作为防风固沙、水土保持树种。

(5)紫藤属(*Wisteria* Nutt.)：落叶木质藤本。奇数羽状复叶互生，托叶早落；小叶9～19枚，对生，全缘，有小托叶。长总状花序顶生而下垂；花萼钟状，萼齿短；花冠伸出萼外，蓝色、淡紫色、少白色，旗瓣大，反卷，近基部常有耳和2个胼胝体；荚果长线形、扁平。本属约10种，分布于东亚、澳大利亚和北美东北部；我国有7种，各地多有栽培供观赏、西部亦有野生者。

常见植物：紫藤(*Wisteria sinensis* Sims Sweet)(图3-84)茎左旋性；小叶7～13枚；总状花序生于去年生枝顶端，长15～30 cm，花密集。多花紫藤(*Wisteria floribunda* DC.)茎右旋性；小叶13～19枚；总状花序多发自去年生小枝腋芽，长30～90 cm。

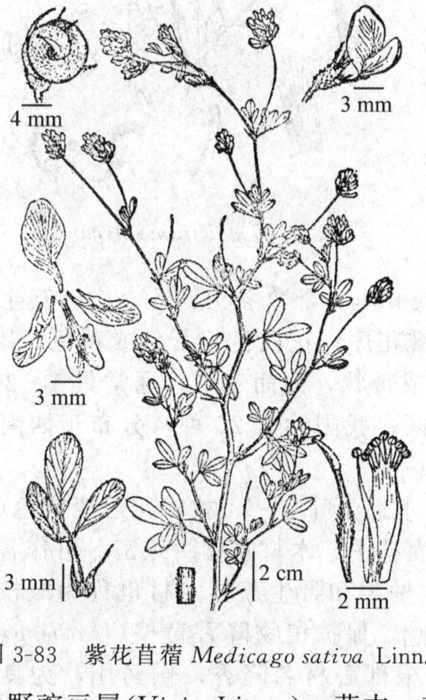

图3-83　紫花苜蓿 *Medicago sativa* Linn.

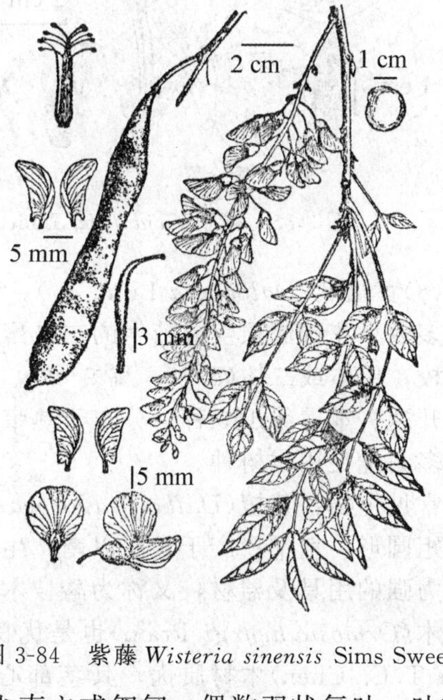

图3-84　紫藤 *Wisteria sinensis* Sims Sweet

(6)野豌豆属(*Vicia* Linn.)：草本。茎多攀缘，少直立或匍匐。偶数羽状复叶；叶轴顶端具卷须或刚毛。花单生或总状花序，雄蕊管的顶端倾斜，花柱圆柱形，上部四周被长柔毛或在顶端有簇毛。荚果扁。本属约有200种，分布于北温带和南美洲；我国有43种，南北均产。

常见植物：蚕豆(*Vicia faba* Linn.)(图3-85)花白色带红而有紫色斑纹；荚果大而肥厚，长5～10 cm；种子长圆形，略扁，为豆类作物中最大者，我国广泛栽培。

(7)豌豆属(*Pisum* Linn.)：一年或多年生草本。偶数羽状复叶，小叶1～3对，叶轴顶端有分枝的卷须；托叶大，叶状。花单生或数朵排成总状花序，腋生，花冠白色、紫色或红色；雄蕊 10，连合为(9+1)二体；花柱扁而纵折，沿内侧面有纵列髯毛。荚果长圆形，肿胀，有球形种子数粒。本属有 6 种，分布于地中海和西亚。

常见植物：豌豆(*Pisum sativum* Linn.)(图 3-86)我国广泛栽培，豌豆苗蔬食，豌豆可加工成各种食品。

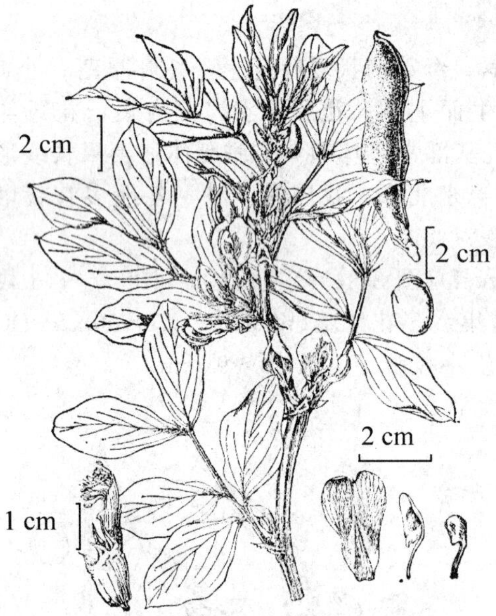

图 3-85 蚕豆 *Vicia faba* Linn.

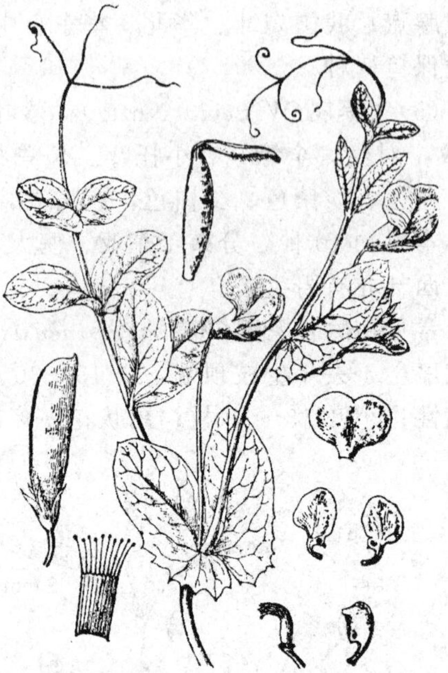

图 3-86 豌豆 *Pisum sativum* Linn.

(8)黄檀属(*Dalbergia* Linn. f.)：攀缘状灌木或乔木。奇数羽状复叶，小叶互生，无托叶。多数小花排成顶生或腋生的二歧聚伞花序或圆锥花序；花白色、紫色或黄色；雄蕊 10、稀 9 枚，单体或二体(5+5，稀 9+1)。荚果长圆形或带状，薄而扁平，通常具 1～2 粒种子而不开裂。本属约 120 种，分布于热带和亚热带地区；我国约有 25 种，分布于西南至东南部，多为优良用材树种。

常见植物：黄檀(*Dalbergia hupeana* Hance)乔木；小叶 9～11 枚；花冠淡紫色或白色；荚果矩圆形，扁平；产于长江以南，生于多石山地灌丛中，木材坚韧、致密，可作各种负重及拉力强的用具及器材，又称为酸枝木[本属的一些种类和野生荔枝木材也称为酸枝，还有花榈木(*Ormosia henrgi* Prain)也是优良的材用树种]。保护植物降香黄檀(*Dalbergia odorifera* T. C. Chen)木材质优，其茎部心材为香料，根部心材名降香，供药用，为良好的镇痛剂。

(9)紫檀属(*Pterocarpus* Linn.)：乔木。奇数羽状复叶，小叶互生，革质，无小托叶。腋生总状花序或圆锥花序；花冠黄色，稀白色或紫色，伸出萼外，花瓣有长柄；雄蕊 10，单体或二体(9+1 或 5+5)。荚果圆形或卵形，扁平，不开裂，具宽翅；种子 1 至数粒。本属约 30 种，分布于热带地区。

常见植物：紫檀(青龙木、印度紫檀)(*Pterocarpus indicus* Willd.)木材质优，俗称“红木”，红棕色，供制乐器、优质家具和工具；树脂、木材还可供药用；产于我国南部，生于坡地疏林中或栽培，印度、印度尼西亚、菲律宾、缅甸也有。

(10)大豆属(*Glycine* Willd.)：多年生或一年生、直立或缠绕草本。三出羽状复叶，小叶全缘，有小托叶。花小，组成腋生总状花序；花白色、蓝色或紫色，花瓣具长柄，略伸出萼外；雄蕊 10，单体或对旗瓣的 1 枚离生而成二体(9＋1)；花柱光滑无毛。荚果线形或长圆形，扁平或稍膨胀，种子间常有缢纹。本属约 10 种，分布于东半球温带和热带地区；我国有 6 种，南北均产。

常见植物：大豆［*Glycine max*(Linn.)Merr.］(图 3-87)种子黄绿色(干后黄色)卵形至近圆形，长达 1 cm；全国各地广泛栽培，东北尤盛，是重要的油料作物，又是极好的饲料。

(11)葛属(*Pueraria* DC.)：缠绕性灌木或草本，常具块根。三出羽状复叶；小叶大，卵形或菱形，有时波状 3 浅裂，有小托叶。腋生总状花序，常数朵簇生于花序轴稍凸起的节上；萼钟形，上方 2 片常合生为 1，下方居中的 1 片常较其他裂片长；花冠蓝色或紫色，伸出萼外；雄蕊 10，二体(9＋1)；花柱无毛。荚果狭长，多少扁平，有种子多粒。本属约 25 种，分布于亚热带地区；我国有 8 种，广布。

常见植物：粉葛(甘葛藤)(*Pueraria lobata* var. *thomsonilvander* Maesen.)(图 3-88)地下茎肥大，花冠紫色，产于西南和华南，地下茎供食用或制淀粉及酿酒；根和花入药，能解热止泻；种子可榨油。

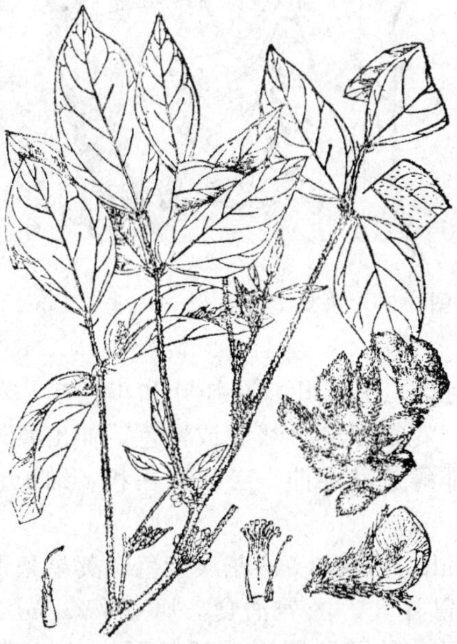

图 3-87　大豆 *Glycine max* (Linn.) Merr.

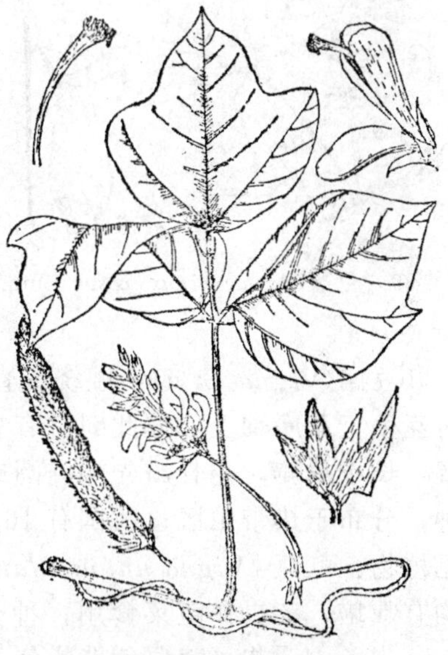

图 3-88　粉葛 *Pueraria lobata* var. *thomsonil vander* Maesen.

(12)豆薯属(*Pachyrhizus* Rich. ex DC.)：缠绕草本。羽状三出复叶，小叶常分裂或有角。总状花序腋生，花常簇生于花序轴肿胀的节上；萼二唇形，上唇顶微缺，下唇 3 齿裂；花冠青紫色或白色，伸出萼外，旗瓣宽、基部有耳；雄蕊(9)＋1；子房有胚珠多数，花柱长，先端旋卷，沿内弯一面有毛。荚果狭、扁平或肿胀，在种子间有下压的槽纹。本属约 6 种，原产于热带美洲，现广布于东半球热带地区。

常见植物：豆薯(沙葛)(*Pachyrhizus erosus* Linn. Urban)(图 3-89)花冠紫堇色，种子黄褐色；我国西南各省常见栽培，取地下块根供生食或蔬食，种子有剧毒、忌食，可作蚜虫的杀虫剂。

(13)菜豆属(*Phaseolus* Linn.)：缠绕或直立草本。羽状三出复叶很少退化为单叶，有小托叶。总状花序腋生，有时顶生；萼钟状，下有明显宿存的小苞片；花冠白色、黄色、红色或紫色，伸出萼外；龙骨瓣先端延长成一螺旋状卷曲的长喙；雄蕊10，二体(9+1)；花柱长，后方有纵列的须毛。荚果线形至长柱形，扁平或肿胀，有种子数粒，种子肾形、脐小。本属约50余种，广布于热带和温带地区；我国各省栽培。

常见植物：菜豆(*Phaseolus vulgaris* Linn.)(图3-90)花白色或淡紫色；荚果线形，各地均有栽培，供蔬食。

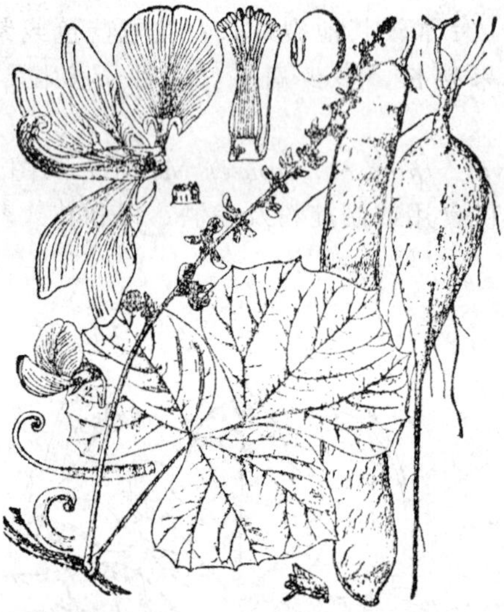

图3-89 豆薯 *Pachyrhizus erosus* Linn. Urban

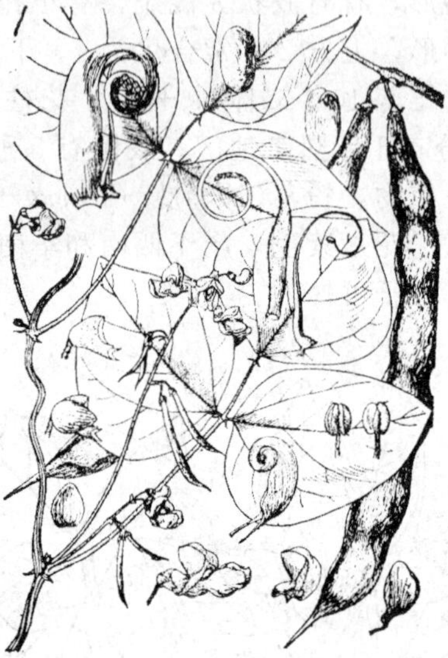

图3-90 菜豆 *Phaseolus vulgaris* Linn.

(14)豇豆属(*Vigna* Savi)：缠绕或直立草本。羽状三出复叶，有托叶和小托叶，花通常两两成对互生于花序轴上，彼此间常有垫状的蜜腺；花冠白色、淡黄或紫色，伸出萼外，旗瓣大而阔，长于翼瓣，龙骨瓣先端钝圆或具喙，但非螺旋状卷曲。荚果圆柱状、细长。本属约150种，分布于热带山区；我国有16种。

常见植物：豇豆[*Vigna unguiculata*(Linn.)Walp.](图3-91)花淡紫色；荚果条形，全国各地均有栽培，荚果作蔬菜食用；种子入药能健胃补气、滋养消食。眉豆[*Vigna cylindrica*(Linn.)Skeels]花冠黄白色带紫色，荚果圆柱形，种子长圆形或近肾形，通常暗红色；全国各地有栽培，种子供食用，有健胃补气作用。绿豆(*Vigna radiate* Roxb.)花黄色；荚果长柱形，种子小，通常绿色，各地均有栽培，种子供食用，入药，有清凉解毒、利尿、明目之功效。还有赤豆(红豆)(*Vigna angularis* Wight)、赤小豆(*Vigna umbellata* Roxb.)、金甲豆(*Vigna lunatus* Linn.)等。

蝶形花科中做药用、观赏和其他经济用途的栽培植物还有：

药用植物：甘草(*Glycyrrhiza uralensis* Fisch.)(图3-92)产于东北、华北及西北，生于沙质地段，根入药，为著名中药材，甘草属的大部分种皆可以甘草入药。补骨脂(*Psoralea corylifolia* Linn.)产于华北、西南等地，栽培或野生于山坡、溪旁、田边，种子供药用，有补肾壮阳、补脾健胃之功效。鸡血藤(*Millettia extensa* Benth. ex Baker)产于华东、华南及湖北、云南，生灌丛或山野中，藤供药用，有散气、散风、活血之效；根药用，有舒筋活血的效用。

图 3-91　豇豆 *Vigna unguiculata*（Linn.）Walp.

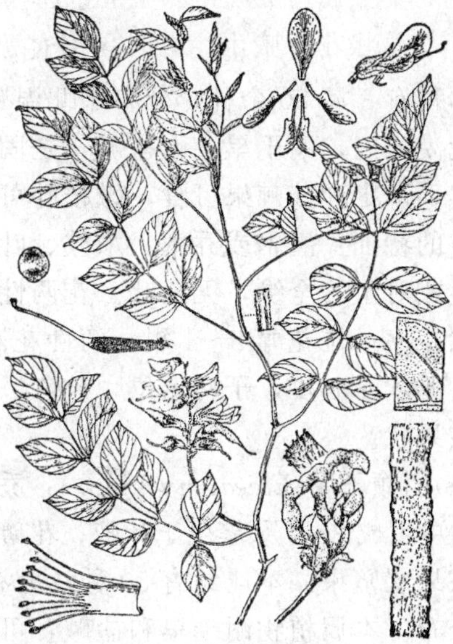

图 3-92　甘草 *Glycyrrhiza uralensis* Fisch.

观赏植物：洋槐（*Robinia pseudoacacia* Linn.）各地均有引种栽培，供行道树、庭园绿化和荒山造林；花含芳香油；嫩叶和花可食。金雀花[*Caragana sinica*（Buc'hoz）Rehder]和羽扇豆（*Lupinus polyphyllus* Lindl.）在我国北方庭园、景区多有栽培。

其他经济用途豆类作物：刀豆[*Canavalia gladiata*（Jacq.）DC.]（图 3-93）、木豆[*Cajanus cajan*（Linn.）Millsp.]、扁豆（*Lablab purpureus* Sweet.）（图 3-94）等供食用。蓝靛（*Indigofera tinctoria* Linn.）、野青树（*Indigofera suffruticosa* Mill.）作为染料，我国南方有栽培。

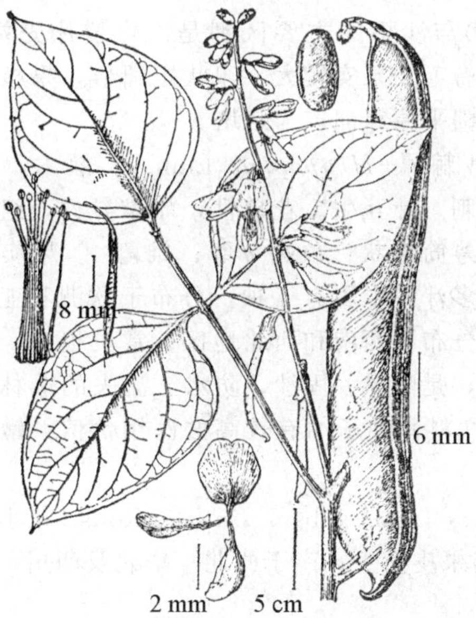

图 3-93　刀豆 *Canavalia gladiata*（Jacq.）DC.

图 3-94　扁豆 *Lablab purpureus* Sweet.

60. 胡颓子科(Elaeagnaceae)

$$* \quad K_{(2\sim4)} \quad C_0 \quad A_{4\sim8} \quad \underline{G}_{1:1:1}$$

本科有3属80余种，分布于北温带和亚热带地区；我国有2属约60种，几遍全国，多生于荒漠地区，耐干旱、耐盐碱，是固沙造林改良盐碱地的优良树种，木材坚硬、可作家具和农具，沙枣和沙棘果可食，嫩枝叶可供饲用。

科的特征：灌木或乔木。嫩枝、叶、萼筒、果常被银灰白色或褐黄色盾状或星状鳞片。叶互生或对生，全缘，无托叶。花两性或单性；单生或簇生于叶腋，或排成聚伞花序、穗状或总状花序；雄花萼2～4裂，两性花和雌花萼管状，2～4裂，少2～6裂；无花瓣；雄蕊4～8；雌蕊1心皮，子房上位，1室，1胚珠。坚果或瘦果，包藏于肉质花萼筒内而呈浆果状或核果状。

(1)胡颓子属(*Elaeagnus* Linn.)：乔木或灌木，通常有枝刺。叶互生。花通常两性，有时杂性，单生或2～4朵簇生于叶腋；花萼管状或钟状，在子房之上收缩，通常4裂；雄蕊4。果实为核果状坚果。本属约有80种，分布于东欧、亚洲和北美洲；我国约有55种，全国各地均有分布。本属植物耐干旱和盐碱，可作水土保持、防风固沙先锋树种以及庭园绿化树种；它的花香浓郁，可以提取香精，又是蜜源植物；果实可食，枝叶可作饲料。

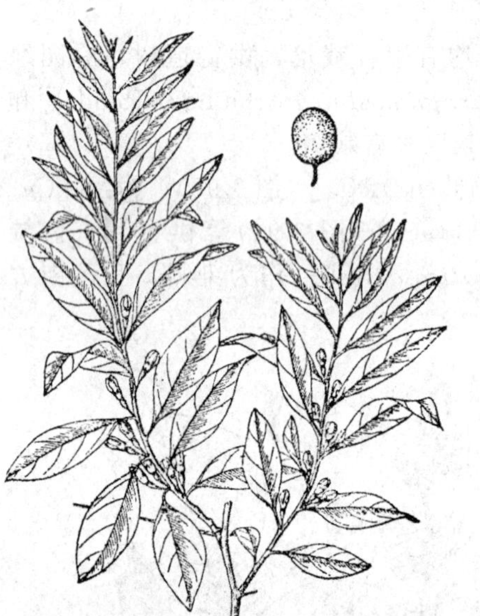
图3-95 沙枣 *Elaeagnus angustifolia* Linn.

常见植物：沙枣(*Elaeagnus angustifolia* Linn.)(图3-95)花外面银白色，里面黄色，有香味，果实矩圆形或椭圆形；在我国东北、华北、西北多栽培于沙地、盐渍化土地和村旁、田边，是沙漠地区地下水位较高或有灌溉条件地段固沙造林的优良树种；果实可供食用或酿酒；花为蜜源，也可提取香料；树皮、果枝、叶、花可供药用；木材坚硬，可做家具和农具等。大果沙枣(*Elaeagnus moorcroftii* Wall. ex Schlecht.)与沙枣的主要区别是：萼裂片先端伸长；花盘先端有毛；果实较大，卵状矩圆形，果核狭椭圆形；在新疆平原绿洲广为栽培。

(2)沙棘属(*Hippophae* Linn.)：灌木，稀小乔木，枝有刺。叶互生。花单性，雌雄异株，组成短总状花序；萼筒囊状，顶端2裂；雄蕊4。果实为核果状，肉质多汁。本属有4种，分布于欧洲和亚洲；我国均产，分布于西南和西北地区；常具根瘤，可增加土壤肥力，是防风、固沙、防水土流失的造林优良树种；果实富含维生素C和有机酸，可食用或制饮料，种子油有较高的医用价值；嫩枝和叶为良好的饲料。

常见植物：中国沙棘(*Hippophae rhamnoides* Linn. subsp. *sinensis* Rousi)花小，淡黄色；果实球形或卵形，橘红色或橙黄色，种皮与果皮离生；产于西北、华北及四川，生于山坡、山沟及河岸，已栽培利用。

61. 山龙眼科(Proteaceae)

$$* \ ⚥ \ K_4 \ C_0 \ A_4 \ \underline{G}_{1:1}$$

本科约 62 属 1 200 种，主要产于大洋洲和非洲南部的干燥地区；我国有 4 属其中2 属系引种栽培，约 25 种，分布于西南部至台湾省。该科中有 100 种以上作为花卉成为国际贸易的商品。种子香甜，为世界著名坚果。

科的特征：乔木或灌木。单叶互生，稀为对生或轮生(澳大利亚坚果属)，无托叶。总状花序、穗状花序或有显著苞片的头状花序；花两性，稀单性异株，辐射对称或两侧对称，单被花，萼片花瓣状，4 数，分离或合生，镊合状排列；雄蕊 4，与萼片对生；子房上位，1 室，具鳞片或花盘。果为坚果、核果、翅果、蒴果或蓇葖果。

常见植物：银桦(*Grevillea robusta* A. Cunn. ex R. Br.)(图 3-96)常绿，树干笔直，树形美观，尤其在开花季节，万绿丛中衬以橙黄色的花朵，为风景树和行道树，原产于大洋洲，中国广东、广西、云南各城镇均引种，为城市主要绿化树种之一。澳洲坚果(*Macadamia ternifolia* F. Muell.)果为著名干果，种子供食用，原产于澳大利亚的东南部热带雨林中，现我国云南(西双版纳)、广东、台湾有栽培。

图 3-96 银桦 *Grevillea robusta* A. Cunn. ex R. Br.

62. 桃金娘科(Myrtaceae)

$$* \ ⚥ \ K_{(4\sim5)} \ C_{4\sim5} \ A_{\infty} \ \overline{G}_{(2\sim5)}$$

本科约有 100 属 3 000 种以上，分布于热带和亚热带地区；我国产 9 属 126 种。

科的特征：常绿木本。单叶，全缘，对生或轮生，革质，常有透明腺点，无托叶。花两性，辐射对称；萼 4～5 裂，萼筒略与子房贴生；花瓣 4～5，着生于花盘边缘，或与萼片连成一帽状体；雄蕊多数，药隔顶端常有 1 个腺体；心皮 2～5，合生，子房下位，多室至 1 室，中轴胎座，稀为侧膜胎座，胚珠多数。浆果、核果或蒴果；种子无胚乳，胚直生。

本科栽培有番石榴(*Psidium guajava* Linn.)(图 3-97)花白色、芳香，浆果香甜，为著名水果；叶含芳香油和鞣质，供药用；原产于热带美洲，在我国久经栽培。蒲桃属(*Syzygium* Gaertn.)的蒲桃[*Syzygium jambos* (Linn.) Alston]叶两端渐尖，洋蒲桃(莲雾)[*Syzygium*

图 3-97 番石榴 *Psidium guajava* Linn.

samarangense(Bl.)Merr. et Perry] 叶基圆或浅心形，主要分布于热带亚洲，均为栽培果树，果实可食。另外有些种是重要的木材资源，大多数种类的叶子含有挥发性的芳香油，是工业及医药的重要原料，如桉树(*Eucalyptus robusta* Smith)、柠檬桉[*Eucalyptus citriodora* (Hook.) K. D. Hill et L. A. S. Johnson]等。

63. 瑞香科(Thymelaeaceae)

$$* \quad K_{(4\sim5)} \quad C_0 \quad A_{4\sim5} \quad \underline{G}_{1:1:1}$$

本科有48属650种以上，产于热带和温带地区，尤以非洲最多；我国有10属100种左右，主要分布于长江以南各省区，北方较少。除观赏外，许多种的韧皮纤维可作造纸原料。

图 3-98 结香
Edgeworthia chrysantha Lindl.

科的特征：木本，少草本。单叶，全缘，互生或对生，无托叶。花两性，稀单性，辐射对称，排成头状花序、总状花序、伞形花序或穗状花序，少单生；花萼管状，似花冠，4～5裂；无花瓣，或为鳞片状；雄蕊与萼片同数，或为其2倍，或退化为1或2枚；子房上位，1室，少2室，每室有悬垂的胚珠1枚。浆果、核果或坚果，少为蒴果。

常见植物：瑞香属(*Daphne* Linn.)瑞香(*Daphne odora* Thunb.)花白色或稍带淡紫色，有浓香；核果肉质，圆球形，红色；南方园林中常见栽培，北方栽于温室，冬赏叶、春赏花香。结香属(*Edgeworthia* Meissn.)结香(*Edgeworthia chrysantha* Lindl.)(图3-98)花黄色，早春开花，美丽芳香，南方庭园多栽培供观赏，北方常盆栽供观赏或作盆景。

64. 菱科(Trapaceae)

$$* \quad ⚥ \quad K_4 \quad C_4 \quad A_4 \quad \overline{G}_{(2:2:1)}$$

本科仅有1属菱属(Trapa Linn.)，约30种，广布于东半球；我国约5种，全国均产，皆可作为水面景观植物，供观赏；果实含丰富淀粉，可供食用。

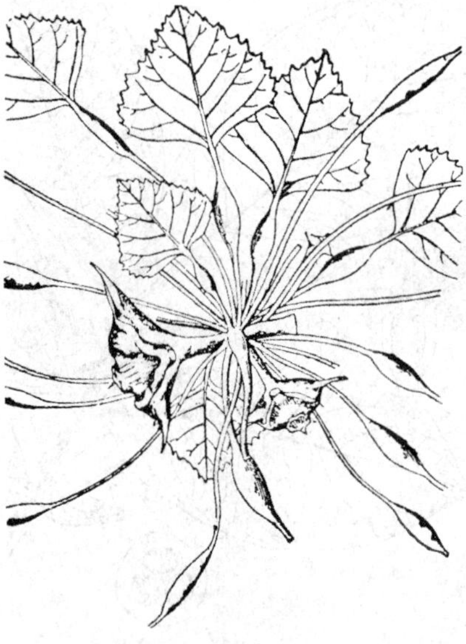

图 3-99 菱 *Trapa bispinosa* Roxb.

科的特征：浮水草本。根二型，一为吸收根，生于泥土中，另一种同化根含叶绿素、沉于水中，排列于叶柄基部的两侧。叶聚生于茎顶，叶片菱形、旋叠状，浮于水面，边缘有小锯齿，叶柄膨大，海绵质。花小，白色，腋生，单生；萼片4，有时具刺；花瓣4；雄蕊4；花盘波状；子房半下位，2室，胚珠单生，下垂。果革质，有2或4角。

常见植物：菱(*Trapa bispinosa* Roxb.)(图3-99)一年生水生草本；坚果两侧各有一硬刺状

角，角宽 4～5 cm；全国各地都有栽培。四角菱（*Trapa quadrispinosa* Roxb.）果具 4 角；乌菱（*Trapa bicornis* Osbeck）果具 2 弯曲的角，宽 7～8 cm；细果菱（*Trapa maximowiezii* Korsh.）坚果三角形，宽 1～1.2 cm，两侧各有 1 长约7 mm的硬刺状角，前后也各有 1 向下倾的角，均为栽培植物。

65. 石榴科(Punicaceae)

本科仅有石榴属（*Punica* Linn.）1 属 2 种，分布于地中海地区至喜马拉雅一带；我国引入 1 种。

常见植物：石榴（*Punica granatum* Linn.）（图 3-100）落叶灌木或小乔木，高 2～5 m，小枝具棱角，枝端常呈尖刺状。叶对生或簇生，倒卵形至长圆状披针形，全缘，上面绿色有光泽。花两性，1 至多数顶生或腋生；萼筒钟形，常呈红色或淡黄色，肉质，先端5～8 裂；花瓣较大，与花萼裂片同数而互生，红色、黄色或白色；雄蕊多数，贴生于萼筒内壁上；雌蕊具 1 花柱，心皮 4～8，子房下位，各室具多数胚珠。花常有两类，有短花柱的钟状花不结实；有长花柱的筒状花结实。果为一种果皮革质的特殊浆果，红色至乳白色，常近于球形，直径 4～8 cm，萼宿存；种子坚硬，有棱角，外种皮肉质多汁，味酸甜可食。花期 5～6 月份，果期 9～10 月份。石榴作为果树栽培，已有上千年历史，果可食用，果皮作染料，根皮入药可以驱除绦虫，果皮可止痢，花瓣可止血，叶片可治眼疾。此外，石榴花期长，花色鲜艳，也是常见的观赏植物。

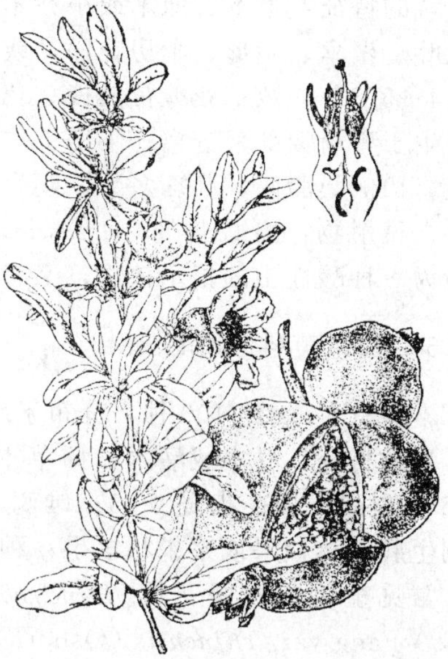

图 3-100　石榴 *Punica granatum* Linn.

66. 柳叶菜科(Onagraceae)

$* \quad ⚥ \quad K_{2\sim6} \quad C_4 \quad A_{2\sim6} \quad \overline{G}_{(2\sim6:2\sim6:\infty)}$

本科约有 20 属 600 余种，分布于温带和热带地区；我国包括引入的约 8 属 70 种，各地均产。

科的特征：一年生或多年生草本，很少为灌木。叶对生或互生。花两性，辐射对称或有时为两侧对称，单生或排成穗状或总状花序；花托延伸于子房上呈萼管状，谓托管；萼片 2～6；花瓣 4，稀更多或无；雄蕊与萼片同数或为其 2 倍；子房下位，2～6 室，有胚珠 1 至多数。蒴果，有时为坚果或浆果。

常见植物：倒挂金钟属（*Fuchsia* Linn.）的倒挂金钟（*Fuchsia hybrida* Voss.）（图 3-101）花紫红色，浆果具多数种子。原产于南美洲，我国各地

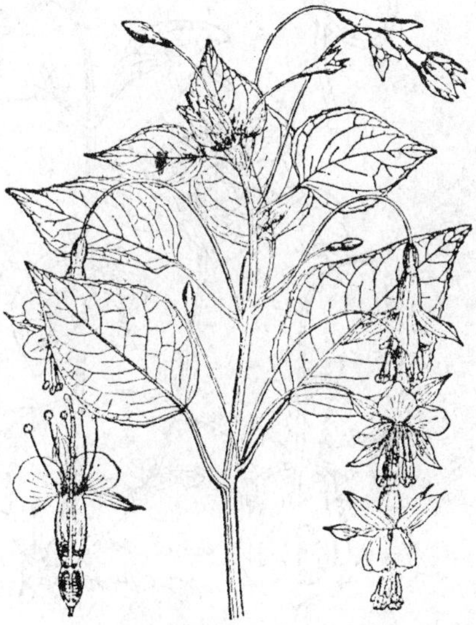

图 3-101　倒挂金钟 *Fuchsia hybrida* Voss.

均有栽培。月见草属(*Oenothera* Linn.)的月见草(*Oenothera biennis* Linn.)花鲜黄色，夜间开放，特香。我国北方地区多有栽培。

67. 野牡丹科(Melastomataceae)

本科约240属3 000余种，分布于热带及亚热带，美洲最多；我国有25属约170种，产于长江以南。多数种可供药用及观赏，有的果可食。有些为酸性土壤的指示植物。

科的特征：草本、灌木或小乔木。单叶，对生或轮生，常3～5(9)基出脉，稀羽状脉；无托叶。聚伞、伞形、伞房花序，或圆锥花序，稀单生、簇生或穗状花序；花两性，辐射对称，4～5(3～6)数；花萼常具棱；花瓣常艳丽，分离，生于萼筒喉部；雄蕊为花瓣2倍或同数，生于萼筒喉部，分离；子房下位或半下位，稀上位，4～6(1)室，中轴胎座或特立中央胎座，稀侧膜胎座，胚珠多数。蒴果或浆果；种子不及1 mm，无胚乳。

常见植物：野牡丹属(*Melastoma* Linn.)地稔(*Melastoma dodecandrum* Lour.)(图3-102)为一种酸性土的指示植物，又有固土防沙之功，果成熟时可食，观赏植物。

68. 山茱萸科(Cornaceae)

本科有14属约100种，分布于北温带及亚热带；我国有6属约50种。

科的特征：乔木或灌木，稀草本。单叶，对生或互生，无托叶。花两性，稀单性；萼4～5齿裂或不裂；花瓣3～5；雄蕊4～5，花盘内生；子房下位，2(1～4)室，每室有1下垂倒生胚珠。核果或浆果状核果；种子具胚乳。

常见植物：四照花属(*Dendrobenthamia* Hutch.)四照花[*Dendrobenthamia japonica* (DC.) Fang var. *chinensis* (Osborn) Fang](图3-103)果实成熟时紫红色，味甜可食，又可作为酿酒原料。

图3-102 地稔 *Melastoma dodecandrum* Lour.

图3-103 四照花 *Dendrobenthamia japonica* (DC.) var. *chinensis* (Osborn) Fang

69. 大戟科(Euphorbiaceae)

♂ $K_{0\sim5}$ $C_{0\sim5}$ $A_{1\sim\infty}$；♀ $K_{0\sim5}$ $C_{0\sim5}$ $\underline{G}_{(3:3:1\sim2)}$

本科约有 300 属 5 000 余种，广布于全世界，主产于热带和亚热带；我国约有 70 属 460 种，主产长江流域以南各省区，是一个热带性大科，其中有橡胶、油料、药材、鞣料、淀粉、观赏及用材等经济植物，具有重要的经济意义，还是构成南亚热带常绿阔叶林的组成部分，具一定的生态意义，此外，还有一些有毒植物，可用作农药。

科的特征：草本、灌木或乔木，常含乳汁。叶互生，少对生，单叶，少为复叶，具托叶。花单性，雌雄同株，少异株；常为聚伞花序，或杯状聚伞花序等；双被、单被或无花被；常具花盘或腺体；雄蕊 1 至多数，花丝分离或合生；子房上位，3 心皮合生，3 室，中轴胎座，每室含 1～2 胚珠。蒴果，少数为浆果或核果。

(1)大戟属(*Euphorbia* Linn.)：草本或半灌木，有乳汁。由多数雄花及一朵雌花组成杯状聚伞花序，又称大戟花序；总苞萼状，4～5 裂，裂片与腺体互生；雄花具 1 枚雄蕊，有柄；雌花单生于杯状总苞中央，突出于外，具长柄，3 心皮，3 室，每室 1 胚珠。本属约有 2 000 种，主要分布于亚热带及温带地区；我国约有 66 种，广布全国。多数种有毒。

常见植物：一品红(*Euphorbia pulcherrima* Willd. ex Klotzsch)生于顶部的数枚叶片，开花时呈艳丽的朱红色，原产于墨西哥和中美洲，我国南北各地均有栽培，多于花期盆栽上市。铁海棠(*Euphorbia milii* Ch. Des Moulins)(图 3-104)原产于马达加斯加，多刺灌木，总苞美丽鲜艳。绿玉树(*Euphorbia triucalli* Linn.)原产于非洲，无刺灌木或小乔木，枝绿色而缺叶，故又有神仙棒之称。霸王鞭(*Euphorbia royleana* Boiss.)原产于印度，茎有刺，仙人掌状；银边翠(*Euphorbia marginata* Pursh)原产于北美洲，一年生陆地草花，顶端的叶轮生，边缘白色或全部白色，典雅美观，故而又有“高山积雪”之称。猩猩草(*Euphorbia heterophylla* Linn.)原产于北美洲，开花时花序下部的叶呈紫红色，故而也有一品红之称。

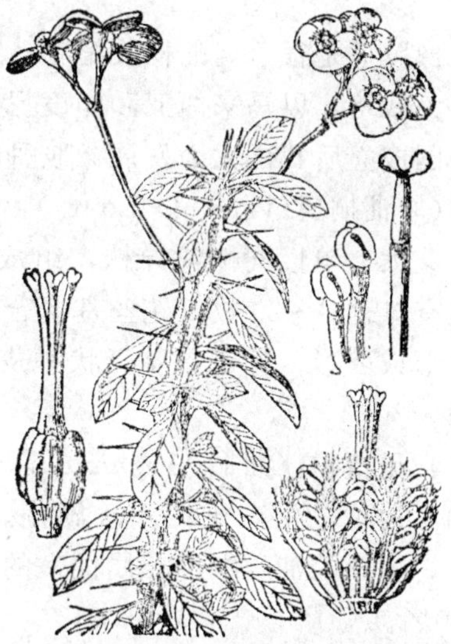

图 3-104　铁海棠
Euphorbia milii Ch. Des Moulins

(2)橡胶树属(*Hevea* Aubl.)：乔木，有乳状汁液。叶互生或生于枝顶的近对生，三出复叶；叶柄顶部有腺体；小叶全缘。花小，单性同株并同序，组成聚伞花序，再排成圆锥花序；生于聚伞花序中央的为雌花，其余为雄花；无花瓣；萼 5 深裂或 5 齿裂；花盘分裂成5 枚腺体，或不分裂或浅裂；雄花有雄蕊 5～10，花丝合生成柱状；雌花子房 3 室，每室有胚珠 1 颗，柱头粗壮，通常无花柱。蒴果分裂为 3 个2 裂的分果瓣；种子大，近球形至长圆形，常有斑块。本属约 12 种，分布于热带美洲，我国引入橡胶树(*Hevea brasiliensis* Muell.-Arg.)(图 3-105)1 种。

图 3-105 橡胶树 *Hevea brasiliensis* Muell. -Arg.

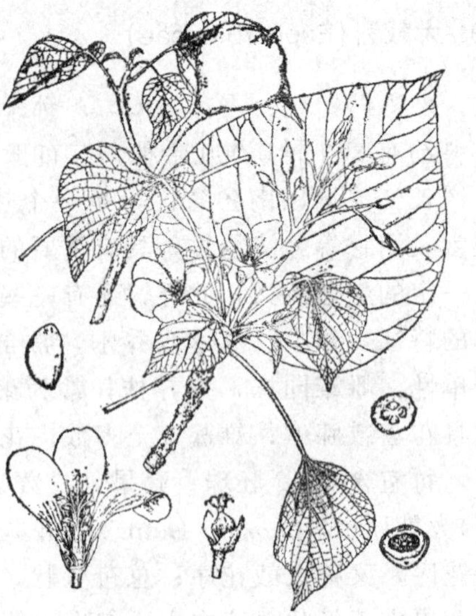

图 3-106 油桐 *Vernicia fordii*（Hemsl.）Airy-Shaw

橡胶树是很著名的橡胶植物，原产于巴西亚马孙河流域的热带雨林中，现在全球热带地区广为栽培，以马来西亚和印度尼西亚为产胶中心，我国广东、广西、海南、云南有种植，新中国成立后我国大力发展橡胶种植业，将橡胶栽培推进到北回归线，获得重大成就。

(3)油桐属(*Vernicia* Lour.)：落叶乔木。叶互生，全缘或 3～5 裂；叶柄顶部有 2 枚腺体。花大，单性同株或异株，组成圆锥花序；萼 2～3 裂；花瓣 5，白色或基部略带红色；雄花有雄蕊 8～20 枚，花丝基部合生；雌花子房 3～5(～8)室，每室 1 胚珠，花柱 2 裂。核果球形或卵形；种子具厚壳状种皮。本属约 3 种，分布于东亚；我国产 2 种，广布于长江以南。

常见植物：油桐［*Vernicia fordii*(Hemsl.)Airy-Shaw］(图 3-106)是我国栽培的主要木本油料树种，主产于四川、湖南、湖北、广西和贵州等地；种子供榨油，含油量46%～70%，榨出的油称桐油，属优良的干性油，是油漆、印刷油墨的原料，我国桐油的产量占世界 70%。

(4)蓖麻属(*Ricinus* Linn.)：仅蓖麻(*Ricinus communis* Linn.)1 种，灌木或小乔木，但栽培于温带地区的则为一年生草本。叶互生，大而盾状，掌状 5～11 深裂。花单性同株并同序，组成聚伞花序再聚成顶生的圆锥花序，雌花在上，雄花在下；无花瓣及花盘；雄花花萼 3～5 裂，雄蕊极多；雌花萼片 5，早落，子房 3 室，每室 1 胚珠，花柱 3 或 2 裂。蒴果球形，有软刺，分裂为 3 个 2 瓣裂的分果瓣；原产于非洲，我国各地均有栽培，种仁含油可达 70%，是重要的工业用油原料，为优良的润滑油，也可制肥皂及印刷油等，在医药上是一种缓泻剂；根、茎、叶、种子均可入药，有祛湿通络、消肿拔毒之效；叶可饲养蓖麻蚕；彩叶品种的蓖麻用于观赏。

本科热带地区的粮食作物木薯(*Manihot esculenta* Crantz)为直立亚灌木，块根圆柱形，肉质，含大量淀粉。木薯原产巴西，世界热带地区广泛栽培，我国南方也有种植，是热带地区的主粮。药用植物巴豆(*Croton tiglium* Linn.)产我国南方，野生或栽培，种子含巴豆油达 50%以上，为峻泻剂；根、叶入药，治风湿骨痛及疮毒，或作杀虫剂。油料作物乌桕[*Sapium sebiferum* (Linn.) Roxb.]，落叶乔木；叶菱形至宽菱状卵形；蒴果梨状球形，种子黑色，外被白蜡层；产我国南方，种子的蜡层是制蜡烛和肥皂的原料，种子榨出的油属干性油，可制油漆等，是我国南方栽培的木本油料树种之一。

70. 黄杨科(Buxaceae)

$$* \ ♂ \ K_4 \ A_4 ; \ ♀ \ K_6 \ \underline{G}_{(3:3:2)}$$

本科 4 属约 100 种，散布于热带和亚热带；中国有黄杨属、野扇花属和板凳果属 3 属，27 种，主要分布于东南部和西南部。

科的特征：灌木至小乔木，稀草本。单叶，互生或对生，无托叶。花小、整齐，无花瓣，单性，雌雄同株或异株，花序总状或密集呈穗状，有苞片，雄花萼片 4，雌花萼片 6，均二轮，雄蕊 4，与萼片对生，分离，花药大，花丝多个扁阔；雌蕊常由 3(稀 2)心皮组成，子房上位，3(稀 2)室，子房每室有 2 下垂的倒生胚珠。蒴果，室背裂开，或为肉质的核果状。

常见植物：黄杨属(*Buxus* Linn.)的黄杨[*Buxus sinica* (Rehd. et Wils.) M. Cheng](图 3-107)为中国特产，充分生长时可成中型乔木，木质致密坚韧，为制作工艺品良材，旧时以此制梳，刻印亦佳。根入药，治风湿痹痛，叶捣烂敷热疖。又为园林绿化的重要树种。由于长期栽培，叶形大小及叶面斑纹等变异，有多数栽培变种，如金边黄杨(var. *aureamarginatus*)、银边黄杨(var. *albomarginatus*)等。

图 3-107　黄杨
Buxus sinica (Rehd. et Wils.) Cheng.

71. 鼠李科(Rhamnaceae)

$$* \ K_{4\sim5} \ C_{4\sim5} \ A_{4\sim5} \ G_{(2\sim4:2\sim4)}$$

本科约有 58 属 900 种以上，分布于温带至热带；我国有 14 属约 133 种，南北均有分布，主产长江以南地区。其中枣的果和枳椇的肉质花序柄可食，亦入药，有些种的木材很有价值。

科的特征：乔木或灌木，常具刺。单叶，常互生，少对生。花小，两性，稀单性，辐射对称，排成聚伞花序、圆锥花序或簇生；萼 4～5 裂；花瓣 4～5 或无；雄蕊 4～5，与花瓣对生；花盘肉质；子房上位或一部分埋藏于花盘内，2～4 室，花柱 2～4 裂。核果、蒴果或翅果。

枣属(*Ziziphus* Mill.)：小乔木或灌木。托叶常变成刺状；单叶互生，三出脉。花两性，小型，常为黄色，组成腋生的聚伞花序或有时呈圆锥花序式排列；萼片 5，花瓣 5，雄蕊 5；

花盘围绕子房，子房2～5室，每室1～2个胚珠。果为球形或长椭圆形的肉质核果；种子有胚乳。本属约有100种，主要分布于亚洲和美洲的热带和亚热带地区。我国有12种，主要产于西南和华南，许多种的果实可食用或药用。

常见植物：枣［*Ziziphus jujuba* Mill. var. *inermis* (Bunge) Rehd.］(图3-108)核果较大，核顶端尖；全国各地种植，果味甜，供食用或药用，有滋补强壮之功效，又为良好的蜜源植物，我国栽培枣的历史悠久，品种很多。酸枣［*Ziziphus jujuba* Mill. var. *spinosa* (Bunge) Hu ex H. F. Chow］(图3-109)核果球形，味酸，分布于东北、华北和西北；果实可食用，种子及树皮、根皮入药，种子药用称酸枣仁，有镇静安神之功效。

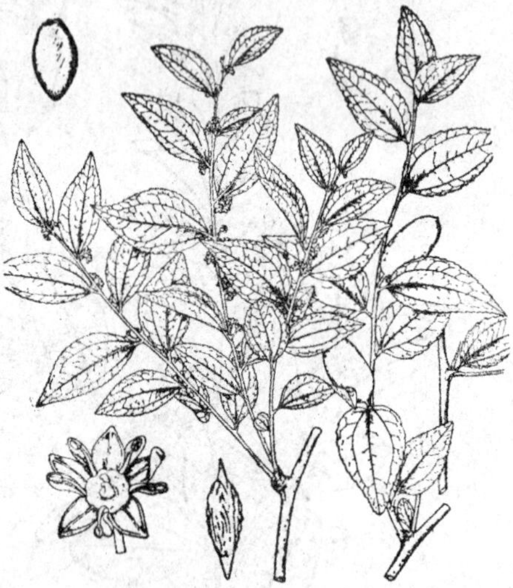

图3-108　枣 *Ziziphus jujuba* Mill. var. *inermis* (Bunge) Rehd.

图3-109　酸枣 *Ziziphus jujuba* Mill. var. *spinosa* (Bunge) Hu ex H. F. Chow.

72. 葡萄科(Vitaceae)

$$* \quad K_{4\sim5} \quad C_{4\sim5} \quad A_{4\sim5} \quad \underline{G}_{(2:2:2)}$$

本科约有16属700余种，多分布于热带至温带地区；我国有9属约150种，南北均产，其中葡萄是著名的水果，爬山虎属和崖爬藤属(*Tetrastigma* Planch.)是重要的垂直绿化植物。

科的特征：藤本，常具与叶对生之卷须，稀为直立灌木。叶互生，单叶或复叶，有托叶。花小，两性或单性，通常为聚伞花序或圆锥花序；萼片4～5，分离或基部结合；花瓣与萼片同数，分离或顶部黏合成帽状；雄蕊4～5，与花瓣对生；上位子房，2至多室，每室有胚珠2个。果实为浆果。

(1)葡萄属(*Vitis* Linn.)：藤本，髓心褐色，树皮无皮孔，长裂片状剥落，具卷须。单叶，边缘具齿，常分裂，稀复叶。圆锥花序；萼片小；花瓣上部结合成帽状。本属约有60种，分布于温带和亚热带；我国约有38种，南北均产。

常见植物：葡萄(*Vitis vinifera* Linn.)花小，黄绿色，浆果较大，形状及颜色因品种不同而多样，原产于亚洲西部，我国普遍栽培，果实可食用，还可酿酒、制葡萄干；山葡萄

(*Vitis amurensis* Rupr.)(图 3-110)与葡萄相似，区别是叶基心形，凹块打开，齿较小；产于东北、华北，野生于山地林缘，果可生食或酿酒。

(2)蛇葡萄属(*Ampelopsis* Michx.)：藤本，具卷须，枝具皮孔，髓心白色，树皮不剥落。二歧聚伞花序；花瓣分离。本属有 30 余种，分布于亚洲、北美洲和中美洲；我国有 17 种，南北均产。

常见植物：白蔹(*Ampelopsis Thunb. japonica* Makino)浆果白色或蓝色；产于东北、华北、华东及中南各省区，生于山地林下，各地有栽培，全草及块根入药，有清热解毒、消肿止痛之效。

(3)爬山虎属(*Parthenocissus* Planch.)：木质藤本，有吸盘状卷须攀附于其他物体上。单叶或掌状复叶或分裂。花常 5 数，两性，少杂性，组成聚伞花序。浆果小。本属约 13 种，分布于北美和亚洲；我国约有 10 种，产西南至东部。

常见植物：爬山虎(爬墙虎)[*Parthenocissus tricuspidata* (Sieb. et Zucc.) Planch.](图 3-111)落叶大藤本；卷须短、多分枝、枝端有吸盘；单叶宽卵形，通常 3 裂；从吉林至广东广布，多栽培于建筑物旁，一两年即满布墙上，既可绿化，又避炎暑。

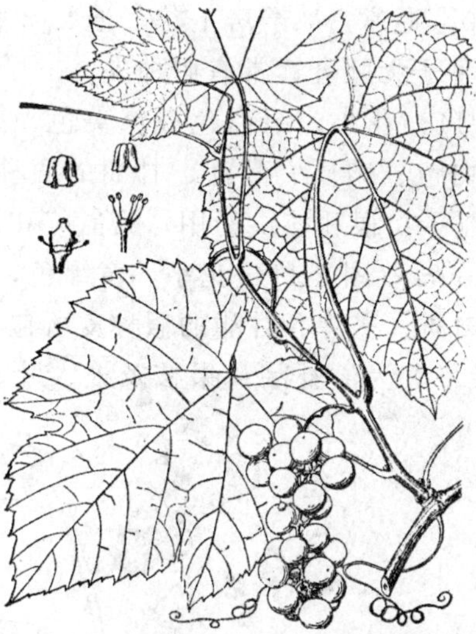

图 3-110　山葡萄 *Vitis amurensis* Rupr.

图 3-111　爬山虎 *Parthenocissus tricuspidata* (Sieb. et Zucc.) Planch.

73. 亚麻科(Linaceae)

$$* \quad K_{4\sim5} \quad C_{4\sim5} \quad A_{5,10} \quad G_{(2\sim5)}$$

本科有 12 属 300 余种，广布于全世界；我国有 4 属 14 种，广布于全国。其中有些种为重要的纤维、油料、药用植物，有的可供观赏。

科的特征：草本，稀灌木。单叶，互生。花两性，辐射对称；萼片 5 或 4，分离或基部合生；花瓣与萼片同数，有时具爪，早落；雄蕊与花被片同数或为其 2～4 倍，基部合生；雌蕊由 5 或 2～3 心皮合成，子房上位，3～5 室或更少，常有假隔膜。蒴果或核果。

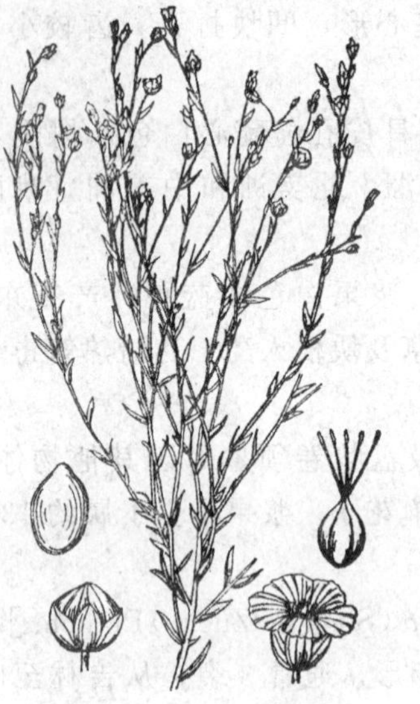

图 3-112 亚麻 *Linum usitatissimum* Linn.

常见植物：亚麻属（*Linum* Linn.）的亚麻（*Linum usitatissimum* Linn.）(图 3-112)花瓣蓝色或蓝紫色，全国许多地方有栽培，茎皮纤维为很好的纺织原料，种子可榨油，供食用并入药。大花亚麻（*Linum grandiflorum* Linn.）花玫瑰红色，花坛种植或盆栽。

74. 无患子科(Sapindaceae)

$*$ ↑ ♂ $K_{4\sim5}$ $C_{4\sim5}$ A_8；♀ $K_{4\sim5}$ $C_{4\sim5}$ $\underline{G}_{(3:3:1\sim2)}$

本科约 150 属 2 000 种，分布于热带和亚热带；我国有 25 属 53 种，主要分布在长江以南各省。其中有不少种的木材坚实密致，供建筑、家具、造船等用；荔枝、龙眼是著名的热带、亚热带果树，不少种为药用植物。

科的特征：乔木或灌木，少为草质或木质藤本。叶互生，通常为羽状复叶，稀单叶或掌状复叶；无托叶。花单性，少杂性或两性，辐射对称或两侧对称，常成总状花序、圆锥花序或聚伞花序；萼片 4～5；花瓣 4～5，有时缺，常具腺体或鳞片附属物；花盘发达；雄蕊5～10，通常 8；子房上位，通常 3 室，每室有1～2 个胚珠。蒴果、核果、浆果、坚果或翅果；种子无胚乳，常有假种皮。

常见植物：荔枝(*Litchi chinensis* Sonn.)(图 3-113)花小，绿白色或淡黄色，果球形或卵形，核果状，果皮暗红色，有瘤状突起；种子为白色、肉质、多汁、甘甜的假种皮所包。原产华南和云南，为南方著名水果，假种皮鲜食或制干；根和核供药用，治疝气和胃病；木材质优，为名贵用材。龙眼［*Dimocarpus longan* Lour.］(图 3-114)花小，黄绿色，果球形，核果状，果皮黄褐色，粗糙；种子褐色，为白色、肉质、多汁、甘甜的假种皮所包，假种皮供食用。原产华南、四川，为南方著名水果和干果，并为滋补品；果核及根、叶、花供药

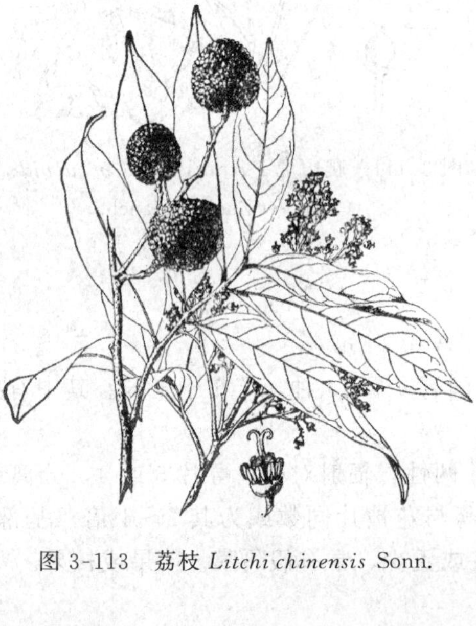

图 3-113 荔枝 *Litchi chinensis* Sonn.

图 3-114 龙眼 *Dimocarpus longan* Lour.

用；木材质优，为名贵用材。无患子（*Sapindus mukorossi* Gaertn.）（图 3-115）圆锥花序顶生，产于长江以南各省，多生于土壤疏松而稍湿润的疏林中，庭园和村边也常见栽培；根和果入药，能清热解毒、止咳化痰；木材可制器具。无患子科还有一些重要的栽培植物，如：文冠果（*Xanthoceras sorbifolia* Bunge）（图 3-116）花杂性，白色，基部红或黄；蒴果；特产于我国北部，是华北、西北地区重要的木本油料植物，种子含油达 66%，供食用和工业用，也是优美的庭园观赏树种。

图 3-115　无患子 *Sapindus mukorossi* Gaertn.

图 3-116　文冠果 *Xanthoceras sorbifolia* Bunge

75. 橄榄科（Burseraceae）

$* \quad K_{3\sim5} \quad C_{3\sim5} \quad A_{3\sim5,6\sim10} \quad \underline{G}_{(2\sim5:2\sim5:2)}$

本科约 16 属 500 种，分布于热带地区；我国有 4 属 14 种，产东南部、南部至西南部，其中最有经济价值的是橄榄和乌榄。

科的特征：乔木或灌木。叶互生，奇数羽状复叶，稀为单叶。花小，多数，两性或杂性，辐射对称；萼片和花瓣 3～5；雄蕊与花瓣同数或为其 2 倍；花盘环状；子房上位，2～5 室，每室有胚珠2 颗。核果。

常见植物：橄榄属（*Canarium* Linn.）的橄榄（*Canarium album* Raeusch.）（图 3-117）花瓣白色、芳香，核果初时黄绿色，后变黄白色，有皱纹。产于四川、广东、福建，越南也有分布，生于低山杂木林中，常见栽培。橄榄为我国特有果品，

图 3-117　橄榄 *Canarium album* Raeusch.

生食味涩而甘，制成各种加工品，有助消化、开胃、下气的功效，核壳可制成活性炭，核仁可榨油食用。

76. 漆树科(Anacardiaceae)

$$* \quad K_{3\sim5} \quad C_{3\sim5} \quad A_{3\sim5或6\sim10} \quad \underline{G}_{(1\sim5:1:1)}$$

本科约有 60 属 600 余种，分布于热带、亚热带，少数延伸到北温带地区。我国有 16 属，54 种，主要分布于长江以南各省。本科植物以产漆著称，还有杧果(*Mangifera indica* Linn.)为热带著名水果，黄栌(*Cotimus coggygria* var. *pubescens* Engl.)为秋日著名观赏风景树。

科的特征：木本，树皮多含树脂。叶互生，稀对生，羽状复叶，少单叶。花小，两性、单性或杂性，排列成圆锥花序；通常为双被花，稀单被或无花被；萼片 3～5；花瓣 3～5；雄蕊与花瓣同数或为其 2 倍；有花盘；心皮 1～5，子房上位，常 1 室，少有 2～5 室，每室 1 胚珠。核果。

(1)漆树属(*Toxicodendron* Mill.)：落叶乔木，高达 20 m，具乳汁。奇数羽状复叶，互生。圆锥花序腋生；花小，雌雄异株；萼片 5；花瓣 5；雄蕊 5；心皮 3，子房 1 室。核果。本属约 20 种，分布于亚洲东部和北美；我国有 15 种，主要分布于长江以南各省区。其中有许多种产漆液，为制漆的原料。

常见植物：漆树 [*Toxicodendron vernicifluum* (Stokes) F. A. Barkl.]花小，多数，黄绿色；果序多少下垂，核果；我国漆树栽培历史悠久，除新疆外，分布几遍全国，产漆液用作油漆，以陕、鄂、川最佳。

(2)黄连木属(*Pistacia* Linn.)：乔木或灌木。叶常绿或脱落，单叶互生，3 小叶或羽状复叶，小叶全缘。花小，雌雄异株，总状花序或圆锥花序腋生；无花瓣；雄花萼 1～5 裂，雄蕊 3～5 枚；雌花萼 2～5 裂，子房无柄，1 室，1 胚珠。核果。本属约 10 种，分布于地中海地区、亚洲和美洲；我国有 3 种，引种 1 种。

常见植物：阿月浑子(开心果)(*Pistacia vera* Linn.)核果卵圆形和长圆形，种子淡绿色和乳黄色，含油多，风味佳。原产于地中海地区、中亚有大片野生林，欧美有人工栽培，我国新疆等省区有少量栽培。

(3)杧果属(*Mangifera* Linn.)：乔木。单叶互生、革质、全缘。花小，杂性，圆锥花序顶生；萼 4～5 裂；花瓣 4～5，分离与花盘合生；雄蕊 1～5，通常仅 1～2 枚发育；子房 1 室，有侧生花柱；胚珠单生。核果大而肉质。本属约 53 种，分布于热带亚洲；我国有 5 种。

常见植物：杧果(*Mangifera indica* Linn.)(图 3-118)核果椭圆形或肾形，微扁，肉质多汁，成熟时黄色，内果皮坚硬、并覆被粗纤维；产于福建、台湾、广东、广西、海南和云南，为著名热带水果，果实味佳。

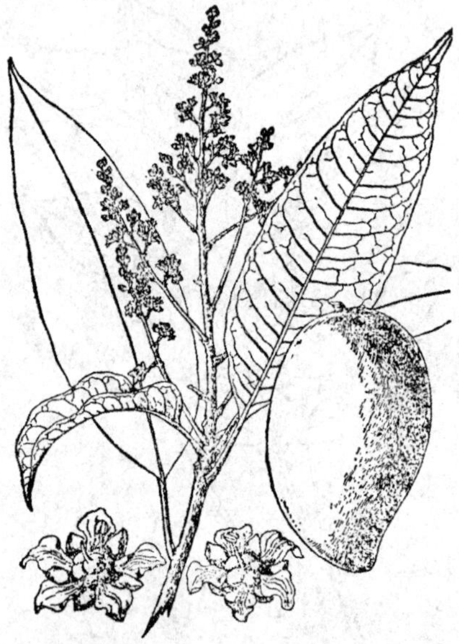

图 3-118 杧果 *Mangifera indica* Linn.

本科栽培的经济植物还有：腰果（*Anacardium occidentale* Linn.）果可食，上部为一暗灰色或暗褐色、肾形的坚果，长约 2.5 cm，剥去皮，取其核仁炒食；腰果原产于热带美洲，现在广泛种植于各热带地区，我国广东、广西、云南有栽培。黄栌（*Cotinus coggygria* Scop.）叶片秋季变红，鲜艳夺目，是北京著名景区“香山红叶”的主要组成成分。

77. 楝科(Meliaceae)

$$* \; ⚥ \; K_{(4\sim5)} \quad C_{(4\sim5)} \quad A_{(8\sim10)} \quad \underline{G}_{(4\sim5:4\sim5:1\sim\infty)}$$

本科约 50 属 1 400 种，分布于热带和亚热带地区，少数分布至温带；我国有 15 属约 50 种,多分布于长江以南各省区，大多数为用材树种，有些种可入药，有些种供观赏。

科的特征：乔木和灌木，稀草本。叶互生，稀对生，羽状复叶，很少单叶。花两性，辐射对称，排成圆锥花序；花萼 4～5，很少 6 裂；花瓣与萼片同数，很少 3～10 片，分离和基部合生；雄蕊 8～10，花丝合生成筒状；子房上位，通常 4～5 室，每室有胚珠 1 至多数；具花盘。蒴果、核果和浆果；种子有翅或否。

(1)米仔兰属(*Aglaia* Lour.)：乔木和灌木，各部常被盾状小鳞片。羽状复叶和三出复叶，互生，小叶全缘。花小、近球形，杂性异株，排成圆锥花序；花萼 4～5 齿裂和深裂；花瓣 3～5 枚；雄蕊 5，花丝合生或坛状，顶端 5 齿裂或全缘；子房 1～3(5)室，每室有1～2 颗胚珠，无花柱。浆果；种子 1～2 粒，常具肉质假种皮。本属约 200 种，分布于印度、马来西亚和大洋洲；我国约有 10 种，产于台湾、广东、广西和云南。

常见植物：米仔兰(*Aglaia odorata* Lour.)常绿灌木或小乔木，多分枝，树冠圆球形；单数羽状复叶；圆锥花序腋生，长 5～10 cm；花黄色、极芳香，径 2～3 mm；浆果卵形或近球形，长约 1.2 cm；产于福建、广东、广西、四川、云南；东南亚也有。华南庭园习见栽培观赏，北方多盆栽观赏。

(2)香椿属(*Toona* Roem.)：落叶乔木。偶数或奇数羽状复叶。花小，两性，白色或黄绿色，排成顶生或腋生、宽大的圆锥花序；萼裂片、花瓣、雄蕊皆为 5；子房 5 室，每室 8～10 胚珠。蒴果 5 裂；种子多数，有翅。本属约 15 种,分布于亚洲和大洋洲；我国有 4 种，分布于华北至西南。

图 3-119　香椿

Toona sinensis (A. Juss.) Roem.

常见植物：香椿[*Toona sinensis* (A. Juss.) Roem.](图 3-119)落叶乔木；偶数羽状复叶，有特殊气味，小叶 10～22 对；圆锥花序顶生，花芳香、白色，有退化雄蕊 5，与发育雄蕊互生；子房有 5 条沟纹；蒴果长椭圆形，长 1.5～2.5 cm，5 瓣裂；分布于华北至东南和西南，各地有栽培，嫩枝叶可蔬食，近年来已在塑料大棚批量生产上市。

78. 芸香科(Rutaceae)

$$* \quad K_{4\sim5} \quad C_{4\sim5} \quad A_{8\sim10} \quad \underline{G}_{2\sim5}$$

本科约有 150 属 1 600 种，分布于热带和温带；我国有 28 属约 151 种，南北均有分布。其中有许多种是我国南方盛产的著名水果，如柑、橙、柚、柠檬等，著名调味品花椒，还有多种药用植物和观赏植物。

科的特征：木本或草本，常含挥发油。叶互生，少对生，复叶，稀为单叶，常具透明腺点。花两性，少单性，辐射对称；萼片 4～5，基部合生或离生；花瓣 4～5，离生；雄蕊8～10，稀更多；子房上位，心皮 2～5，合生或分离，每室通常具 1～2 胚珠，稀更多。蒴果、柑果、浆果、核果、蓇葖果，稀为翅果。

(1)花椒属(*Zanthoxylum* Linn.)：有刺灌木或小乔木。奇数羽状复叶，有透明腺点。花小，单性异株或杂性，排成圆锥花序或丛生花序。蓇葖果由 1～5 个成熟的心皮组成，每 1 心皮 2 瓣裂，内含 1 颗黑色发亮的种子。本属约 250 种，分布于东亚和北美；我国有39 种 14 变种，自西南、华南至辽宁广布，多数种产于长江以南，其中有些种的果实入药或为调味料。

常见植物：花椒(*Zanthoxylum bungeanum* Maxim.)落叶灌木或小乔木；叶柄两侧常有一对扁平基部特宽的皮刺；蓇葖果球形，红色至紫红色，密生瘤状突起的腺体；产于全国各地，野生或栽培，喜生于阳光充足、温暖、肥沃的地方。

(2)柑橘属(*Citrus* Linn.)：常绿灌木或小乔木，有刺。单身复叶(羽状复叶退化而成)，仅余 1 顶生小叶，与叶柄连接处有节关，革质，有油点，柄有翅或有边称翼叶。花两性，5 数,单生或数朵簇生或排成总状花序；子房 8～15 室，每室有胚珠 4～8 枚，花柱大。橘果球形或卵圆形，或较扁。本属约 20 种，分布于亚洲的热带和亚热带地区；我国包括引进栽培的共 15 种，少数野生，多数栽培，主要产秦岭以南各地，其中有不少是我国南方盛产的水果。

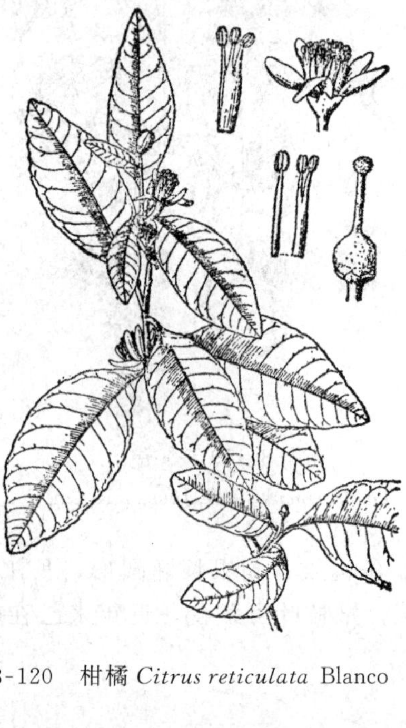

图 3-120 柑橘 *Citrus reticulata* Blanco

常见植物：柑橘(*Citrus reticulata* Blanco)(图 3-120)翼叶甚窄至仅具痕迹；果扁球形，直径 5～7 cm，橙黄或橘黄色，果皮很易剥离。甜橙 [*Citrus sinensis*(Linn.)Osbeck.] 翼叶通常明显或较宽；果近球形，果皮橙黄色、较平滑，不易与果肉分离，果肉甜或酸甜适度。柚[*Citrus grandis*(Linn.) Osbeck] 翼叶明显、宽大；果大，球形或梨形，直径 10～25 cm,果皮平滑、淡黄色、厚、很难剥离。柠檬 [*Citrus limon*(Linn.)Burm. f.] 翼叶较明显；果椭圆或卵圆形，或两端尖，直径 3～5 cm，皮柠檬黄色、较厚，较难剥离，果肉酸。酸橙(*Citrus aurantium* Linn.)翼叶窄长形或倒心形；果近球形，直径 7～8 cm，黄色至朱红色，果皮紧贴果肉，难剥离，果实可提取柠檬酸；入药，有破气消积之效。佛手［*Citrus medica* Linn. var. *sarcodactylis* (Nott.) Swingle］（图 3-121）果长形，分裂如掌或张开如指，其裂数代表心皮之数。裂纹如掌者称拳佛手，张开如指者，叫作开佛手；果皮和叶含芳香油，有强烈的清香味，为调香原料；果及花均供药用；我国南方各地多栽培于庭园或果园。

本属植物作为观赏栽培的有朱橘（*Citrus erythrosa* Hort. ex Tanaka）果扁圆形或圆形，直径约 4.5 cm，果皮朱红色，春节前盆栽上市，供春节摆设。酸橙、代代花（*Citrus aurantium* var. *amara* Engl.）的花很香。

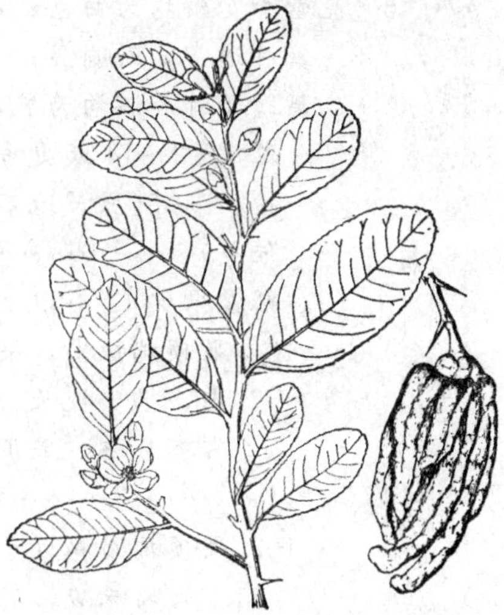

图 3-121　佛手 *Citrus medica* Linn. var. *sarcodactylis* (Nott.) Swingle

中国柑橘属分种检索表

（引自俞德浚，中国果树分类学，1979）

1. 翼叶大，其长度至少为其叶身长的一半以上。
  2. 翼叶比叶身长 1～2.5 倍或更长；总状花序有花 5～9 朵，稀同时有单花；果皮厚1.2～2 cm（云南江河县野生，果不可食）………………………………………………………………红河橙 *Citrus hongheensis* Vldl.
  2. 翼叶与叶身等长或略短或稍长，但不超过 1 倍。
    3. 叶厚革质，侧脉明显，先端圆或钝，边缘有疏锯齿；果皮粗皱（海南、云南野生，果不可食）……………………………………………………… 马蜂橙 *Citrus hystrix* DC.
    3. 叶厚纸质，很少革质，侧脉不显，先端渐尖，全缘或有少数锯齿；果皮仅顶部略皱（产于湖北、湖南、四川、云南、贵州、广西，野生或栽培供观赏，果不可食）……………………………………………………… 宜昌橙 *Citrus ichangensis* Swingle
1. 翼叶窄或无。
  4. 单叶无翼叶，叶片先端急尖或圆钝，叶边有锯齿；果皮比果肉厚（原产于热带亚洲，我国栽培供观赏，果可作饮料、果酱、蜜饯等原料）………… 枸橼 *Citrus medica* Linn.
  4. 单身复叶有翼叶，或极窄至仅具痕迹。
    5. 嫩枝、花梗及叶片下面均有柔毛，有时成熟果也有毛，翼叶大；种子大，有明显棱皱；子叶和胚均乳白色，单胚（原产于东南亚，我国华南与西南多有栽培，为亚热带主要果树之一）…………………………………………………… 柚 *Citrus grandis* (Linn.) Osbeck
    5. 嫩枝、花梗及叶片下面均无毛，或仅嫩叶翼叶中脉有稀疏短毛。
      6. 花蕾和花瓣带紫红色；雄蕊 25 以上，5 或 4 合生成多束；叶有柠檬香气；翼叶线状或略明显；果肉味甚酸。
        7. 果实两端圆，瓤囊 8～10 瓣，果皮甚薄，橙黄至橙红色；子叶和胚均为绿色（原产于我国华南及越南、印度，广东有少量栽培；果酸而清香，可制清凉饮料，加工后食用）……………………………………… 黎檬 *Citrus limonia* Osbeck
        7. 果实一或两端短尖，果皮较厚，柠檬黄色；子叶和胚均为乳白色（主产于意大利西西里岛与美国加利福尼亚州南部，我国引入栽培；果酸，可作食品原料及清凉饮料）……………………………… 柠檬 *Citrus limon* (Linn.) Burm. f.

6. 花蕾和花瓣均为白色；雄蕊 25 枚以下。
8. 翼叶通常宽而明显；通常为总状花序或 2～3 花簇生，很少单生；果皮较难剥离；子叶和胚均为乳白色。
9. 瓢囊 12～14 或更多；果皮比橙皮厚但较柚皮薄；种子形状不规则，有明显的棱；多胚(原产地不详，我国四川、广东、浙江有少量栽培；果肉多汁，风味佳美) ………………………………………………… 葡萄柚 *Citrus paradisi* Macf.
9. 瓢囊很少 12 瓣以上；种子形状较规则，平滑或有略明显的肋棱。
10. 果顶端短尖，果肉蛋黄绿色，味甚酸；花瓣长 8～12 mm；叶柄长 1 cm 以内，很少较长(原产于印度尼西亚和越南，我国广东及热带和亚热带地区常有栽培，果调制清凉饮料及调味用) ………………………………………………………………………… 来檬 *Citrus aurantifolia* (Christ.) Swingle
10. 果顶端圆和近于平坦和浅窝状凹陷；花瓣长 1.2 cm。
11. 果肉味酸，有时带苦味和有特殊气味；果皮较粗。
12. 萼片在果期常增大；果皮紧贴果肉，难于剥离；果心实；叶片质地较厚(原产于东南亚，我国南部有栽培，供观赏及化工原料) ……………………………………………………… 酸橙 *Citrus aurantium* Linn.
12. 萼片不增大和稍增大，果皮易剥离；果心空或半充实；叶质较薄(产于长江流域各省，果不能生食，可入药及作柑橘类砧木用)…………………………………………… 蟹橙 *Citrus junos* (Sieb.) Tanaka
11. 果肉味甜或甜过于酸；果皮较平滑(原产我国华南和越南，我国主要栽培水果之一)……………………………………………… 甜橙 *Citrus sinensis* Osbeck
8. 翼叶狭窄至仅具痕迹；果皮甚易剥离；子叶和胚均为绿色；单花或 2～3 花簇生于叶腋，花较小，花梗和花柱均纤细。
13. 叶片网脉明显；果较大，圆形或扁圆形，瓢囊 7～12 瓣；种子 9～21(原产我国，栽培历史已久，我国主要栽培水果之一)……………………………………………………………………………… 柑橘 *Citrus reticulata* Blanco
13. 叶片网脉不显；果较小，扁圆形；瓢囊 7～10 瓣；种子 0～5(产我国华南，菲律宾有栽培，台湾作蜜饯用) ………… 四季橘 *Citrus microcarpa* Blanco

(3)金橘属(*Fortunella* Swingle)：与柑橘属相似，不同的是叶为单小叶。雄蕊约为花瓣 4 倍；子房 2～6 室，每室有胚珠 1～2 颗，柱头中空。果较小，圆形或长椭圆形。本属约 6 种,分布于东亚；我国有 5 种。

常见植物：金橘［*Fortunella margarita* (Lour.) Swingle］(图 3-122)果长椭圆形，长 2.5～3.5 cm，金黄色，果皮肉质，平滑，有许多腺点，味香，瓢囊 4～5 瓣；种子卵状球形；产于西南和浙、赣一带，栽培很广，果供生食或蜜饯，供观赏或为育种的砧木。

(4)黄皮属(*Clausena* Burm. f.)：灌木或小乔木。奇数羽状复叶。花小，排成顶生或腋生的圆锥花序；萼 4～5 裂；花瓣 4～5；花盘短；雄蕊 8～10，插生于花盘基部四周，花丝下部常增粗；子房 4～5 室，每室有 2 颗胚珠。浆果。本属约 25 种，分布于东半球热带和亚热带地区；我国有 10 种，分布于西南部至台湾。

常见植物：黄皮［*Clausena lansium* (Lour.) Skeels］(图 3-123)小乔木或灌木，高 4～

6(12)m,树干与老枝上密生粒状突起；羽状复叶互生，长 20～50 cm，小叶 5～13 片，卵形或卵状长圆形；果皮被腺体和柔毛，具特殊香气，黄色，果肉质，球形或卵形，长 2～3 cm；果供生食，味酸甜可口；产于广东、广西、福建、贵州、云南、四川，常见栽培。

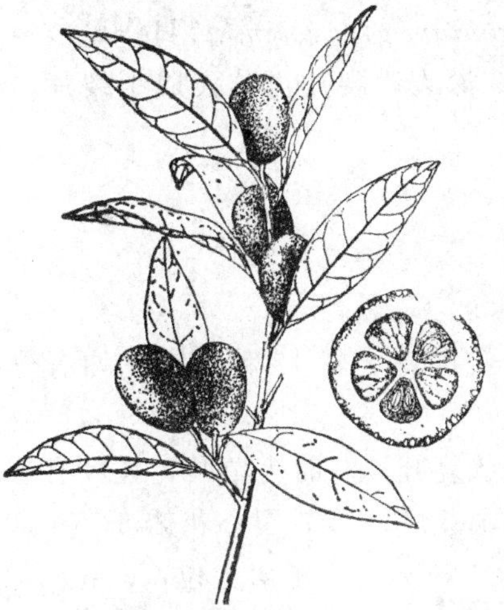

图 3-122　金橘
Fortunella margarita（Lour.）Swingle

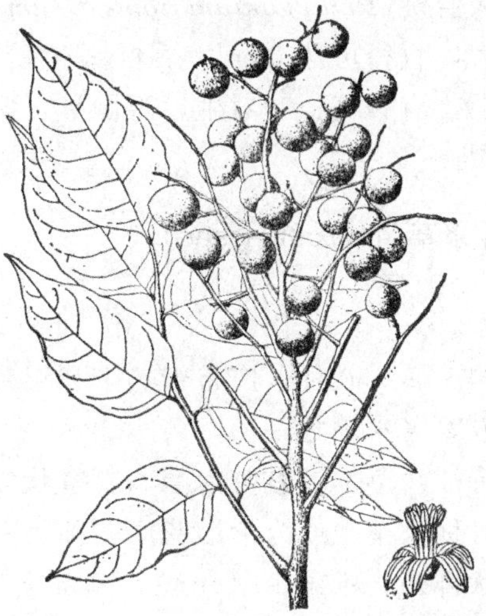

图 3-123　黄皮
Clausena lansium（Lour.）Skeels

79. 牻牛儿苗科(Geraniaceae)

$*$ 或 ↑ $K_{4\sim5}$ $C_{4\sim5}$ $A_{10\sim15}$ $\underline{G}_{(3\sim5)}$

本科有 11 属 750 种，广布于温带、亚热带和热带山地；我国有 4 属约 67 种，南北各地均产，主要产于西北和西南各省区。其中天竺葵属（*Pelargonium* L'Hérit.）为栽培观赏花卉，牻牛儿苗属和老鹳草属有野生花卉。

科的特征：草本或半灌木。叶互生或对生，通常掌状或羽状分裂；有托叶。花两性，辐射对称或两侧对称，单生或排列成聚伞花序、伞房花序或伞形花序；萼片 4～5，分离或合生，背面 1 片有时具距；花瓣 5，少 4；雄蕊 10～15，通常 10，排成 2 轮；心皮 3～5 合生，子房上位，3～5 室，每室有胚珠 1～2，中轴胎座。蒴果，成熟时果瓣自基部向上反卷或旋卷。

天竺葵属（*Pelargonium* L'Hérit.）：多年生草本或半灌木，常有强烈的气味。单叶互生或对生，叶片圆形、肾形或扇形，分裂。花 5 数，两侧对称，有各种颜色，萼有距，与花柄贴生。蒴果具 5 果瓣，开裂时旋卷。本属约 250 种，主产非洲；我国引种栽培的约有 5 种，各大城市均有栽培供观赏。

常见植物：天竺葵（*Pelargonium hortorum* Bailey）（图 3-124）多年生草本，高 30～60 cm，茎肉质，

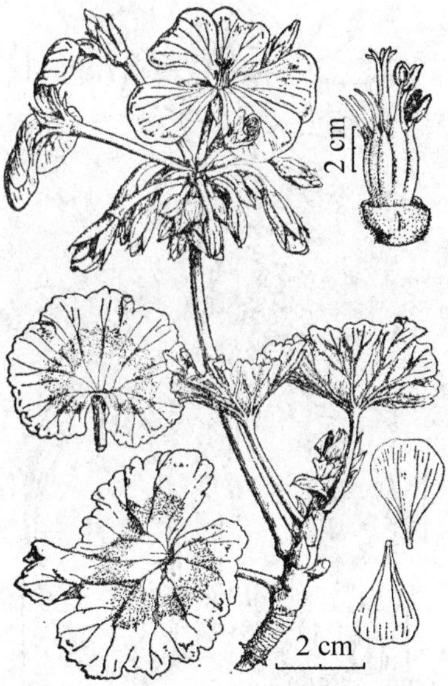

图 3-124　天竺葵
Pelargonium hortorum Bailey

通常被细毛和腺毛，具鱼腥气味；叶圆形至肾形，基部心形，直径 7～10 cm，波状浅裂，叶面通常有暗红色马蹄纹；伞形花序顶生，花多数在蕾期下垂，花柄连距长 2.5～4 cm；花瓣红色、粉红色、白色，下面 3 片较大，长 1.2～2.5 cm；蒴果成熟时 5 瓣裂，果瓣向上卷曲。大花天竺葵（*Pelargonium domesticum* Bailey）叶片宽心形，上面无马蹄纹，边缘有锐锯齿，花较大，直径可达 5 cm。香叶天竺葵（*Pelargonium graveolens* L'Hérit.）多年生草本，全体被长毛，有香气；叶对生，近圆形，掌状 5～7 深裂，裂片再分裂成小裂片，边缘有不规则的齿裂。

80. 酢浆草科（Oxalidaceae）

$$* \quad ⚥ \quad K_5 \quad C_5 \quad A_{(10)} \quad \underline{G}_{(5:5:2)}$$

本科约 8 属 950 种，广布于热带和温带地区；我国有 3 属 13 种，南北均有分布，其中阳桃为南方著名水果之一。

科的特征：草本，有时为灌木。掌状复叶或羽状复叶，有时为单叶；托叶有或缺。花两性，辐射对称，单生或为伞形花序，稀为总状或聚伞花序；萼 5 裂；花瓣 5，分离或多少合生，旋转状排列；雄蕊 10，下位，基部合生，有时 5 枚无药；子房上位，5 室，每室有 2 胚珠，生于中轴胎座上，花柱 5，分离。蒴果或肉质浆果。

阳桃属（*Averrhoa* Linn.）：小乔木。叶互生，奇数羽状复叶，有小叶 5～11 枚，小叶全缘。花小，白色和淡紫色，排成腋生的聚伞花序；萼片 5；花瓣 5；雄蕊 10，基部合生，长短互生，全部发育或 5 个无药；子房 5 室，每室有胚珠多颗。浆果卵形或长椭圆形，有 3～5 棱。本属有 2 种，产于热带亚洲；我国仅 1 种。

阳桃（*Averrhoa carambola* Linn.）（图 3-125）常绿乔木，高达 12 m，奇数羽状复叶互生，小叶 5～11 枚，卵形至椭圆形。花序腋生，长约3 cm；花小，长 5～6 mm，近钟形；萼红紫色；花瓣白色至淡紫色；雄蕊 10，其中 5 枚较短、且无药；浆果卵形至椭圆形，长 5～8 cm，有3～5 条翅状棱角，淡绿色至黄绿色，表面光滑，味清香，果肉多汁，甜酸。华南地区普遍栽培。

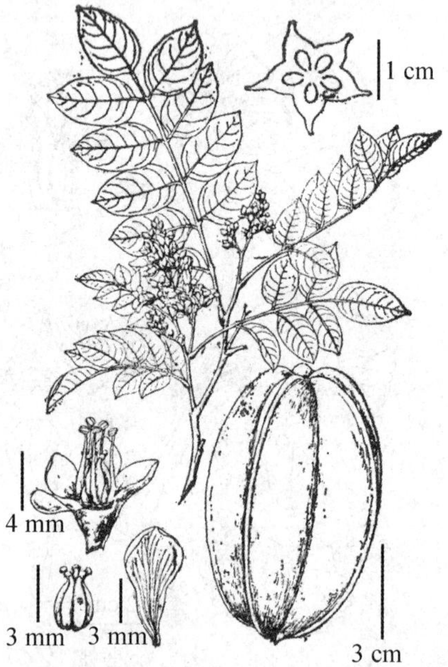

图 3-125 阳桃 *Averrhoa carambola* Linn.

本科植物可供观赏的有酢浆草（*Oxalis corniculata* Linn.）多年生草本，分枝多，茎匍匐，细柔；掌状三出复叶，互生，小叶无柄，倒心形，长 5～10 mm；花黄色，1 至数朵组成腋生的伞形花序；蒴果近圆柱形，长 1～1.5 cm；产于温带及热带地区，我国南北各地均产。红花酢浆草（铜锤草）（*Oxalis corymbosa* DC.）多年生直立无茎草本，高达 35 cm，地下部分有多数小鳞茎；三出复叶均基生，小叶阔倒卵形，长约3.5 cm；花淡紫红色；原产于热带美洲，我国南北各地均有栽培；全草入药，有清热消肿之效。

81. 旱金莲科(Tropaeolaceae)

本科有 2 属约 90 种，分布于中美洲至南美洲；我国引入栽培的仅 1 种花卉。

旱金莲(*Tropaeolum majus* Linn.)(图 3-126)一年生草本、攀缘状肉质草本。单叶互生，叶片圆形盾状，长 5～10 cm，有主脉 9 条，边缘波状。花单生叶腋，有长柄；花黄色或橘红色，长 2.5～5 cm；萼片 5，基部合生，其中片延伸成长距；花瓣 5，大小不等，上面 2 瓣常较大，下面 3 瓣较小，基部狭窄成爪，近爪处边缘细撕裂状；雄蕊 8，分离；子房 3 室，线形。果实成熟时分裂成 3 个小核果。原产于南美洲，我国各地均有栽培。

82. 凤仙花科(Balsaminaceae)

$$\uparrow \ ⚥ \ K_3 \ C_5 \ A_5 \ \underline{G}_{(5:5:\infty)}$$

本科有 4 属 500 种以上，广布于全球；我国有 2 属约 18 种，分布甚广，主产地为西南部。

科的特征：肉质草本。单叶互生或对生，羽状脉；无托叶。花两性，两侧对称，单生或近于伞形花序；萼片 3，稀 5，常有颜色，覆瓦状排列，最下 1 枚延伸成管状距；花瓣 5，上面 1 枚在外，常直立，凹陷，侧面的连合；雄蕊 5，花丝短而阔，合生至顶，花药 2 室，合生而围绕子房；子房上位，5 室，胚珠多数，中轴胎座。蒴果肉质化，成熟后弹裂为 5 个旋卷的果瓣，少浆果；种子无胚乳。

常见植物：凤仙花属(*Impatiens* Linn.)的凤仙花(*Impatiens balsamina* Linn.)(图 3-127)一年生草本，高 40～100 cm，茎肉质，粗壮；叶互生，披针形；花单生或数朵簇生于叶腋，花大，花径 2.5～5 cm，花色有白、黄、粉红、紫红、深红等色或有斑点，单瓣或重瓣；萼片宽卵形；旗瓣圆，先端微凹，翼瓣宽大，2 裂，唇瓣舟形，基部突然延长成细的距；蒴果纺锤形，密生绒毛；种子多数、球形、黑色；南北各省均有栽培，供观赏；全草及

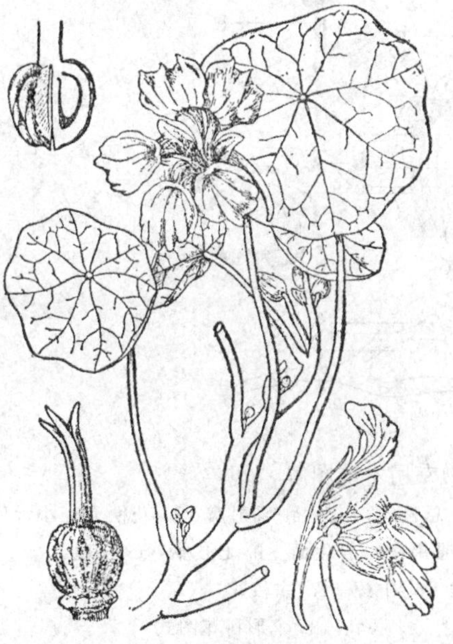

图 3-126　旱金莲 *Tropaeolum majus* Linn.

图 3-127　凤仙花 *Impatiens balsamina* Linn.

种子入药，有活血散瘀、利尿解毒之功效。

83. 伞形科(Apiaceae 或 Umbelliferae)

$$* \quad K_5 \quad C_5 \quad A_5 \quad \overline{G}_{(2:2:1)}$$

本科有 200 余属约 2 500 种，广布于温带、亚热带和热带的高山地区；我国约有90 属，500 余种，分布全国各地。伞形科以药用植物而著名，其中有当归、白芷、芫柴胡、防风等常用中药，此外还有胡萝卜、芹菜、芫荽、茴香、孜然芹等食用植物；本科植物一般都含有较高的灰分和粗蛋白质，可消化率也比较高，可供饲用，但是，常常因为含有挥发油和特殊的气味而影响家畜采食，有少数有毒植物。

科的特征：草本，少为半灌木。常具芳香气味。根常为肉质直根。叶互生，掌状分裂或1～4 回羽状复叶，少为单叶全缘，叶柄基部常扩大成鞘状。复伞形花序或单伞形花序，少头状花序；花序基部具总苞或无；小伞形花序基部常具小总苞，小伞形花序的梗称伞辐；花小，两性或杂性；萼齿 5 或不明显；花瓣 5，顶端圆或有内折的小舌片；雄蕊 5，与花瓣互生；子房下位，2 心皮，2 室，每室具 1 胚珠，花柱 2，基部常膨大成花柱基。果实为双悬果。

伞形科植物专用术语图解见(图 3-128)。

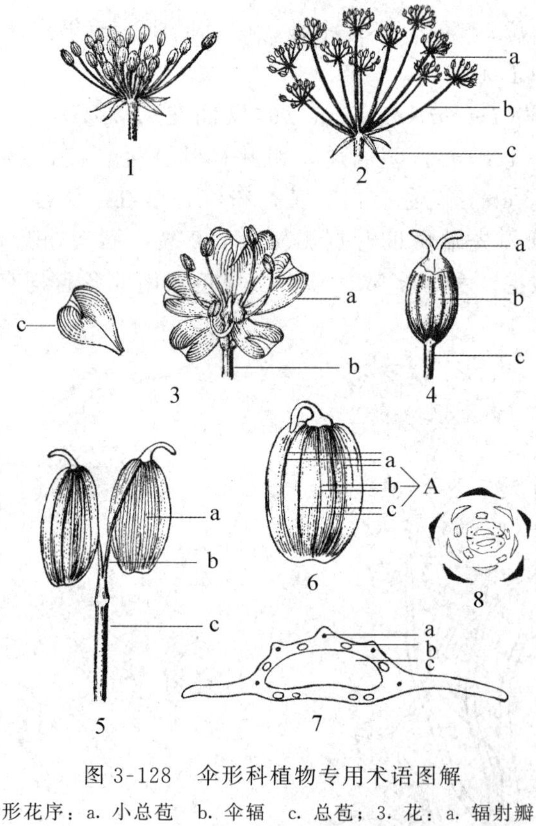

图 3-128 伞形科植物专用术语图解

1. 伞形花序；2. 复伞形花序：a. 小总苞 b. 伞辐 c. 总苞；3. 花：a. 辐射瓣 b. 花梗 c. 小舌片；4. 果实：a. 花基柱 b. 棱槽 c. 果梗；5. 双悬果：a. 合生面 b. 心皮柄 c. 果梗；6. 分生果：a. 侧棱 b. 背棱 c. 中棱 A. 主棱；7. 分生果横切面：a. 维管束 b. 油管 c. 胚乳；8. 伞形科花图式

①辐射瓣：小伞形花序外缘的花瓣比中心和内侧的花瓣大得多，顶端凹陷也较深。

②合生面：指分生果的腹面。

③背腹压扁：即分生果较宽的面与合生面平行。

④两侧压扁：即分生果较宽的面与合生面垂直。

⑤心皮柄：双悬果由两个成熟的心皮组成，每心皮有维管束和果柄相连，成丝状柄，位于合面中间的叫心皮柄。

⑥主棱：每个分生果通常有5条棱脊，其下具维管束，位于背部中央的1条叫背棱；位于两侧的2条叫侧棱；位于背棱与侧棱之间的2条叫中棱，这5条棱脊总称为主棱。

⑦次棱：指介于主棱与主棱之间的棱条，也称副棱或副肋。

⑧棱槽：指果皮内，棱与棱之间的部分。

⑨油管：在果皮内，棱槽下面与合生面处纵行的贮有挥发油的管道。

伞形科常见园艺植物分属检索表

1. 子房和果实有短钩刺和刚毛。
  2. 果有4条次棱，次棱有翅，翅上具短钩刺；二年生草本，主根肉质；基生叶矩圆形，2～3回羽状全裂 …………………………………………………… 胡萝卜属 *Daucus* Linn.
  2. 果有3条次棱，次棱无翅和短钩刺而有刚毛；一年生草本；基生叶二回三出全裂…… ……………………………………………………………… 孜然芹属 *Cuminum* Linn.
1. 子房和果实无短钩刺和刚毛。
  3. 一年生栽培植物，光滑无毛且具香气；基生叶1～2回羽状全裂，裂叶宽卵形，边缘深裂或缺刻 …………………………………………………… 芫荽属 *Coriandrum* Linn.
  3. 二年生或多年生植物。
    4. 花金黄色；茎有白霜，有强烈的茴香气味；茎生叶3～4回羽状细裂，最终裂片丝状 ………………………………………………………… 茴香属 *Foeniculum* Adans.
    4. 花白色。
      5. 果近于圆球形(长宽近相等或宽大于长)，果棱或果皮非木栓化或仅主棱木栓化 …………………………………………………………… 芹属 *Apium* Linn.
      5. 果圆形至长圆形(长大于宽)，果棱木栓化或果皮全部加厚并木栓化；茎下部节上常生根；叶为1～3回羽状分裂 ……………………………… 水芹属 *Oenanthe* Linn.

(1)胡萝卜属(*Daucus* Linn.)：二年生，稀一年生或多年生草本。有肉质根。叶多回羽状全裂。总苞片多数，叶状大型，羽状分裂或不裂；花小，白色、淡红色或淡黄色。果实被刺毛与刚毛。本属约有60种，分布于欧洲、亚洲、非洲和美洲；我国有1种和1栽培变种，产于全国各地。

胡萝卜(*Daucus carota* var. *sativa* Hoffm.)根肉质、长圆锥形，肥粗，红色或黄色；原产于欧洲大陆，全球广泛栽培，我国也普遍栽培，根作蔬菜，又是良好的多汁饲料。野胡萝卜(*Daucus carota* Linn.)(图3-129)二年生草本；主根粗大；叶二至三回羽状全裂；复伞形花序，总苞片多数，花白色或淡红色；果椭圆形，背腹压扁，主棱5，有刚毛，次棱4条，有翅，翅割裂成1行钩刺；产于安徽、江苏、浙江、江西、湖北、四川、贵州和新疆，生于田野、路旁，有毒。

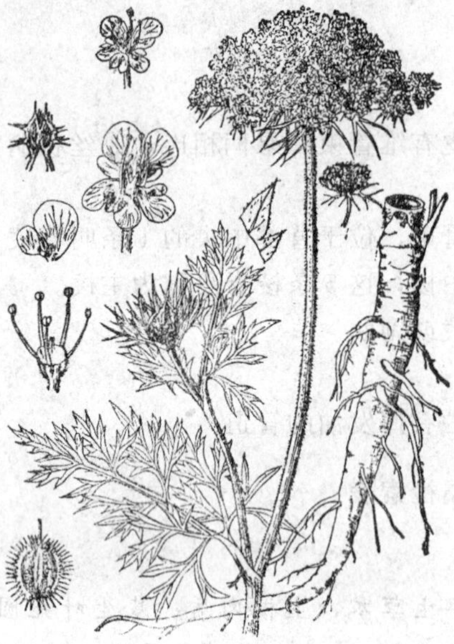
图 3-129 野胡萝卜 *Daucus carota* Linn.

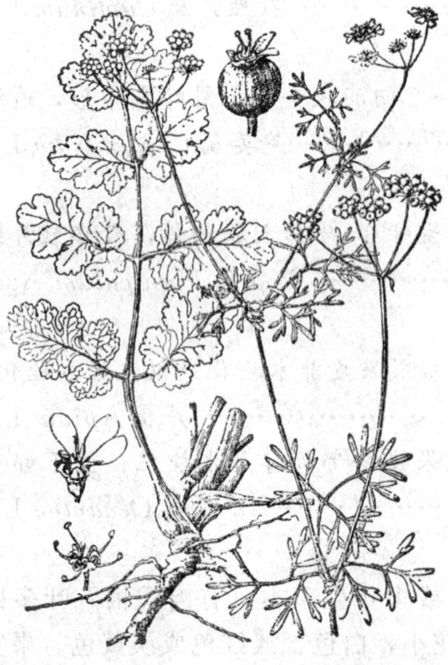
图 3-130 芫荽 *Coriandrum sativum* Linn.

(2)孜然芹属(*Cuminum* Linn.)：一、二年生草本，全株粉绿色或绿色泛白。叶片二回三出全裂，末回裂片丝状。复伞形花序，总苞片 3～6，线形，有时 2～3 裂，伞辐 3～5，小总苞片 3～5；萼齿钻形；花瓣长圆形，白色。分生果长圆形，两端渐狭，两侧稍扁压；双悬果果瓣不易分离，果棱丝状，棱间有明显的次棱。本属有 2 种，分布于地中海和中亚地区；我国有 1 种。

孜然芹(*Cuminum cyminum* Linn.)果含芳香油，是烧烤食品独特的调味佐料；果入药，治消化不良和胃寒腹痛；原产于埃及和埃塞俄比亚，我国新疆有栽培。

(3)芫荽属(*Coriandrum* Linn.)：草本。叶片羽状裂，揉之有香味。复伞形花序，通常无总苞片，小总苞片丝状；萼齿大小不等；花瓣白色，有辐射瓣。果球形。本属有 2 种，分布于地中海地区；我国仅 1 种。

芫荽(香菜)(*Coriandrum sativum* Linn.)(图 3-130)一年生草本，高 30～100 cm，有强烈香气，基生叶 1～2 回羽状全裂，叶柄长 3～15 cm；茎生叶 2～3 回羽状深裂，最终裂片条形，全缘；复伞形花序顶生，总花梗长 2～8 cm，无总苞片，伞辐 2～8；花小，白色或淡紫色；双悬果近球形，直径 1.5 mm，各地广泛栽培，茎叶作蔬菜和调香料，并有健胃消食作用，果入药，有驱风、透疹、健胃、祛痰之效。

(4)茴香属(*Foeniculum* Mill.)：草本，有香味。叶为多回羽状分裂，末回裂片呈丝状。花黄色，排成复伞形花序，无总苞片和小总苞片；萼齿不明显。果长圆形，光滑，每棱槽有 1 油管。本属约 4 种，分布于欧洲、美洲和亚洲西部；我国栽培 1 种。

茴香(*Foeniculum vulgare* Mill.)(图 3-131)多年生草本，高 0.6～2 m，全体无毛，有粉霜，具强烈气味，茎生叶圆卵形至宽三角形，长 30 cm，宽 40 cm，3～4 回羽状细裂，下部叶柄长 7～15 cm，上部叶柄一部分或全部变成鞘；复伞形花序大，直径达15 cm，总花梗长 4～25 cm，伞辐 8～30，长 2～8 cm，不等长，花小、黄色；双悬果矩圆形，长 3.5～5 mm，宽 1.5～2 mm，果棱尖锐；原产于地中海地区，我国各地栽培茎叶作蔬菜；果含芳香油，入药，有祛风祛痰、散寒、健胃和止痛之效。

(5)芹属(*Apium* Linn.)：一年或多年生草本。叶一回羽状分裂至三出羽状多裂。花白色，排成复伞形花序；总苞片和小总苞片数纹或缺。双悬果卵形或宽大于长，侧扁。本属约20种，分布于全世界温带地区；我国有旱芹(西芹、洋芹菜)(*Apium graveolens* Linn.)(图3-132)和细叶芹[*Apium leptophyllum* (Pers.) F. Muell. ex Bench]2种。

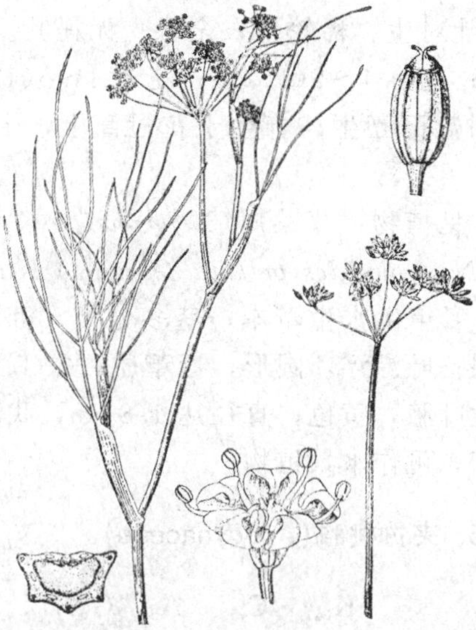

图 3-131　茴香 *Foeniculum vulgare* Mill.

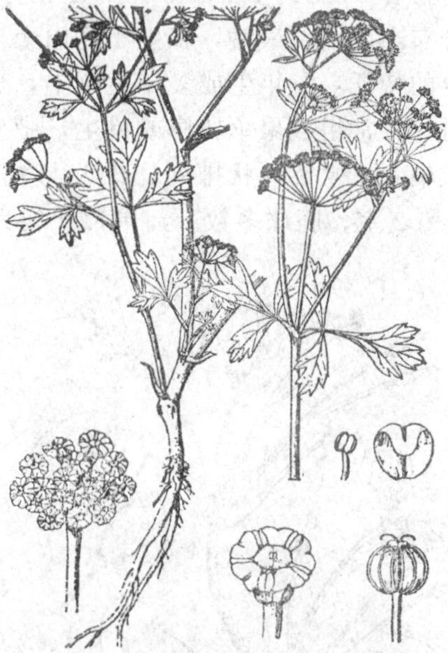

图 3-132　旱芹 *Apium graveolens* Linn.

旱芹(西芹、洋芹菜)为我国冬春间主要蔬菜之一，一或二年生草本，高 50～150 cm，全体无毛，基生叶矩圆形至倒卵形，长 7～18 cm，1～2 回羽状全裂，裂片卵形或近圆形；叶柄长 3～26 cm；茎生叶楔形，三全裂；复伞形花序多数，伞辐 7～16，花小、绿白色；双悬果近圆形，长 1.5 mm，宽 1.5～2 mm，果棱尖锐，条形。

(6)水芹属(*Oenanthe* Linn.)：多年生草本。叶为 1～3 回羽状分裂。复伞形花序，总苞片缺或仅为 1 枚；花白色。双悬果卵圆形至长圆形，果棱木栓化。本属约 35 种，分布于东半球温带地区；我国有 10 余种，主产西南部至中部。本属有些种为群众喜食的野菜。

常见植物：水芹[*Oenanthe javanica* (Bl.) DC.]为栽培蔬菜，与旱芹相似，区别是水芹为多年生草本，茎下部匍匐，生不定根，上部直立。

六、菊亚纲(Asteridae)

多草本。少数为木本。单叶或复叶，互生或对生，无托叶。花常大而明显，稀退化；合瓣花冠；雄蕊贴生于花冠筒上，和花瓣同数且互生或较花冠裂片为少；花粉粒 2 核或 3 核，具 3 沟孔；有蜜腺盘；心皮通常 2(稀 3～5)，合生，子房上位或下位，花柱顶生或基生；中轴胎座、侧膜胎座或特立中央胎座、基生胎座；子房每室具 1 至多数胚珠，珠被 1 层。种子有或无胚乳。

本亚纲包括 11 目、49 科、约 60 000 种，其中以菊科最大，占全亚纲种数的 1/3，是被子植物的第一大科。

84. 龙胆科(Gentianaceae)

$$* \quad K_{(4\sim5),4\sim5} \quad C_{(4\sim5)} \quad A_{4\sim5} \quad G_{(2:1:\infty)}$$

本科有80属约700种，广布于全球，但主产地为北温带；我国有22属约427种，各地均有分布，西南部最盛，多生于高山上。

科的特征：一年生或多年生草本，少灌木。叶对生、稀轮生，全缘；无托叶。花两性，辐射对称，常组成聚伞花序或单生，腋生或顶生；花萼4～5(12)裂；花冠4～5(12)裂，漏斗状或辐状，常旋转状排列；雄蕊与花冠裂片同数而互生，着生于花冠筒上，子房上位，1室、稀2室，胚珠多数。蒴果，开裂为2果瓣。

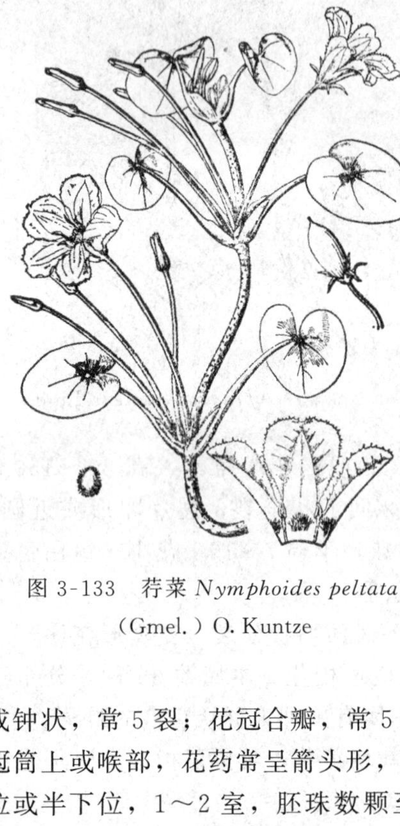

图3-133　荇菜 *Nymphoides peltata* (Gmel.) O. Kuntze

常见植物：荇菜属(*Nymphoides* Seguier)的荇菜[*Nymphoides peltata* (Gmel.) Kuntze](图3-133)多年生水生草本，茎多分枝、沉水中，具不定根；叶漂浮，圆形，近革质，常1.5～7 cm；花簇生叶腋，黄色，直径达1.8 cm，我国南北各地均产，可作水景植物。

85. 夹竹桃科(Apocynaceae)

$$* \quad K_{(5)} \quad C_{(5)} \quad A_5 \quad \underline{G}_{2:1:\infty}$$

本科约250属2 000余种，产热带、亚热带地区；我国约有46属170余种，主要分布于长江以南各省、自治区及台湾，少数分布于北部及西北部。其中有些种供观赏，有些产橡胶，有些供药用，还有一些有毒植物。

科的特征：草本、灌木或乔木；常具乳汁。单叶对生、轮生或互生，常全缘。花两性，辐射对称，单生或多数组成聚伞花序；花萼合生成筒状或钟状，常5裂；花冠合瓣，常5裂，旋转状排列，喉部常有毛或鳞片；雄蕊5，着生于花冠筒上或喉部，花药常呈箭头形，花粉颗粒状；花盘环状、杯状或为腺体；心皮2，子房上位或半下位，1～2室，胚珠数颗至多数。果常为2个蓇葖果，或为浆果、核果、蒴果；种子常有毛。

夹竹桃科常见园艺植物分属检索表

1. 雄蕊彼此互相黏合并黏生在柱头上，花药箭头形，顶端渐尖、被螺旋状着生的毛，基部具药耳；蓇葖果，种子一端被长种毛 …………………………… 夹竹桃属 *Nerium* Linn.

1. 雄蕊离生或松弛地靠着在柱头上，花药矩圆形或矩圆状披针形，顶端钝，基部圆形；果为蒴果、浆果、核果或蓇葖果。

　2. 具针状假托叶，基部扩大而合生；蓇葖果矩圆形；种子无毛……………………………………………………………………………………………… 狗牙花属 *Ervatamia* (A. DC.) Stepf

　2. 无托叶；果为蒴果、浆果、核果或蓇葖果；种子无毛或具膜翅，或一端被疏短柔毛，或两端被长种毛。

3. 果为蓇果或浆果，植物体具长刺或分叉的长刺。

4. 蒴果，外果皮具长刺；叶3～5枚轮生 ………………… 黄蝉属 *Allamanda* Linn.

4. 浆果，外果皮无刺；叶对生 ……………………………… 假虎刺属 *Carissa* Linn.

3. 果为核果或蓇葖果；植物体无刺。

5. 果为蓇葖果。

6. 小乔木；叶互生；种子具膜翅 ……………………… 鸡蛋花属 *Plumeria* Linn.

6. 多年生草本或半灌木；叶对生；种子无膜翅。

7. 多年生直立草本或半灌木；花单生至3朵簇生，柱头无明显丛毛也无明显增厚，花丝圆筒形，花药顶端无毛 …………… 长春花属 *Catharanthus* G. Don

7. 蔓性半灌木；花单生，柱头有丛毛，基部有明显的环状增厚，花丝扁平，花药顶端有丛毛 ……………………………………… 蔓长春花属 *Vinca* Linn.

5. 果为核果。

8. 乔木；叶通常轮生、稀对生 ………………………… 玫瑰树属 *Ochroisa* Linn.

8. 灌木；叶互生 …………………………………… 黄花夹竹桃属 *Thevetia* Linn.

(1)夹竹桃属(*Nerium* Linn.)：灌木。叶革质，对生或3～4枚轮生。花美丽，组成顶生的伞房状聚伞花序；花冠漏斗状，喉部有撕裂状附属体(副花冠)5个；雄蕊内藏，花药黏合，顶端有长的附属体；心皮2，离生。蓇葖果。本属有4种，分布于地中海沿岸及亚洲热带、亚热带地区；我国栽培2种供观赏，含有多种毒性极强的配糖体，人、畜食之常可致命。

常见植物：夹竹桃(*Nerium indicum* Mill.)(图3-134)花萼直立，花有香味，副花冠多次分裂，裂片条形。欧洲夹竹桃(*Nerium oleander* Linn.)花萼扩展，花无香味，稀微香，副花冠不分裂。

图3-134　夹竹桃 *Nerium indicum* Mill.

(2)狗牙花属(*Ervatamia* Stapf.)：灌木或乔木。叶对生，具羽状网脉；叶腋内的假托叶针状或半圆形，扁平，基部扩大面合生。花白色，排成腋生的聚伞花序；萼5裂；花冠筒状，裂左旋；雄蕊5，贴生于花冠筒上，花药长圆形，与柱头分离，无花盘；心皮2，合生，胚珠多数。蓇葖果叉开；种子被假种皮，无毛。本属约120种，分布于亚洲及大洋洲热带地区；我国有15种，3变种，分布于西南、南部及台湾。

常见植物：狗牙花[*Ervatamia divaricata* cv. Gouyahua]灌木、高3 m；叶坚纸质，椭圆形或长椭圆形；聚伞花序腋生，有花6～10朵，花蕾顶端矩圆状急尖，花萼裂片内面基部有腺体，花冠白色、重瓣，边缘有皱褶；蓇葖果。栽培于我国南部各地，多作为庭园栽培，或栽于花坛、花境，寒冷地区温室盆栽，供室内装饰；亦可供药用。原种单瓣狗牙花[*Ervatamia divaricata* (Linn.) Burlk.]，分布于台湾、云南及广东的山地疏林中。

(3)黄蝉属(*Allamanda* Linn.)：直立或藤状灌木。叶对生或轮生。花大而美丽，黄色，数朵排成总状花序，顶生；萼5深裂，基部里面无腺体或有少数腺体；花冠钟状或漏斗状，喉部有被毛的鳞片；花药与花柱分离，花盘厚肉质、环状，全缘或5裂；子房1室，具2个侧膜胎座，胚珠多数。蒴果，果皮密生长刺，开裂为2果瓣；种子有翅。本属约15种，分布于热带美洲；我国引种栽培2种1变种，多见于南方。

常见植物：黄蝉(*Allamanda neriifolia* Hook.)直立灌木，高达2 m，具乳汁。叶3～5片轮生，椭圆形或倒披针状矩圆形，长5～12 cm；聚伞花序顶生；花冠漏斗状，长4～6 cm，花冠筒基部膨大，长不超过2 cm，喉部被毛；蒴果球形，密被长刺；原产于巴西，我国南方有栽培，供观赏。软枝黄蝉(*Allamanda cathartica* Linn.)与黄蝉相似，区别是本种的枝条软，弯曲；花冠长7～11 cm，花冠筒长3～4 cm，基部不膨大，上部膨大，喉部有白色斑点。黄蝉以观花为主，适于庭园栽培，也作盆栽。

(4)鸡蛋花属(*Plumeria* Linn.)：灌木或小乔木，枝粗厚而带肉质。叶互生，羽状脉。聚伞花序顶生；萼小，5深裂，内面无腺体；花冠漏斗状，红色或白色黄心，喉部无鳞片，也无毛；花盘缺；雄蕊5，贴生于花冠筒基部，花丝短，花药内藏；心皮2、分离，子房半下位，胚珠多数。蓇葖果双生；种子具膜质翅。本属约7种，产于热带美洲，分布于亚洲热带和亚热带地区；我国引入1种及1园艺品种。

红鸡蛋花(*Plumeria rubra* Linn.)小乔木，叶厚纸质，长圆状倒披针形，长14～40 cm，宽6～11 cm，常聚集于枝上部；花红色，是一种美丽的观赏树；我国南部栽培，亦多盆栽。栽培品种鸡蛋花(*Plumeria rubra* cv. Acutifolia)小乔木，花冠外面乳白色，里面鲜黄色，芳香，可提香料；花可炒食、油炸、晒干后制饮料；花、树皮入药，有清热解毒、下痢、润肺、止咳定喘之效。

(5)长春花属(*Catharanthus* G. Don)：草本。叶对生，叶腋内和叶腋间有腺体。花红色或白色，2～3朵组成聚伞花序，顶生或腋生；萼小；花冠高脚碟状，裂片5，旋转排列；雄蕊内藏，花丝圆筒状，花药顶端无毛；心皮2、分离，下有2腺体与心皮互生，柱头盘状，顶有束毛。蓇葖果双生；种子无附属物。本属约6种，分布于非洲东部及亚洲东南部。

常见植物：长春花[*Catharanthus roseus* (Linn.) G. Don]多年生草本或半灌木，高达60 cm；叶对生，近于膜质、倒卵状矩圆形，长3～4 cm，宽1.5～2.5 cm，聚伞花序有红花2～3朵；原产于非洲东部，我国西南、中南及华东地区有栽培，供观赏；植株含长春花碱，有降血压之效，亦能抗癌。栽培品种有白花长春花[*Catharanthus roseus* cv. Albus]花白色、黄花长春花[*Catharanthus roseus* cv. Flavus]花黄色。

(6)蔓长春花属(*Vinca* Linn.)：蔓性亚灌木。叶对生。花单生、稀2朵生于叶腋；萼5裂；花冠漏斗状；雄蕊内藏，花丝扁平，花药顶端有丛毛，贴着柱头；花盘由2至数个舌状片所组成，与心皮互生而略短；心皮2，离生，花柱顶部有丛毛，基部有环状盘；蓇葖果双生。本属约10种，分布于欧洲；我国栽培2种。

蔓长春花(*Vinca major* Linn.)茎斜升，花茎直立；叶对生，椭圆形，长2～6 cm，宽1.5～4 cm，花冠蓝色，花冠筒漏斗状，裂片5枚，长12 mm，宽7 mm；我国东部有栽培。栽培品种有花叶蔓长春花(*Vinca major* cv. Variegata)叶片边缘白色、有毛，并有黄色斑点。小蔓长春花(*Vinca minor* Linn.)叶片边缘无白色、无毛、也无黄色斑点，栽培观赏。

(7)黄花夹竹桃属(*Thevetia* Linn)：灌木或小乔木。单叶互生。花大，黄色，排成顶生或腋生聚伞花序；花萼5深裂，内面基部有腺体；花冠漏斗状，喉部有被毛的鳞片状副花冠，裂片5，宽大；雄蕊5，贴生于花冠筒喉部，花药与柱头分离；无花盘；子房2室，2深裂，每室有胚珠2颗。核果；种子无毛。本属约15种，分布于热带美洲，现在全世界热带和亚热带地区广泛栽培；我国引入2种1变种，供观赏。

常见植物：黄花夹竹桃[*Thevetia peruviana*（Pers.）K. Schum.]小乔木，高达5m，具丰富乳汁；单叶互生，叶条形或条状披针形，长10～15 cm，宽5～12 cm；聚伞花序顶生，花冠黄色；原产于美洲，我国南部各省区有栽培；乳汁、种子、花、根和茎皮均有毒。栽培品种红酒花[*Thevetia peruviana* cv. Aurantiaca]花红色。

(8)玫瑰树属(*Ochrosia* Juss.)：乔木。叶对生或轮生。聚伞花序生于枝顶或叶腋；花萼5深裂，内有腺体或无；花冠高脚碟状，裂片5，向右旋；雄蕊贴生于花冠筒中部以上，花药分离；花盘缺；心皮2、离生，有胚珠2列。核果；种子1至数颗。本属约39种，分布于马达加斯加到玻利尼西亚；我国南部引入栽培的有2种。

常见植物：玫瑰树(*Ochrosia borbonica* Gmel.)小乔木，具乳汁；叶在枝的上部为轮生，下部为对生，近革质，倒卵形，稀矩圆形，长8～15 cm，宽3～5 cm；聚伞花序伞房状，长约3 cm，花冠色艳；核果椭圆形，肉质，红色，长约4.5 cm，直径3.5 cm；树形、花朵美观，常作庭园观赏树。

(9)假虎刺属(*Carissa* Linn.)：有刺灌木。单叶对生。聚伞花序顶生或腋生；花萼5深裂，裂片基部里面有时有离生腺体；花冠高脚碟状，花冠筒在雄蕊着生处膨大；花冠裂片5，喉部无鳞片；雄蕊5，离生；无花盘；子房2室，每室有胚珠1至数颗。浆果球形或椭圆形。本属约36种，分布于亚洲、大洋洲及非洲的热带亚热带地区，我国包括引入的共4种。

常见植物：大花假虎刺[*Carissa macrocarpa*（Eckl.）A. DC.]花冠裂片长为花冠筒2倍；果长2～5 cm，亮红色；种子红色，原产于非洲南部，我国广东南部有栽培，果实可做果酱。

86. 萝藦科(Asclepiadaceae)

$$* \quad ⚥ \quad K_{(5)} \quad C_{(5)} \quad A_{(5)} \quad \underline{G}_{2:1}$$

本科约180属2 200种，主要分布于热带和亚热带地区；我国有44属245种，主要分布于西南和东南部，常含有毒黏质，尤以乳汁和根部毒性较大，大多为药用植物，有部分观赏植物。

科的特征：草本、藤本或灌木，有乳汁。单叶对生或轮生，无托叶。花两性，辐射对称，排成聚伞花序，常呈伞状，有时呈伞房状或总状；花萼筒短，5裂，内面基部通常有腺体；花冠合瓣，辐状或坛状，裂片5，旋转状；副花冠由5个分离或基部合生的裂片或鳞片组成，连生于花冠筒上；雄蕊5，花丝合生成筒包围雌蕊，称合蕊冠，花药与柱头黏合成中心柱；花粉结合成花粉块承载于花粉器上；花盘有或无；子房上位；2心皮；离生，或合生，柱头基部具5棱，顶端各2，胚珠多数。蓇葖果双生，或因1个不发育而单生，种子有毛。

(1)马利筋属(*Asclepias* Linn.)：多年生草本。叶对生或轮生，长椭圆状披针形，全缘。

花紫红色，排成伞形花序；花萼内面基部有 5～10 个腺体；花冠辐状，5 深裂，副花冠5 裂，橘黄色，内有角状物；雄蕊 5，生于花冠基部，花丝连合成管状，花药有 1 膜质附属体内弯于花柱顶端；花粉块状，每室 1 个，下垂；心皮 2、离生，柱头 5 角状。蓇葖果双生，种子多数，顶部有白色毛。本属约 120 种，分布于热带和亚热带地区。

常见植物：马利筋（*Asclepias curassavica* Linn.）在我国华南陆地栽培和野生均有，供观赏和药用，北方盆栽供观赏。

（2）豹皮花属（*Stapelia* Linn.）：多年生肉质草本；茎粗壮，直立或斜升，枝具 4 棱，在基部丛生，棱上有刺或齿。叶不发育或早落。花通常生于茎的基部，很少生于顶部，具长柄；花萼内面基部有 5 个腺体；花冠辐状或宽钟状，稍肉质，有各种颜色或斑点；副花冠两层，着生于合蕊冠上，外层水平展开，5 深裂，裂片顶端全缘或 2～3 裂，内层 5 裂，裂片与花药贴生；雄蕊着生于花冠筒基部，花丝合生成筒，花药顶端有膜质花粉块每室 1 个，直立；雌蕊由 2 枚离生心皮组成。蓇葖果双生；种子顶端有毛。本属约 75 种，分布于非洲、热带亚洲和大洋洲，欧洲和美洲有栽培；我国引入栽培的有 3 种。

豹皮花（*Stapelia pulchella* Mass.）肉质植物，茎亮绿色，几株簇生在一起，高 10～20 cm，状似仙人掌，稍钝四棱形，棱具粗厚软刺，光滑、绿色，无叶；花单生或数朵簇生，花梗常 2～3 cm，花冠 5 角星状，直径 3～5 cm，外面绿色，光滑，内面黄绿色，具暗紫色横条纹及斑点；原产于非洲，我国栽培供观赏。大豹皮花（*Stapelia gigantea* N. E. Br.）植株被短柔毛，棱刺尖细，花黄绿色，直径 28～40 cm。杂色豹皮花（*Stapelia variegate* Linn.）植株无毛，棱刺尖细，花杂色，直径5～8 cm。

（3）夜来香属（*Telosma* Cov.）：藤本；叶对生，基部有腺体。花黄绿色，具柄，排成腋生的聚伞花序；萼 5 裂，内面基部有 5 个小腺体；花冠稍呈高脚碟状，副花冠的鳞片与花药背部合生，直立，侧向压扁，顶端稍有缺刻；雄蕊着生于花冠筒基部，腹部贴生于雌蕊上，花丝短，合生成筒状，花药顶端有内弯的膜片；花粉块每室 1 个，直立；雌蕊由 2 枚离生心皮组成，花柱短，柱头头状或圆锥状。蓇葖果圆柱形，肿胀；种子被毛。本属约 10 种，分布于亚洲、非洲和大洋洲热带地区；我国有 4 种。

常见植物：夜来香［*Telosma cordata*（Burm. f.）Merr.］（图 3-135）藤状灌木。叶对生，宽卵形或矩状卵形，长 6.5～9.5 cm，宽4～8 cm；伞形状聚伞花序腋生，有花多至 30 朵；花冠黄绿色，有清香味，夜间更盛，副花冠 5 裂，着生于合蕊冠上，顶端渐尖；蓇葖果披针形，长 7.5 cm；原产于我国华南，现南北各省区均有栽培。

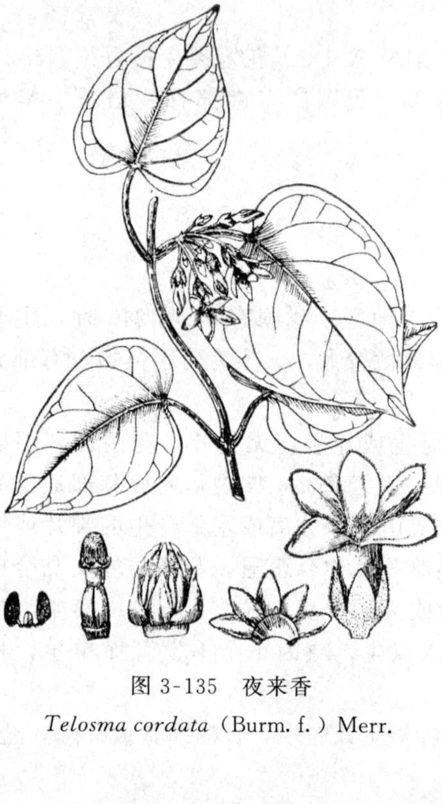

图 3-135 夜来香

Telosma cordata（Burm. f.）Merr.

87. 茄科(Solanaceae)

$* \quad K_{(5)} \quad C_{(5)} \quad A_5 \quad \underline{G}_{(2:2:\infty)}$

本科有 80 属 3 000 余种，分布于热带和温带地区；我国有 24 属 105 种，各省区均有分布。其中有不少种含生物碱及其他成分，可供药用，也有有毒植物，还有栽培植物茄、马铃薯、番茄、辣椒、烟草、夜香树、鸳鸯茉莉、碧冬茄等。

科的特征：草本、灌木或乔木。单叶或复叶，互生，无托叶。花单生或排成聚伞花序；两性花，常辐射对称；花萼 5 裂，宿存；花冠合瓣，辐状、漏斗状、高脚碟状或钟状，裂片 5；雄蕊插生于花冠筒上，与花冠裂片同数而互生；心皮 2，中轴胎座，子房上位，2 室或不完全的 4 室，少 3～5 室，胚珠多数。蒴果或浆果；种子具胚乳。

茄科常见园艺植物分属检索表

1. 灌木或小乔木。
  2. 雄蕊 5 枚，稀 4 枚或 6 枚；落叶灌木或小乔木。
    3. 花单生于叶腋或 2 至数朵簇生；花冠漏斗状；多棘刺灌木 … 枸杞属 *Lycium* Linn.
    3. 花生于聚伞花序上；花冠辐状或狭长筒状。
      4. 花冠辐状；花药相互黏合并围绕花柱呈圆锥状，顶孔开裂；果实具多数种子……………………………………………………………… 茄属 *Solanum* Linn.
      4. 花冠狭长筒状；花药分离，纵裂；果实仅具 1 至少数种子……………………………………………………………… 夜香树属 *Cestrum* Linn.
  2. 雄蕊 4；常绿灌木或小乔木 ……………………… 鸳鸯茉莉属 *Brunfelsia* Linn.
1. 一年生或多年生草本，稀半灌木。
  5. 果实为浆果。
    6. 花单生于叶腋；花萼在开花以后显著增大呈膀胱状、并完全包裹着浆果(约 120 种，我国 5 种，南北均产) ……………………………… 酸浆属 *Physalis* Linn.
    6. 花单生、簇生或形成花序；花萼在开花以后不显著增大呈膀胱状包裹浆果。
      7. 花组成侧生或顶生的各式聚伞花序或总状花序。
        8. 单叶(马铃薯为羽状复叶)；花萼及花冠裂片 5 数；花药不向顶端渐狭……………………………………………………………… 茄属 *Solanum* Linn.
        8. 羽状复叶；花萼及花冠裂片 5～7 数；花药向顶端渐狭而成一长尖头 ……………………………………………………………… 番茄属 *Lycopersicon* Mill.
      7. 花 1～3 朵簇生；花较小，花冠辐状，白色或绿白色；浆果形状和颜色种种，果皮肉质或近革质，常有辛辣味 ……………………… 辣椒属 *Capsicum* Linn.
  5. 果实为蒴果。
    9. 叶于茎下部者互生，上部者对生；花单生于叶腋 ………… 碧冬茄属 *Petunia* Juss.
    9. 叶全部互生；顶生圆锥花序或偏于一侧的总状花序 ……… 烟草属 *Nicotiana* Linn.

(1)茄属(*Solanum* Linn.)：草本、灌木或小乔木，具刺或否，常被星状毛。单叶或复叶。聚伞花序或总状花序，顶生或腋生；花萼通常 5 裂；花冠辐状或浅钟状，5 裂；雄蕊 5；子房 2

室。浆果。本属约 2 000 种，分布于热带和温带地区；我国约有 39 种，各地均有分布。

常见植物：茄(*Solanum melongena* Linn.)植物体有刺和星状毛，单叶，浆果大；原产于热带亚洲，全国各地栽培，果作蔬菜；根药用，能祛风、散寒、止痛。马铃薯(*Solanum tuberosum* Linn.)(图 3-136)植物体无刺、具地下块茎，叶为奇数羽状复叶；原产于热带美洲，全国各地栽培，块茎供食用，并可作工业淀粉原料。本属有些种入药，有些种有毒。珊瑚樱(*Solanum pseudocapsicum* Linn.)直立多分枝小灌木，单叶互生，狭长圆形或披针形，长 1～6 cm，宽 0.5～1.5 cm，全缘或波状；花多单生，稀呈无总梗的蝎尾状聚伞花序；花小，白色；浆果橙红色，径 1～1.5 cm；原产于南美洲，我国各地常栽培供观赏。

(2)番茄属(*Lycopersicon* Mill.)：本属约 6 种，产于南美洲，其中番茄(*Lycopersicon esculentum* Mill.)(图 3-137)一年生或多年生草本；叶为羽状复叶或羽状分裂；花黄色，数朵组成圆锥式聚伞花序，花萼、花冠、雄蕊均为 5～7 数；多汁浆果；我国广为栽培供蔬食。

图 3-136 马铃薯 *Solanum tuberosum* Linn.

图 3-137 番茄 *Lycopersicon esculentum* Mill.

(3)辣椒属(*Capsicum* Linn.)：灌木、亚灌木或一年生草本。单叶互生。花白色或绿白色、辐状，1～3 朵簇生。浆果形状和颜色种种，果皮肉质或近革质，常有辣味。本属 20 余种，主产中南美洲；我国引入栽培的有辣椒(*Capsicum annuum* Linn.)。

常见植物：辣椒(图 3-138)花单生于叶腋或枝腋；花萼杯状，5～7 浅裂；花冠白色，裂片 5～7；雄蕊 5；浆果俯垂，长指状，顶端尖而稍弯，少汁液，果皮和胎座间有空腔，熟后变红；原产于南美洲，世界各国普遍栽培，我国各地也广泛栽培，作为蔬菜和调味品，有数十个品种。

常见的变种有：指天椒[*Capsicum annuum* var. *conoides*(Mill.)Irish]果梗直，浆果小，圆锥状；簇生椒[*Capsicum annuum* var. *fasciculatum*(Sturt.)Irish]叶和浆果成束地簇生于枝端，果梗直立，浆果长指状，顶端渐尖；灯笼椒[*Capsicum annuum* var. *grossum*(Linn.)Sendt.]植物体粗壮，果梗直立或下垂，浆果矩圆形或扁圆状，顶端圆或截形，基部常稍凹入。

(4)烟草属(*Nicotiana* Linn.)：一年生或多年生植物，常被黏质柔毛。单叶互生。花白色、黄色、淡绿或淡紫色，组成顶生的圆锥花序或偏于一侧的总状花序。蒴果2瓣裂。本属有60余种，大多数分布于美洲，少数产大洋洲；我国约有4种。

常见植物：烟草(*Nicotiana tabacum* Linn.)(图3-139)一年生高大草本，被腺毛；叶大型，矩圆状，长10～30 cm，宽8～15 cm；花淡红色或白色，圆锥花序顶生；原产于南美洲，现广植于全世界温带至热带地区；是制造卷烟和烟丝的重要原料。

图3-138 辣椒 *Capsicum annuum* Linn.

(5)枸杞属(*Lycium* Linn.)：灌木，有刺或无刺。叶互生或簇生。花单生或簇生于叶腋；花萼钟状，2～5齿裂；花冠漏斗状，5裂；雄蕊5，花丝基部常有毛环。浆果。本属约80种，分布于温带地区；我国约有7种，主产于西北部和北部。

常见植物：宁夏枸杞(*Lycium barbarum* Linn.)株高1～3m，分枝密，有棘刺；叶常为披针形或长椭圆状披针形；花腋生，常1～2(～6)朵簇生于短枝上，花萼通常2中裂，花冠漏斗状，粉红色或淡紫红色，花冠筒明显长于裂片；浆果椭圆形，红色；产于华北、西北各省区，生长于山坡、河岸、路旁及田边；果实入药，为强壮剂，补肝肾，健筋骨；根皮也入药，为清热凉血药。枸杞(*Lycium chinense* Mill.)(图3-140)果实和根皮可入药。

图3-139 烟草 *Nicotiana tabacum* Linn.

图3-140 枸杞 *Lycium chinense* Mill.

(6)夜香树属(*Cestrum* Linn.)：常绿灌木或乔木。单叶互生，全缘。花淡绿色、白色、黄色或红色，组成顶生或腋生的伞房状或圆锥状聚伞花序，有时簇生于叶腋；萼筒状或近于筒状，有5齿或5浅裂；花冠长筒状或筒状漏斗形，5浅裂；雄蕊5，着生于花冠筒中部，花药纵裂；子房有短柄，2室，花柱丝状，柱头盾形。浆果球形、卵形或长圆形，少汁液；种子长圆形，1至少数。本属约160种，主要分布于南美洲；我国引入2种，供观赏。

图 3-141　夜香树 *Cestrum noctumum* Linn.

常见植物：夜香树（*Cestrum nocturnum* Linn.）（图 3-141）常绿直立或近于攀缘状灌木，小枝有棱、细长而下垂；叶较薄，长圆状披针形或卵状披针形，长6～15 cm，宽2～5 cm；花绿白色，有时淡黄绿色，浓香；原产于南美洲，我国南方各地多有栽培。

（7）鸳鸯茉莉属（*Brunfelsia* Linn.）：常绿灌木或小乔木。单叶互生，全缘。花单生或排成顶生的聚伞花序，常有芳香；花萼筒状或钟状，5齿裂；花冠漏斗状，裂片5、顶部圆钝；雄蕊5，着生于花冠筒上，不外露；雌蕊由12个心皮组成，子房2室，每室有多数胚珠。蒴果或浆果状，具完整的果瓣。本属约30种，主要分布于南美洲和西印度群岛；我国引入2种花木，常种植于温室中。

常见植物：鸳鸯茉莉（*Brunfelsia acuminata* Benth.）常绿灌木，多分枝，小枝褐色；叶长椭圆形，长4～7 cm，薄革质，全缘和稍波状；花单生或数朵排成聚伞花序，花冠漏斗状，有宜人香气，初开时蓝紫色，喉部白色，后渐变淡至白色，径约4 cm；原产于热带美洲，各地公园、温室常有栽培，多作盆栽观赏。

（8）碧冬茄属（*Petunia* Juss.）：本属约25种，分布于南美洲；我国引入栽培的仅1种。

图 3-142　碧冬茄 *Petunia hybrida* Vilm.

碧冬茄（*Petunia hybrida* Vilm.）（图 3-142）一年生和多年生草本，高50～60 cm，全体被腺毛，茎直立或斜升。叶卵形，顶端渐尖、短尖和较钝，基部渐狭，近无柄，全缘，茎下部者互生，上部者对生。花单生；花萼5深裂；花冠漏斗状，长5～7 cm，顶端5钝裂，白色、堇色、深紫色，以及各种斑纹，花冠变化较大，因品种而异，有单瓣和重瓣等；雄蕊5枚，4长1短，着生于花冠筒中部。蒴果2瓣裂。原产于南美洲；我国各地庭园多有栽培。

88. 旋花科(Convolvulaceae)

$$* \quad K_{(5)} \quad C_{(5)} \quad A_5 \quad \underline{G}_{(2:2:2)}$$

本科约 56 属 1 800 种，广布于热带和温带；我国有 22 属 128 种，各省区均产。番薯和蕹菜是本科重要的经济植物，有些种栽培供观赏，有些可供饲用和药用。

科的特征：草质藤本或木质藤本，茎具双韧维管束，通常有乳汁。单叶，互生，全缘或分裂，无托叶，有时无叶而寄生。花辐射对称，两性；有苞片；萼片 5，常宿存；花冠通常漏斗状或钟状；雄蕊 5，着生于花冠管上，花药 2 室，花丝丝状；花盘环状或杯状；子房上位，心皮 2(少 3～5)，1～4 室，每室有 1～2 胚珠。蒴果或浆果。

(1)番薯属(*Ipomoea* Linn.)：草本或灌木，通常缠绕。叶全缘或分裂。花单生或组成腋生的聚伞花序或伞形花序至头状花序；苞片各式；萼片 5，宿存，常于结果时多少增大；花冠通常钟状或漏斗形，冠檐常 5 浅裂；雄蕊 5，内藏，花粉粒具刺；子房 2 或 4 室，具 4 颗胚珠。蒴果通常 4 裂或不规则开裂。本属约 300 种，广布于热带、亚热带和温带；我国约 20 种，南北均产，但大多产于华南和西南。

常见植物：番薯(甘薯、红薯、白薯)[*Ipomoea batatas*(Linn.)Lam.](图 3-143)多年生草本，具块根、茎平卧或斜升；单叶全缘或 3～5(7)裂；花红紫色或白色，组成聚伞花序，有时单生；原产于热带美洲，番薯是高产作物，我国各地均有栽培，块根供食用，也是食品工业的重要原料；茎、叶为优质饲料。蕹菜(*Ipomoea aquatica* Forsk.)一年生水生或陆生草本，茎中空，蔓生或浮于水中；单叶，全缘或波状，基部心形或戟形；原产于我国，现在我国南部和中部常有栽培，嫩茎和叶作蔬菜；全草及根入药，内服可解饮食中毒，清热凉血，外用治胎毒。五爪金龙[*Ipomoea cairica*(Linn.)Sweet](图 3-144)多年生缠绕藤本；叶指状 5 深裂几达基部；花冠漏斗状、淡紫红色；原产于北美洲，我国华南、福建和云南曾有栽培，今已逸生为恶性杂草。

图 3-143　番薯 *Ipomoea batatas*（Linn.）Lam.

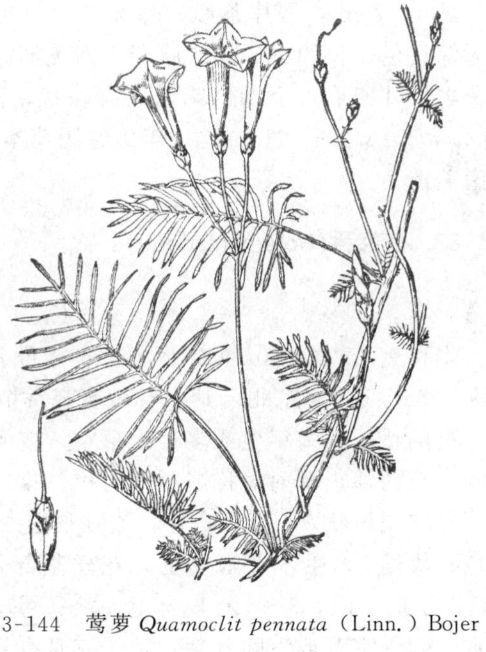

图 3-144　茑萝 *Quamoclit pennata*（Linn.）Bojer

(2)牵牛属(*Pharbitis* Choisy)：和番薯属相近似，但萼片顶端长而渐尖，子房 3 室，胚珠 6，与之不同。本属约 24 种，广布于温带和亚热带地区；我国有 3 种，南北均产。

常见植物：裂叶牵牛(喇叭花)[*Pharbitis nil* (Linn.) Choisy]一年生缠绕草本，全株被粗硬毛；单叶互生，叶片卵状心形，长 8～15 cm，常 3 裂，裂口宽而圆；聚伞花序有花 1～3 朵；花冠漏斗状，白色，蓝紫色和紫红色，长 5～8 cm；原产于热带美洲，我国南方多有栽培或逸为野生。圆叶牵牛[*Pharbitis purpurea* (Linn.) Voigt]一年生缠绕草本，全株被粗硬毛；单叶互生，叶片心形，全缘，长 5～12 cm；花冠漏斗形，紫色、淡红色或白色，长 4～5 cm；原产于美洲，我国各地皆有种植并常有野生者。

(3)月光花属(*Calonyction* Choisy)：缠绕草本，茎常有小瘤状突起。叶心形。花单生或数朵排成蝎尾状或二歧状聚伞花序；萼片 5；花冠白色或紫色，高脚碟状，大而美丽，黄昏开放；雄蕊通常伸出；子房 2 室，胚珠 4 颗。蒴果 4 瓣裂；种子无毛。本属 6～7 种，分布于热带美洲；我国引种 3 种。

常见植物：月光花[*Calonyction aculeatum* (Linn.) House]草质、缠绕大藤本，长可达 10 m，有乳汁；茎具软刺或近光滑；叶互生，心形，长 8～20 cm，宽 5～15 cm；聚伞花序腋生，有花 1～5 朵，花序轴花后伸长；萼片 5，卵形，长达 2 cm，顶端具长芒尖；花冠高脚碟状，白色，带淡绿色褶纹，花冠筒长 8～10 cm，冠檐 5 浅裂，扩展，直径 7～12 cm；蒴果卵形，长约 3 cm；种子长 0.8～1 cm，黑褐色。原产于热带美洲，现广布于热带地区；我国庭园常有栽培，供观赏或为接穗嫁接香薯以提高产量。

(4)茑萝属(*Quamoclit* Mill.)(图 3-144)：草质藤本。叶常掌状 3～5 裂或羽状分裂。花大多腋生，通常为二歧聚伞花序；萼片 5，顶端常呈芒状；花冠高脚碟状，鲜红色或黄色；雄蕊突出；子房 4 室，胚珠 4 颗。蒴果 4 瓣裂。本属约 10 种，分布于热带美洲；我国引种栽培 3 种，为美丽的庭园观赏植物。

常见植物：茑萝[*Quamoclit pennata* (Linn.) Bojer](图 3-144)一年生草本；叶羽状细裂，长 4～7 cm，裂片条形，基部二裂片再二裂；聚伞花序腋生，有花数朵，通常长于叶；花冠深红色，长约2.5 cm；原产于南美洲。圆叶茑萝(*Quamoclit coccinea* Moench)一年生草质藤本；叶卵形，全缘；花冠高脚碟状，洋红色，喉部带黄色；原产于南美洲。槭叶茑萝(*Quamoclit sloteri* House)一年生缠绕草本；叶掌状分裂，裂片多、披针形；花红色；原产于南美洲。

89. 花荵科(Polemoniaceae)

$$* \quad \uparrow \quad ⚥ \quad K_{(5)} \quad C_{(5)} \quad A_5 \quad \underline{G}_{(3\sim5:3\sim5:1\sim\infty)}$$

本科有 15 属 300 种以上，分布于欧洲、亚洲和美洲，主产于北美洲；我国有 3 属，6 种，产于西北至东北。其中有著名观赏植物福禄考、天蓝绣球等。

科的特征：一年生或多年生草本，或灌木。叶互生或对生，全缘、分裂或羽状复叶，无托叶。花两性，辐射对称或两侧对称，排成二歧或圆锥花序式的聚伞花序，稀单生于叶腋；花萼钟状或筒状，5 裂，宿存，裂片形成 5 翅；花冠高脚碟状、漏斗状或钟状，常有鲜艳的颜色；雄蕊 5，生于花冠筒上，花丝基部常扩大并被毛，花药 2 室、纵裂；花盘环状，常 5 裂；子房上位，3～5 心皮合生，3～5 室，花柱 1，顶部 3 裂，中轴胎座，每室有胚珠 1 至多数。蒴果室背或室间开裂；种子有时有翅。

天蓝绣球属(*Phlox* Linn.)：一年生或多年生草本，有时基部木质化。叶互生或对生，全缘。花蓝色、紫色或淡红色，排成聚伞花序或总状花序，萼狭，于果熟时伸张而破裂；花冠高脚碟状，裂片顶部凹或分裂；雄蕊5，着生于花冠筒上的位置高低不齐，花丝极短。蒴果卵形，3瓣裂。本属约50种，分布于北美，1种产于西伯利亚；我国引入栽培的有3种。

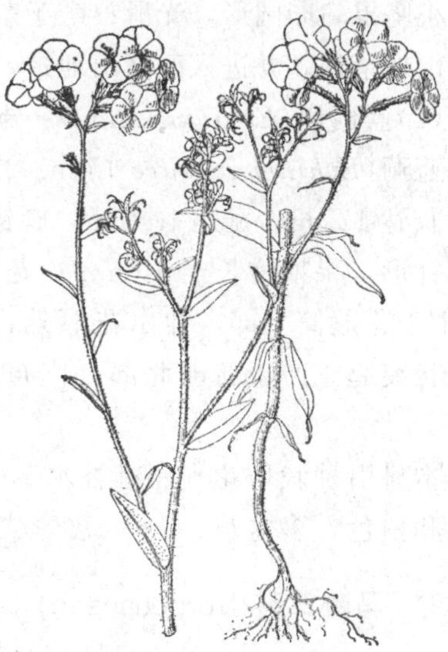

图3-145　福禄考

Phlox drummondii Hook.

常见植物：福禄考(小天蓝绣球)(*Phlox drummondii* Hook.)(图3-145)一年生草本，高15～40 cm，多分枝；叶互生，基部对生，叶片宽卵形、矩圆形或披针形，长2～7.5 cm，上部叶有时抱茎，无柄，边缘有细硬缘毛；聚伞花序顶生，花冠5浅裂，有白色、黄色、粉红色、红紫色、斑及复色，多数以粉及粉红色为主；原产于北美南部，我国广泛栽培。锥花福禄考(天蓝绣球)(*Phlox paniculata* Linn.)多年生草本，茎丛生，粗壮，直立，高60～100 cm，有柔毛或否；叶对生，有时3叶轮生，叶片矩圆状披针形或卵状披针形，长7.5～12 cm，宽1.5～3.5 cm，叶柄极短或上部抱茎；圆锥花序顶生，多花密集成塔形，花冠高脚碟状，红色、淡红色、蓝紫色、紫色或白色，花冠筒长达3 cm；原产于北美，我国各地庭园栽培供观赏。

90. 紫草科(Boraginaceae)

$$* \quad K_{(5)} \quad C_{(5)} \quad A_5 \quad \underline{G}_{(2:2:2)}$$

本科约100属2 000种，分布于温带和热带；我国有48属269种，全国都有分布。其中有的供药用，有的供观赏。

科的特征：草本、半灌木、灌木或乔木，植株通常被硬毛。单叶互生，少对生或轮生，无托叶。花两性，辐射对称，常排列成镰状、蝎尾状或总状聚伞花序；萼5裂；花冠合瓣，管状或漏斗状，5裂，喉部常有鳞片状附属物；雄蕊5，贴生于花冠筒上；有花盘；雌蕊常由2心皮合生，子房上位，常4深裂，每心皮有2胚珠。果实为4个小坚果。

(1)勿忘草属(*Myosotis* Linn.)：草本。叶互生，全缘。总状花序顶生；萼小，5裂；花冠高脚碟状，喉部常有鳞片状附属物。小坚果4，透镜状，平滑，有光泽。本属约50种，分布于温带地区；我国北部有4种。

图3-146　勿忘草

Myosotis sylvatica Ehrh. ex Hoffm.

常见植物：勿忘草(*Myosotis sylvatica* Ehrh. ex Hoffm.)(图3-146)多年生，茎密被长柔毛；茎生叶矩圆状披针形或长椭圆形；花序顶生，花冠蓝色，喉部黄色，具5附属物；子房4深裂；小坚果扁卵圆形，光滑；产于东北、华北、西北、江苏、四川和云南，生于林下、山地灌丛、山地草甸，并进入亚高山地带，现栽培供观赏，作插花材料。

(2)蓝蓟属(*Echium* Linn.)：本属约40种，分布于地中海地区和欧洲；我国仅产1种。

蓝蓟(*Echium vulgare* Linn.)二年生草本。茎高达100 cm。基生叶和下部叶条状倒披针形，长达12 cm，宽达1.4 cm。圆锥状聚伞花序顶生；花萼长约6 mm，5裂至基部，裂片条状披针形，果期增长至10 mm；花冠紫蓝色，斜漏斗状，长约12 mm，不等的5裂；雄蕊5，生于花冠筒下部，伸出花冠外；子房4裂，花柱伸出，顶端2裂。小坚果4个，卵形，有疣状突起。产于新疆北部；广布于欧洲和亚洲西部，我国北京、南京等城市有栽培，供观赏。

本科引种栽培花卉还有香水草(*Heliotropium arborescens* Linn.)一、二年生草花，花蓝紫色和白色，多盆栽。

91. 马鞭草科(Verbenaceae)

$$\uparrow \quad ⚥ \quad K_{(4\sim5)} \quad C_{(4\sim5)} \quad A_{2+2} \quad G_{(2:4:2\sim1)}$$

本科约有80属3 000余种，主要分布于热带和亚热带地区；我国有20属174种。

科的特征：草本和木本。叶对生，稀轮生和互生，单叶和复叶，无托叶。花各式排列；花萼4～5裂，宿存；花冠4～5裂，裂片覆瓦状排列；雄蕊4，2长，2短，稀5或2，着生于花冠筒上；有花盘；雌蕊由2心皮合成，子房上位，4室，稀因有假隔膜而成4～10室，每室有1或2颗胚珠，花柱顶生，柱头2裂或不裂。核果或蒴果状；种子无胚乳。

马鞭草科常见园艺植物分属检索表

1. 草本或亚灌木；穗状花序或聚伞花序顶生、腋生；花冠稍二唇形或裂片略不等大，子房全缘或4裂，形成4个小坚果 ………………………………… 马鞭草属 *Verbena* Linn.
1. 木本，稀草本；聚伞花序腋生或聚生于枝顶；花冠高脚碟状、漏斗状或裂片略不等大；子房全缘，形成浆果状核果2或4瓣裂。
  2. 花序头状；茎有倒钩状皮刺；同一花序上花有多种颜色，花萼小……………………………………………………………………………………… 马缨丹属 *Lantana* Linn.
  2. 聚伞花序非头状；茎无倒钩状皮刺；同一花序上的花色一致；花萼通常有艳丽色彩。
    3. 花萼由基部向上扩大成喇叭状或碟状，近全缘；花冠筒明显弯曲……………………………………………………………………………… 冬红属 *Holmskioldia* Retz.
    3. 花萼钟状或环状；花冠筒通常不弯曲 ………………… 大青属 *Clerodendrum* Linn.

(1)马鞭草属(*Verbena* Linn.)：一年生或多年生草本或亚灌木。茎四棱。叶对生，稀轮生或互生，边缘有齿或分裂。穗状花序顶生，稀腋生；萼筒状，5齿裂；花冠筒劲直或稍弯，裂片稍2唇形，5裂；雄蕊4，两两成对，着生于花冠筒中部，内藏；子房全缘或稍4裂。4个小坚果包藏于萼内。本属约250种，我国仅产1种。

本属引进栽培的有2种：美女樱(*Verbena hybrida* Voss.)多年生草本作一、二年生栽培，茎四棱，高30～40 cm，半蔓生性，常呈匍匐状，分枝多，有毛；叶对生，长圆形，边缘有不规则的钝锯齿；聚伞花序顶生和腋生，花有红、粉红、蓝、紫、白等色；原产于热带美洲，我国各地均有栽培，供观赏。细叶美女樱(*Verbena tenera* Spreng.)与美女樱相近似，但叶3深裂，每个裂片再羽状分裂，小裂片条形，全缘，有叶柄；穗状花序顶生，花冠玫瑰紫色与之不同。

(2)马缨丹属(*Lantana* Linn.)：直立和蔓生灌木，有强烈气味；茎四棱形，常有皮刺。单叶对生，叶缘有圆齿和钝齿，上面皱缩。头状花序顶生和腋生；有苞片和小苞片；花萼小、膜质；花冠4～5浅裂，裂片近相等或略呈二唇形，花冠筒细长；雄蕊4，着生于花冠筒中部，2枚在上，2枚在下，内藏；子房2室，每室1胚珠。肉质核果。本属约150种，主要分布于热带美洲；我国常见栽培的有2种。

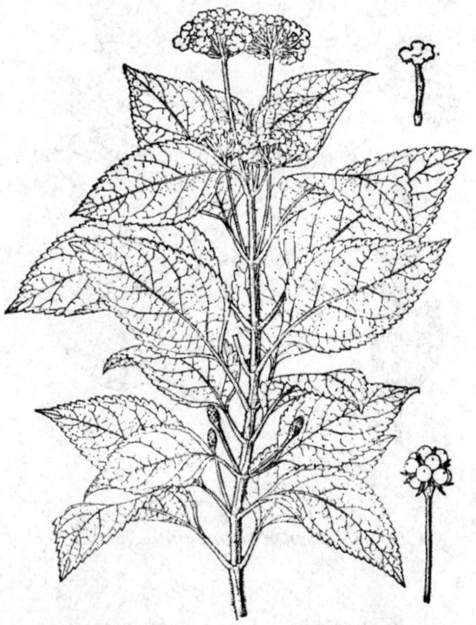

图3-147 马缨丹 *Lantana camara* Linn.

常见植物：马缨丹(*Lantana camara* Linn.)(图3-147)直立或蔓生灌木，高达1 m，小枝四棱形，有柔毛和倒钩状皮刺；叶对生，揉碎有强烈气味，叶片卵形至卵状长圆形，长4～9 cm，宽2～6 cm；头状花序腋生或顶生，直径约2 cm；花萼筒状、膜质；花冠初时黄色、橙黄色，后渐变为粉红至深红色，因开花有先后之故，在同一花序上出现了多种花色；原产热带美洲，我国各地曾有栽培，台湾、福建、广东、广西有逸为野生者。

(3)冬红属(*Holmskioldia* Retz.)：灌木，小枝被毛。单叶对生，全缘或有锯齿。聚伞花序腋生或聚生枝顶；花萼膜质，由基部向上扩大成喇叭状或碟状，近全缘，有艳丽色彩；花冠筒明显弯曲，顶端5浅裂；雄蕊4，二强，着生于花冠筒基部，与花柱同伸出花冠外。核果4裂几达基部，为扩大的宿萼所包。本属约3种，分布于马达加斯加和热带非洲；我国引入1种。

冬红(*Holmskioldia sanguinea* Retz.)常绿灌木或略带蔓性，小枝四棱形，具4槽；叶对生、膜质，卵形或宽卵形；聚伞花序常2～6个再组成圆锥状，每聚伞花序含3朵花；花萼扩大呈喇叭状和碟状，径约2 cm，朱红色和橙红色；花冠朱红色，花冠筒长2～2.5 cm，弯曲、有腺点。

(4)大青属(*Clerodendrum* Linn.)：落叶或常绿灌木或小乔木，少为攀缘状灌木或草本，植株常被腺点、腺体或各种毛被。单叶对生，全缘、波状或有锯齿，稀分裂。花通常排成顶生的聚伞花序或圆锥花序；花萼钟状或杯状，顶端近平截或有5钝齿至深裂，花后增大而有颜色；花冠高脚碟状或漏斗状，顶部有稍不等的5裂；雄蕊4，着生于花冠管上部，药纵裂；子房4室，每室1胚珠，花柱线形、与雄蕊均伸出花冠筒外。浆果状核果，成熟后常分裂为4个小坚果。本属约400种，分布于热带和亚热带地区，主产东半球；我国有34种，大多分布于西南和华南地区。

常见植物：龙吐珠(*Clerodendrum thomsonae* Balf.)(图3-148)常绿攀缘状灌木；聚伞花序二

图 3-148 龙吐珠
Clerodendrum thomsonae Balf.

歧分枝，花萼白色，花冠深红色。原产于西非热带地区，我国华南有露地栽培，北方常温室栽培。祯桐[*Clerodendrum japonicum*（Thunb.）Sweet.]落叶灌木，二歧聚伞花序组成顶生大型开展的圆锥花序，花梗及花萼均鲜红色、花冠红色；各地庭园常有栽培，北方多温室栽培。

92. 唇形科(Lamiaceae 或 Labiatae)

$* \quad K_{(5)} \quad C_{(5)} \quad A_{2+2,2} \quad \underline{G}_{2:4:1}$

本科有 200 多属 3 500 多种，广布于世界各地，以地中海区域与中亚地区为最多；我国有99 属808种，遍布全国。其中多数植物含有大量的各种挥发油、生物碱、苷类等物质，可提取香精或供药用，有些可供观赏。

科的特征：草本或灌木，常因含芳香油而有香气。茎与枝均 4 棱形，叶对生或轮生，少互生，无托叶。花序各式，常为轮伞花序或聚伞花序，再排成总状、穗状、圆锥状或头状，也有单花或2 花并生的；花两性，少单性，常两侧对称，少近辐射对称；花萼 5 或 4 裂，宿存；花冠合瓣，常二唇形，5 或 4 裂；雄蕊 4，二强，少为 2；有花盘；心皮 2，4 裂，子房上位，假 4 室，每室 1 胚珠，花柱顶部 2 裂。4 个小坚果。

(1)鼠尾草属(*Salvia* Linn.)：草本、灌木或半灌木。单叶或羽状复叶。轮伞花序 2 至多数花，组成总状或圆锥花序，稀全部花为腋生；花萼二唇形，2/3 式；花冠二唇形，上唇直立而拱曲，下唇展开；能育雄蕊 2，花丝短，与花药有关节相连，上方药隔呈丝状伸长，有药室，下方药隔形状不一，药室退化，呈杠杆状，后对假雄蕊极小或无。本属有 1 000 余种，分布于热带和温带地区；我国有 78 种，分布于全国各地，尤以西南最多。

常见植物：丹参(*Salvia miltiorrhiza* Bunge)多年生草本；根肥厚，外皮丹红色，故名丹参；基生叶为单叶，茎生叶为奇数羽状复叶，小叶 3～5(7)枚；产于辽宁、华北、陕西、华东、华中等地；根入药，含丹参酮，对治疗冠心病有良好的效果，又为强壮通经剂，亦治多种炎症。一串红(*Salvia splendens* Ker.-Gawl.)半灌木状草本，轮伞花序具 2～6 花；密集成顶生假总状花序，花冠红色至紫色，稀白色；原产于巴西，我国各地庭园常有栽培，供观赏。此外，原产于美洲的朱唇(*Salvia coccinea* Linn.)我国各地栽培供观赏。

(2)薄荷属(*Mentha* Linn.)：芳香草本，叶背面有腺点。轮伞花序 2 至多花，着生于腋内，远离或密集成顶生的头状或穗状花序；花冠近于辐射对称，漏斗形，冠檐 4 裂；雄蕊 4。本属约 30 种，主要分布于北半球温带；我国野生种约有 6 种、栽培种 6 种。

常见植物：薄荷(*Mentha haplocalyx* Briq.)多年生草本，具根茎；叶具柄，卵形或矩圆形，轮伞花序腋生；全国各地均有野生或栽培，全草含薄荷油，药用，或为高级香料。留兰香(*Mentha spicata* Linn.)叶披针形，轮伞花序聚生于茎及分枝顶端形成假穗状花序；新疆有野生，世界各地广泛栽培，我国也有栽培，全草含芳香油，广泛用于糖果、牙膏等香料，亦作医药用。

唇形科植物几乎都含芳香油，可提取香精，已被利用的除薄荷、留兰香外，我国栽培的还有罗勒(*Ocimum basilicum* Linn.)，原产于非洲及亚洲温暖地带；丁香罗勒(*Ocimum gratissimum* Linn. var. *suave* (Willd.) Hook. f.)，原产于马达加斯加；薰衣草(图 3-149)(*Lavandula angustifolia* Mill.)及宽叶薰衣草(*Lavandula latifolia* Vill.)，原产于地中海地区；迷迭香(*Rosmarinus officinalis* Linn.)，原产于欧洲及北非地中海沿岸。

可供药用的种类，有藿香[*Agastache rugosa* (Fisch. et Mey.) Kuntze](图 3-150)、香薷[*Elsholtzia ciliate* (Thunb.) Hyland.]、益母草[*Leonurus artemisia* (Lour.) S. Y. Hu]、裂叶荆芥[*Schizonepeta tenuifolia* (Benth.) Briq.]、夏枯草(*Prunella vulgaris* Linn.)、紫苏[*Perilla frutescens* (Linn.) Britt.]、活血丹[*Glechoma longituba* (Nakai) Kupr.]等。可供观赏的还有五彩苏[*Coleus scutellarioides* (Linn.) Benth.]及其变种小五彩苏[*Coleus scutellarioides* var. *crispipilus* (Merr.) H. Keng]，原产于东南亚，我国栽培供观赏。

图 3-149　薰衣草
Lavandula angustifolia Mill.

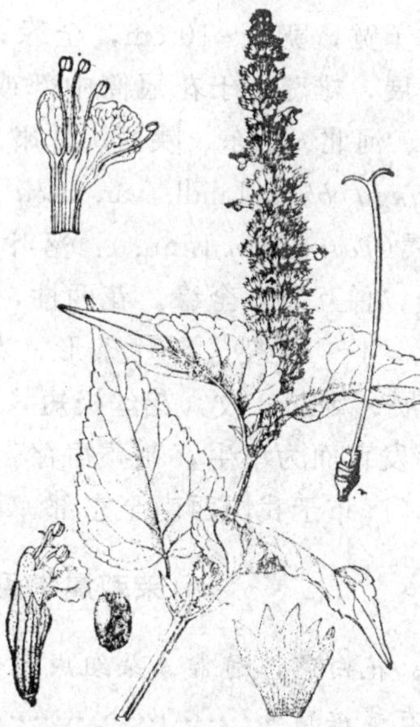

图 3-150　藿香 *Agastache rugosa* (Fisch. et Mey.) Kuntze

93. 木犀科(Oleaceae)

$$* \ K_{(4\sim6)} \quad C_{(4\sim6)} \quad A_2 \quad \underline{G}_{(2:2:2)}$$

本科有 27 属约 400 种，广布热带和温带地区；我国有 12 属约 178 种，南北均产。其中有不少栽培植物，供观赏及用材，部分种供药用。

科的特征：乔木或灌木。单叶或复叶，对生，无托叶。花通常两性，稀单性异株，辐射对称，常组成圆锥花序、聚伞花序或丛生，稀单生；萼小，4～6 裂；花冠合瓣，4～6 裂，少数无花瓣；雄蕊 2，稀 3～5，花药 2 室，纵裂；心皮 2，合生，子房上位，2 室，每室通常 2 胚珠(连翘属具多胚珠)，花柱单 1，柱头 2 裂。果为蒴果、浆果、核果或翅果。

(1)连翘属(*Forsythia* Vahl)：落叶灌木，小枝光滑无毛、中空或有髓片。叶对生，单叶，稀复叶，有锯齿或全缘。花1～3(5)朵生于叶腋，先叶开放；萼4深裂；花冠黄色，4深裂，裂片长于筒；雄蕊2枚；子房2室，柱头2裂。蒴果卵圆形，具多数种子；种子有翅。本属约11种，分布于欧亚大陆至日本；我国有7种。

常见观赏植物：金钟花(*Forsythia viridissima* Lindl.)灌木，小枝绿色、四棱形，单叶对生，叶片椭圆状长圆形至披针形，长5～12 cm，近先端有锯齿。花先叶开放，金黄色，1～3朵簇生。原产我国及朝鲜，分布于我国中部和西南部，现各地栽培供观赏。

(2)丁香属(*Syringa* Linn.)：落叶灌木或小乔木，假二叉分枝，冬芽卵形，被鳞片，顶芽常缺；单叶对生，稀羽状复叶，全缘、稀羽状深裂。花两性，组成顶生或侧生的圆锥花序；花萼钟状，4裂，宿存；花冠紫色、淡红色或白色，漏斗状，裂片4，广展，比花冠筒短；雄蕊2，着生于花冠筒中部。蒴果长圆形或近圆柱形，室背开裂为2瓣，果瓣革质，每室2颗种子；种子有翅。本属约30种，分布于亚洲和欧洲；我国有20余种，分布于西南至华南北部，大多供观赏。

常见植物：紫丁香(*Syringa oblata* Lindl.)小枝无毛；叶宽卵形，基部心形或截形，先端锐尖，长小于宽，宽5～10 cm，全缘；圆锥花序长6～15 cm，花萼4裂，花冠紫堇色，先端4裂，开展，雄蕊生于花冠筒中部或中下部；蒴果长圆形，顶端尖，平滑。产于吉林、辽宁、内蒙古、河北、山东、陕西、甘肃和四川，生于海拔300～2 600 m的山地或沟谷。变种白丁香(*Syringa oblata* Lindl. var. *alba* Rehder.)花白色，叶较小，通常长大于宽或等于宽。

(3)茉莉属(*Jasminum* Linn.)：落叶或常绿灌木或木质藤本，小枝绿色。单叶或奇数羽状复叶，对生，稀互生，全缘。花两性，排列成顶生或腋生的聚伞花序或伞房花序，很少单生；花萼钟状，4～10裂，裂片条形；花冠高脚碟状，黄色或白色，稀红色，花冠筒长，4～10裂，扩展；雄蕊2枚，花丝极短，内藏；子房2室，胚珠通常每室2颗。浆果常双生或其中1个不发育而为单生，花萼宿存。本属约300种，分布于东半球热带和亚热带地区；我国有44种，广布于我国西南至东部，而以西南最盛，大多为观赏植物。

茉莉属常见园艺植物分种检索表

1. 单叶对生；花白色，通常3朵组成聚伞花序；常绿灌木(原产于印度及中东地区，我国南北各地多有栽培) ································ 茉莉 *Jasminum sambac* (Linn.) Aiton
1. 羽状复叶常由3小叶、少为5小叶组成；花黄色。
    2. 叶互生，羽状复叶常由2小叶、少为5小叶组成，落叶至半常绿；聚伞花序由多数花组成(产于我国北部及西部，江浙一带有栽培) ······ 探春 *Jasminum floridum* Bunge
    2. 叶对生，羽状复叶由3小叶组成。
        3. 落叶披散灌木；花先叶开放，单生于去年生枝的叶腋，花径2～2.5 cm，花冠裂片较筒部为短(产于我国西北及西南地区，各地常见栽培) ·· 迎春 *Jasminum nudiflorum* Lindl.
        3. 常绿灌木；花单生于具总苞状单叶的小枝顶端，花径3～4 cm，花冠裂片较筒部为长(原产于我国云南，南方庭园常见栽培) ······ 云南黄馨 *Jasminum mesnyi* Hance

(4)木犀属(*Osmanthus* Lour.)：常绿灌木或小乔木。单叶对生，全缘或有锯齿。花芳香，簇生或组成短圆锥花序；花冠白色、黄色或橙黄色，钟形或筒状钟形，4 浅裂至深裂，裂片在芽中覆瓦状排列。核果。本属 30 余种，分布于亚洲和美洲；我国有 25 种，分布于长江以南，大部分供观赏。

常见植物：桂花［*Osmanthus fragrans* Lour.］(图 3-151)叶革质，椭圆形至椭圆状披针形，长 4～12 cm，宽 2～4 cm，全缘或上半部疏生细锯齿；花白色，极芳香；产于我国西南部，现南方各地均有栽培，花作香料并入药，糖渍后食用或制食品糕点；栽培品种中开红花的称“丹桂”，开淡白色花的称“银桂”，开黄花的称“金桂”，一年多次开花的称“四季桂”。油橄榄(*Olea europaea* Linn.)(图 3-152)花 4 数，核果；原产于地中海区，我国有栽培；果含油 28%，供食用或药用。夜花(*Nyctanthes arbor-tristis* Linn.)小乔木，枝条四棱形。单叶对生，全缘，卵形，长 8(12) cm；花冠高脚碟状，花冠筒橙黄色，长6～10 mm，裂片4～8，长 4～6 mm，白色；由 3～7 花组成头状花序，再由分枝顶部叶生和顶生的头状花序组成三歧聚伞花序，花序长达 15 cm，花极香。原产于印度中部，我国云南南部有栽培。

图 3-151　桂花 *Osmanthus fragrans* (Thunb.) Lour.

图 3-152　油橄榄 *Olea europaea* Linn.

94. 玄参科(Scrophulariaceae)

$$\uparrow \text{或} * \quad K_{(4\sim5)} \quad C_{(4\sim5)} \quad A_{4,2} \quad \underline{G}_{(2:2:\infty)}$$

本科有 200 余属 3 000 余种，广布于全世界；我国有 56 属 600 多种，遍布全国。有不少种可供观赏，有些可入药。

科的特征：草本，少为木本。叶对生、互生或轮生，无托叶。花两性，两侧对称，少辐射对称；萼 4～5 裂，宿存；花冠合瓣，4～5 裂，二唇形或不等裂；雄蕊多为 4，二强，少为 2 或 5，插生于花冠筒上，花药常 2 室，分离或顶端汇合；子房上位，2 室，中轴胎座，每室胚珠多数。蒴果或浆果。

(1)毛地黄属(*Digitalis* Linn.)：约 25 种，分布于亚洲中部和西部，我国引入栽培 1 种。

毛地黄(*Digitalis purpurea* Linn.)为多年生草本，全体被灰白色短柔毛和腺毛，茎单生或数支丛生；叶片长卵形，边缘常具圆齿、少锯齿；总状花序顶生；花冠紫红色，长 3～4 cm；蒴果卵形，长 1.5 cm；原产于欧洲，叶含毛地黄精(digitaline)，为强心剂；亦可供观赏。

(2)柳穿鱼属(*Linaria* Mill.)：一年生或多年生草本。叶对生或轮生或上部叶互生，羽状脉，全缘、齿状或分裂。花常红色或黄色，排成顶生的总状花序或穗状花序；花萼5裂几达基部；花冠筒长，基部有长距，裂片二唇形，上唇2裂，下唇3裂、中央向上唇隆起并扩大，隆起处密被腺毛；雄蕊4，前面一对较长。蒴果孔裂或纵裂。本属约150种，分布于北温带，主产欧亚大陆；我国有8种，产于西南和北部，可供观赏。

常见植物：柳穿鱼(*Linaria vulgaris* Mill.)多年生草本。茎常不分枝，高30～60 cm；叶条状披针形，长2～7 cm，宽达5 mm，全缘；花黄色，组成顶生总状花序，各部被腺毛；分布于长江以北，欧亚大陆北部广布，各地栽培，供观赏。

(3)金鱼草属(*Antirrhinum* Linn.)：本属约42种，分布于北温带，美洲尤多；我国引入栽培1种。

金鱼草(*Antirrhinum majus* Linn.)多年生草本，高80 cm；叶下部对生、上部的常互生，有短柄，叶片披针形至矩圆状披针形，5深裂；花冠二唇形，从红色、紫色至白色，多种颜色，长3～5 cm，上唇直、宽大、2半裂，下唇3浅裂、在中部向上隆起；雄蕊4，2强；蒴果卵形，长约15 mm。原产于地中海地区，我国各地栽培，供观赏。

(4)炮仗竹属(*Russelia* Jacq.)：本属约40种，分布于热带美洲；我国引入栽培1种。

爆仗竹(*Russelia equisetiformis* Sohlecht. et Cham.)又称爆竹红，木贼状半灌木，茎直立，高达1 m；叶轮生，退化为披针形的鳞片；聚伞圆锥花序狭长，小聚伞花序由1～3花组成，总花柄长达3 cm；花萼长2～3 mm，5深裂过半；花冠长达2 cm，红色，不明显二唇形，花冠筒长，上唇2裂、下唇3裂；雄蕊4枚；蒴果球形，室间开裂。爆仗竹花枝细长而下垂，花形如爆竹，花色鲜红，且全年开放不断，南方可露地栽培，北方可作室内盆栽观赏。

(5)泡桐属(*Paulownia* Sieb. et Zucc.)：落叶乔木，但在热带则为常绿乔木，枝、叶对生。叶全缘或3裂。花大，排成顶生的圆锥花序；花冠不明显唇形，裂近相等。蒴果木质或革质，室背开裂。本属有7种，分布于亚洲东部，我国全产。本属植物均为阳性速生树种，木材轻且易加工，耐酸耐腐、防湿隔热，为家具、航空模型、乐器及胶合板的好材料；花大而美丽，又可供园林绿化等用。

图3-153 泡桐 *Paulownia fortunei* Hemsl.

常见植物：桐(毛泡桐)[*Paulownia tomentosa*(Thunb.)Steud.]蒴果较小，长3～4 cm，果皮硬革质；幼枝、幼果密被黏质短腺毛；原产于我国，现在已被广泛栽培。泡桐(*Paulownia fortunei* Hemsl.)(图3-153)蒴果大，长达8 cm，外果皮硬壳质；产于长江以南及台湾。

95. 爵床科(Acanthaceae)

$\uparrow$ ⚥ $K_{(4\sim5)}$ $C_{(5)}$ $A_{4,2}$ $\underline{G}_{(2:2:1\sim\infty)}$

本科约 250 属 2 500 种，广布于热带和亚热带地区；我国有 61 属 178 种，分布于长江以南诸省区，有些种可供观赏、药用或染料用。

科的特征：草本、灌木或攀缘状藤本。叶对生，无托叶。花两性，两侧对称，种种排列，有苞片和小苞片；萼 4～5 裂，很少极小或退化为一环状体；花冠二唇形或近相等的 5 裂；雄蕊 4 或 2；子房上位，2 室，胚珠 1 至多数生于中轴胎座上。蒴果，开裂时将种子弹出。

常见观赏植物：老鸦嘴属(*Thunbergia* Retz.)的翼叶山牵牛(*Thunbergia alata* Bojer)与碗花草相似，区别是花黄色；叶柄常有狭翅；原产于非洲，广州有栽培。虾衣花[*Callispidia guttata* (Brand.) Bremek.](图 3-154)常绿亚灌木，茎半直立，常向外呈弧形生长；穗状花序成串开放于枝梢，红褐色花苞成丝状生长，几乎四季开花。原产于墨西哥，我国引入栽培历史不长，已在南北各地普遍栽培。

图 3-154 虾衣花

Callispidia guttata (Brand.) Bremek.

96. 紫葳科(Bignoniaceae)

$\uparrow$ ⚥ $K_{(5)}$ $C_{(4\sim5)}$ $A_{4,2}$ $\underline{G}_{(2:2)}$

本科约 120 属 650 种，分布于热带地区，少数延伸至温带；我国有 22 属 49 种，南北各省都有。大部分可供观赏，有些可供材用。

科的特征：落叶或常绿乔木、灌木或木质藤本，稀草本。叶对生，稀互生，单叶或复叶，无托叶。花两性，两侧对称，排列成顶生或腋生的聚伞状圆锥花序或总状花序；花萼钟状或筒状，顶端截平或齿裂；花冠钟状或漏斗状，4～5 裂，裂片常呈二唇形；发育雄蕊通常 4，有时 2 枚，退化雄蕊 1～3 枚，二者均着生于花冠筒上；有花盘；子房上位，2 室而为中轴胎座或 1 室而为侧膜胎座，花柱细长，柱头 2 裂。蒴果，少数呈浆果状；种子常有翅。

(1)炮仗藤属(*Pyrostegia* Presl.)：本属约 5 种，原产于南美洲，我国引入栽培 1 种。

炮仗花[*Pyrostegia venusta* (Ker-Gawl.) Miers]常绿藤本，茎粗壮，有棱。复叶有小叶 3 枚，顶生小叶变为线形、3 叉状卷须，叶卵形或卵状长椭圆形，长 5～10 cm，全缘，下面有穴状腺体。聚伞状圆锥花序下垂；花萼钟状，先端 5 齿裂；花冠橙红色，筒状，先端 5 裂，梢呈二唇形，裂片先端钝、反卷、有明显白色被毛的边；发育雄蕊 4 枚；子房圆柱形，密被细柔毛。蒴果瓣裂；种子多数、具翅。炮仗花花色橙红、密集成串，状如炮仗，且花期较长，是美丽的观赏藤本。

(2)硬骨凌霄属(*Tecomaria* Spach)：本属有 2 种，原产于非洲，我国引入栽培 1 种。

硬骨凌霄[*Tecomaria capensis* (Thunb.) Spach.]又称南非凌霄，常绿半藤本状灌木，小枝绿褐色，常有小瘤状凸起。奇数羽状复叶对生，小叶 7～9 枚，卵形至宽椭圆形，长1～2.5 cm，叶缘有不规则锯齿。顶生总状花序；花萼钟形，5 齿裂；花冠长漏斗形，弯曲，先端 5 裂，二唇形，橙红色，有深红色纵纹；雄蕊伸出花冠筒外；花盘杯状；子房 2 室。蒴果线形，压扁状；种子有膜质翅。原产于南非好望角；我国华南有露地栽培，长江流域及华北多盆栽。

(3)凌霄属(*Campsis* Lour.)：本属有 2 种，1 种产美洲，1 种产我国和日本。

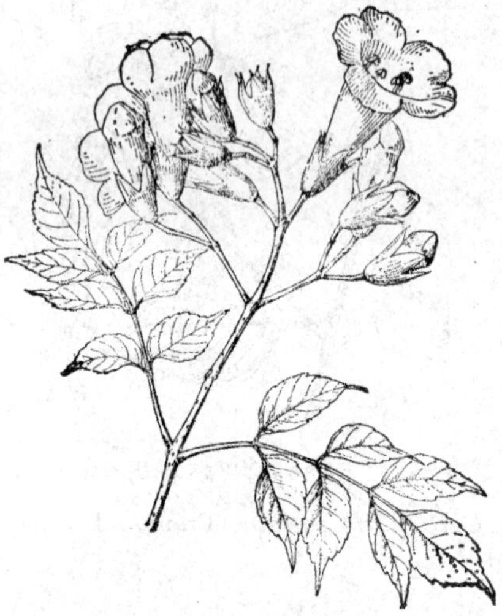

图 3-155　凌霄 *Campsis grandiflora* (Thunb.) Schum

凌霄[*Campsis grandiflora* (Thunb.) Schum](图 3-155)落叶木质藤本，借气生根攀附于其他物体上。叶对生，奇数羽状复叶，小叶7～9(11)枚，卵形至卵状披针形，长 4～6 cm。聚伞状圆锥花序顶生；花大，花萼钟状，不等 5 裂至花萼中部；花冠漏斗状钟形，裂片 5，外面橙黄色、里面鲜红色；雄蕊 4 枚、2 强；子房 2 室。蒴果长如豆荚，2 瓣裂；种子多数，扁平；有透明的翅。原产于我国中部和东部，各地有栽培。美国凌霄[*Campsis radicans* (Linn.) Seem.]与凌霄相近似，区别是本种奇数羽状复叶由 9～13 枚小叶组成；花数朵集成短圆锥花序，花萼裂至1/3，花冠较小，径约 4 cm；蒴果筒状长圆形。原产于北美洲，我国各地均有栽培。

97. 苦苣苔科(Gesneriaceae)

$$\uparrow \quad ⚥ \quad K_{(4\sim5)} \quad C_{(4\sim5)} \quad A_{4,2} \quad \underline{G}_{(2:1\sim2:\infty)}$$

本科约有 135 属 2 000 种，分布于热带和亚热带，少数温带；我国有 56 属约 413 种，自西南、华南向北达河北、辽宁西南部，多数分布于华南和云南东南部熔岩地区；有 28 属为中国特有属。本科不少植物的花美丽，可供观赏。

科的特征：多为具根状茎的草本，少数为灌木或乔木。叶对生或基生，稀轮生或互生，通常为单叶，不分裂，稀羽状分裂或为羽状复叶。花通常组成聚伞花序，两性，辐射对称或左右对称；萼片 4～5 枚；花冠钟状或辐状，多数两唇形；雄蕊全部能育，或 4 或 2 枚能育；雌蕊由 2 枚心皮形成，子房上位，半下位或完全下位，1 室或 2 室、胚珠多数。蒴果，室背或室间纵裂，稀盖裂(盾座苣属)或为浆果。

常见植物：大岩桐(*Sinningia speciosa* Benth.)：多年生肉质草本花卉，具肥大块茎，地上茎极短；叶对生，肥厚而大，长椭圆形；花顶生或腋生，径 6～7 cm，花梗肉质而粗；花冠阔钟形，5～6 个浅裂，裂片矩圆形，色彩丰富，大而美丽；蒴果。原产于巴西，我国引入栽培供观赏，品种繁多，花色有蓝、粉红、白、红、紫等，还有白边蓝花、白边红花双色和重瓣花，是著名的室内盆栽花卉。芒毛苣苔属(*Aeschynanthus* Jack.)的大花芒毛苣苔(*Aeschynanthus mimetes* Burtt)(图 3-156)别名口红花，多年生蔓性草本，原产于喜马拉雅山及东南亚地区，栽培供观赏。

图 3-156 大花芒毛苣苔

Aeschynanthus mimetes B. L. Burtt

98. 桔梗科(Campanulaceae)

$* \quad K_{(4\sim5)} \quad C_{(4\sim5)} \quad A_{4\sim5} \quad \underline{G}_{(2\sim5:2\sim5:\infty)}$

本科有 60～70 属 2 000 种左右，分布于温带和亚热带；我国有 16 属 170 种，各地均有分布，主产于西南部。国药中的沙参、党参、桔梗等著名药材即出自本科。

科的特征：草本，少为半灌木，常含乳汁。叶互生、对生，少轮生，全缘或分裂，无托叶。聚伞花序、总状或圆锥花序；花两性，辐射对称或两侧对称；花萼 4～5 裂，裂片常宿存；花冠筒状、钟状或辐状，4～5 裂；雄蕊 4～5，与花冠裂片互生，花药分离；子房下位或半下位，少上位，2～5 室，中轴胎座，胚珠多数。蒴果，少浆果。

(1)风铃草属(*Campanula* Linn.)：一年生和多年生草本。叶互生，有时簇生于茎基。花序各式；萼筒半球形、陀螺形或倒卵形，5 齿裂，与子房贴生；花冠钟状，很少漏斗形或辐状，5 裂；雄蕊 5，分离；子房下位，3～5 室；花盘不明显或无。蒴果孔裂；种子极小。本属有 300 种以上，分布于北温带，主产于地中海地区；我国约有 20 种，大多分布于西南部，北部少见。

常见植物：风铃草(*Campanula medium* Linn.)茎较高，叶无柄，花向上斜展；原产于欧洲南部，我国引入栽培供观赏。

(2)桔梗属(*Platycodon* A. DC.)：本属仅桔梗[*Platycodon grandiflorus* (Jacq.) A. DC.](图 3-157) 1 种，为多年生草本，有圆柱状的根；叶对生或轮生，少互生；花单生或数朵生于枝顶；萼筒与子房贴生，陀螺形，5 深裂；花冠蓝色，稀白色，阔钟形(辐射对称)，直径 4～6.5 cm，长 2.5～4.5 cm，5 裂；雄蕊与花冠分离；子房下位；蒴果瓣裂，与花萼裂片对生；我国华南、云南至东北广布；可供观赏，根入药，有宣肺气、祛痰排脓之功效。

图 3-157 桔梗

Platycodon grandiflorus (Jacq.) A. DC.

99. 茜草科(Rubiaceae)

$$* \quad K_{(4\sim5)} \quad C_{(4\sim5)} \quad A_{4\sim5} \quad \underline{G}_{(2:2:1\sim\infty)}$$

本科约有500属，6 000种，多产于热带和亚热带地区，少数分布于温带至寒带，是合瓣花类第二大科；我国有98属、676种，多分布于西南至东南部，西北和北部较少。其中有著名的饮料植物咖啡、药用植物金鸡纳树、栀子、钩藤、茜草等，有些可作染料，或供观赏。

科的特征：草本或木本，有时为藤本。单叶，对生或轮生，全缘，有托叶，托叶在叶柄间或叶柄内，有时托叶呈叶片状。花两性，少单性，辐射对称；单生或排列成各种花序；花萼筒与子房合生，裂片4～5；花冠辐状、筒状、漏斗状或高脚碟状，4～5裂；雄蕊与花冠裂片同数，少为2，着生于花冠筒上；雌蕊由2心皮合成，子房下位，常2室，或1至多室，每室有胚珠1至多个。蒴果、浆果或核果。

(1)龙船花属(*Ixora* Linn.)：灌木或小乔木。叶对生或轮生；托叶在叶柄间，基部常合生鞘，先端延长或呈芒尖。花白色、红色或黄色，排成顶生或腋生的伞房花序；花萼卵形，4(5)浅裂，宿存；花冠高脚碟状，4～5裂，裂片短于筒部；雄蕊4～5，着生于花冠喉部，花丝极短或无，花药背着；花盘肉质；子房下位，2室。蒴果肉质或坚硬。本属约400种，主产于热带亚洲和非洲，少数产美洲；我国约有11种，分布于西南至中部，南部最盛，有些种可供观赏。

图3-158 龙船花 *Ixora chinensis* Lam.

常见植物：龙船花(*Ixora chinensis* Lam.)(图3-158)常绿灌木，高达1 m，全株无毛，多分枝；叶对生，纸质，倒卵形至长圆状披针形，长6～13 cm，宽2～3.5 cm；伞房花序具短梗，分枝红色，长6～7 cm，直径6～12 cm；花4～5数，具极短的花梗；花冠红色或橙红色，筒长3～3.5 cm，径1.2～1.6 cm，裂片4；浆果球形，径7～8 mm，紫红色；产于台湾、福建、广东和广西，散生疏林下、灌丛中；作盆栽观赏；此外全株可入药，能散瘀止血，又能催产。

(2)六月雪属(*Serissa* Comm.)：小灌木，枝叶及花揉碎有臭味。叶对生，小，近无柄；托叶刚毛状。花小，白色或淡紫色，单生或少数簇生于叶腋；萼筒倒圆锥形，4～6裂，宿存；花冠漏斗状，4～6裂，筒内和喉部均被毛；雄蕊4～6，着生于花冠筒上；花盘大；子房下位，2室，每室1胚珠。核果球形。共3种，分布于东亚和南亚，我国2种。

常见植物：六月雪[*Serissa japonica* (Thunb.) Thunb.]常绿小灌木，高不足1 m；叶对生和簇生于小枝上，叶片长椭圆形或长椭圆状披针形，长7～15 mm；花单生或少数簇生于叶腋，花冠漏斗状，白色或淡紫色，单瓣或由雄蕊退化成为重瓣；产于长江流域以南，各地常见栽培。

(3)栀子属(*Gardenia* Ellis)：灌木至小乔木。叶对生或3枚轮生、全缘；托叶生于叶柄内，基部常合生。花大、白色或淡黄色，常芳香，单生或很少排成伞房花序；萼檐管状或佛焰苞状；花冠高脚碟状或管状，5～11 裂，芽时旋转状排列；雄蕊 5～11 枚，着生于花冠喉部；子房 1 室，胚珠着生于 2～6 个侧膜胎座上；柱头棒状。果革质或肉质，圆柱状或有棱。本属约 250 种，分布于热带和亚热带地区；我国有 5 种，产于西南至东部。

常见植物：栀子(*Gardenia jasminoides* Ellis)灌木；果黄色，卵形至长椭圆形，有 5～9 条翅状纵棱；产于我国南部和中部，庭园常栽培，供观赏；果含栀子甙，药用可清热泻火，凉血消肿；另含番红花色素甙基，可作黄色染料。

(4)咖啡属(*Coffea* Linn.)：灌木或小乔木。叶对生，稀 3 枚轮生；托叶在叶柄间。花单生或组成腋生的花束，白色；萼檐截平或 4～5 裂；花冠高脚碟状，4～8 裂，旋转状排列；子房下位，2 室，每室 1 胚珠；柱头 2 裂。浆果；种子 2 颗，角质，商品咖啡即由此制成。本属有 90 多种，分布于东半球热带地区，非洲尤盛，咖啡是与茶、可可齐名的世界三大饮料之一，具有兴奋、助消化的功能，是重要的热带作物。我国台湾、云南、广东和广西南部已引入栽培。

常见植物：大粒咖啡(*Coffea liberica* Bull.)原产于利比亚，适宜于海拔 300 m 以下的低地栽培；中粒咖啡(*Coffea canephora* Pierre)(图 3-159)原产于扎伊尔，适宜于海拔 300～700 m的地区栽培；小粒咖啡(*Coffea arabica* Linn.)原产于埃塞俄比亚，适宜于海拔 600～1 200 m的高地栽培。

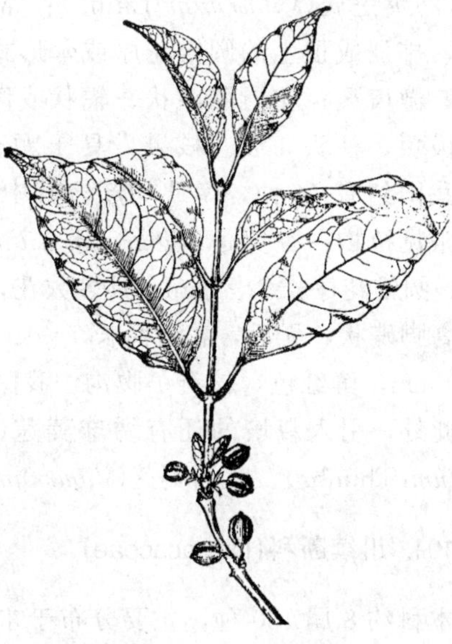

图 3-159　中粒咖啡

Coffea canephora Pierre.

100. 忍冬科(Caprifoliaceae)

$$* \text{或} \uparrow \quad K_{4\sim5} \quad C_{(4\sim5)} \quad A_{4\sim5} \quad \underline{G}_{(2\sim5:2\sim5:1\sim\infty)}$$

本科有 13 属 500 多种，主产于北温带；我国有 12 属 200 多种，广布于全国。

科的特征：木本，少草本。叶对生，单叶或复叶，无托叶。花两性，辐射对称或两侧对称；聚伞花序或轮伞花序，组成各种复合花序，或为单花；花萼 4～5 裂；花冠合瓣，4～5 裂，有时二唇形；雄蕊与花冠裂片同数而互生；子房下位，1～5(8)室，每室 1 至多数胚珠。浆果、蒴果或核果。

(1)忍冬属(*Lonicera* Linn.)：灌木或木质藤本，枝中空或具木髓。叶对生，全缘。花常成对生于叶腋，或无梗而聚生于枝顶呈头状；每对花具苞片 2，小苞片 4；花冠二唇形；雄蕊 5；子房 2～3 室，少 5 室。果实为浆果。本属约 200 种，分布于北半球温带和亚热带地区；我国有 98 种。

常见植物：新疆忍冬(*Lonicera tatarica* Linn.)(图 3-160)落叶灌木；高达 3 m，全体近无毛，小枝中空，老枝皮灰白色；叶卵形至卵状矩圆形，长 2～5 cm；总花梗长 1～2 cm，相邻两花的萼筒分离，萼缘具三角形小齿；花冠粉红色，长 1.5～2 cm，唇形，上唇 4 裂片、两侧裂深达唇瓣基部，开展、中裂较浅，花冠筒短于唇瓣，基部具浅囊；雄蕊 5，短于花冠；花柱短于花冠、被短柔毛；浆果红色，直径 6～7 cm；产于新疆北部山区，本种变异较大，有多个栽培品种和杂交种，供观赏。忍冬（*Lonicera japonica* Thunb.）半常绿藤本，幼枝暗红褐色，密被黄褐色、展开的硬直糙毛、腺毛和短柔毛；叶纸质，卵形、矩圆状卵形至卵状披针形，长3～8 cm；总花梗单生上部叶腋，花冠长 3～4 cm,先白色略带紫色后转黄色，芳香，外面有柔毛和腺毛，唇形，上唇 4 裂片直立，下唇 1 片反转；浆果球形、黑色；产于辽宁向西至陕西，南达湖南，西南至云南、贵州，生于山地灌丛及疏林中，也有栽培供观赏，花药用，能解毒消炎。

（2）荚蒾属（*Viburnum* Linn.）：常绿或落叶灌木或小乔木。单叶对生；托叶微小或无。花小，排列成顶生的圆锥花序或伞形式、伞房式聚伞花序，有些种的缘花放射状，不结实；花萼 5 微齿裂；花冠漏斗状、辐状或筒状，5 裂；雄蕊 5；子房下位，1 室，胚珠 1 至多数，花柱极短，柱头 3 裂。核果，具 1 颗种子。本属约 200 种，分布于北半球温带和亚热带地区；我国约有 74 种，南北均产，其中有不少种可供观赏。

常见植物：香荚蒾（*Viburnum dilatatum* Thunb）落叶灌木，高达 3 m；叶椭圆形，长 4～7 cm；圆锥花序长 3～5 cm，具多数花，先叶开放、芳香，含苞待放时粉红色，开放后变白色；花冠高脚碟状，无毛，花冠筒长 7～10 mm，裂片 5，长约 4 mm；雄蕊 5 枚；核果长圆形，长 8～10 mm，鲜红色，核有 1 腹沟。我国北方庭园多有栽培，春季赏花，秋季赏果，甘肃有野生。此外，引入栽培的还有绣球荚蒾（*Viburnum macrocephalum* Fort.）、粉团荚蒾（*Viburnum plicatum* Thunb.）、欧洲荚蒾（*Viburnum opulus* Linn.）等。

101. 川续断科(Dipsacaceae)

本科约 8 属 150 种，主要分布于东半球的北温带和热带非洲；我国有 5 属 26 种，分布于西南、西北至东北。

常见植物：山萝卜属（*Scabiosa* Linn.）的紫盆花（*Scabiosa atropurpurea* Linn.）（图 3-161）花冠黑紫色或淡红色至白色；原产于南欧，全国各地有栽培；黄盆花（*Scabiosa ochroleuca* Linn.）头状花序直径约 2 cm，花鲜黄色；产于新疆北部，生于山地草甸，可供观赏。

图 3-160 新疆忍冬
Lonicera tatarica Linn.

图 3-161 紫盆花
Scabiosa atropurpurea Linn.

102. 菊科(Asteraceae 或 Compositae)

$$* 或 \uparrow \quad K_0 \quad C_{(5)} \quad A_{(5)} \quad \overline{G}_{(2:1:1)}$$

本科约有 1 000 属 25 000～30 000 种，是被子植物中最大的科，广布于全世界，温带较多，热带较少；我国有 200 多属 2 000 多种，广布于全国各地。

本科植物用途很广，向日葵、红花是重要的油料植物；莴苣、莴笋、生菜、卷心莴苣、蒿子秆、茼蒿的茎叶是重要的蔬菜；观赏植物有很多，如大理菊、百日菊、秋英、金鸡菊、波斯菊、堆心菊、万寿菊、菊等；药用植物也有很多，已知有 300 多种，如苍术、白术、云木香、大蓟、牛蒡、除虫菊、苍耳、茵陈蒿、青蒿、艾蒿、款冬、蒲公英等。

科的特征：草本、半灌木或灌木，有时有乳汁管或树脂道。叶互生，少对生或轮生，单叶或复叶，全缘或具齿或分裂，无托叶。花两性或单性，5 基数，少数或多数密集成头状花序，少为复头状花序；头状花序盘状或辐射状，有同形的小花，全为管状花或舌状花，或有异形小花，即中央为两性或无性的管状花，外围为雌性或无性的舌状花；花序外有总苞围绕，总苞由 1 至多层总苞片组成；头状花序单生或数个至多数排列成总状、聚伞状、伞房状或圆锥状；花序托扁平、凸形或呈圆柱状，平滑或有多数窝孔，裸露或被各种式样的托片；萼片通常变为鳞片状、刚毛状或毛状的冠毛；花冠常辐射对称，管状，或两侧对称，二唇形或舌状，也有假舌状或漏斗状的；雄蕊 4～5，花药常合生成筒状，基部钝或具尾，花丝分离；子房下位，1 室，1 胚珠，花柱上端 2 裂，花柱分枝上端有附器或无附器。果为瘦果或称菊果(cypsela)(菊果与真正瘦果的区别在于：果实中有花托或萼管参与，因此又名参萼瘦果或连萼瘦果)；种子无胚乳。

菊科专用术语(图 3-162)

附器：指正常器官的附加部分。如矢车菊属、顶羽菊属的总苞片上的附器，它与膜质边缘有明显的区别，膜质边缘是边缘的外延部分，仅是质的不同，而附器则可明显地看出是边缘的附加部分。附器还出现在花药的顶端与基部、花柱分枝的顶端。

头状花序同形(型)：是指头状花序中的花，全部为管状花或舌状花。

头状花序异形(型)：是指一个头状花序由 2 种花组成，如向日葵头状花序的外周为舌状花，中央为管状花。此外，头状花序全部由管状花组成，但位于中央的为两性花，而边缘的为雌性花，也统称异形(型)头状花序。

缘花：是指头状花序边缘的花，常指异形头状花序外周的舌状花或雌性的管状花。

盘花：是指中央的管状花。一般具舌状缘花的头状花序常称作辐射状，而无舌状缘花的头状花序常称作盘状。

假舌状花：是两侧对称的雌花，其舌片先端 3 齿裂，如多数菊科植物头状花序的缘花。

二唇形花：是两侧对称的两性花，外唇舌状，先端 3 裂，内唇 2 裂，如大丁草。

冠毛：冠毛是由萼片变态形成的毛片状结构，可分为糙毛状、刚毛状、羽毛状、芒状、刺芒状、鳞片状、冠状等多种类型，有的种无冠毛。冠毛的性状、层数、长度和颜色等常作为分类的依据。

托片、托毛：在花序托上，每朵花基部的苞片，称为托片，如呈毛状则称谓托毛。

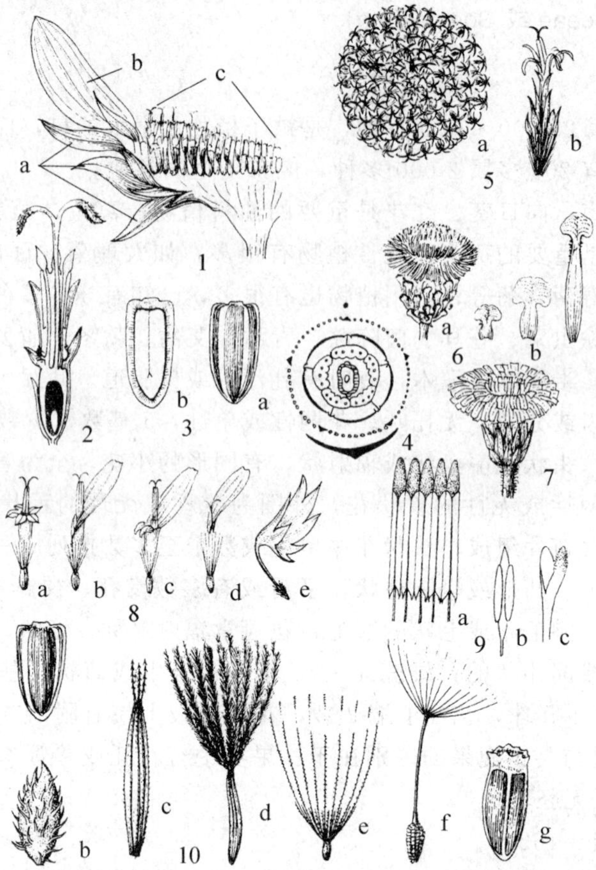

图 3-162　菊科专用术语图解

1. 向日葵头状花序的一部分：a. 总苞片　b. 缘花　c. 盘花　2. 向日葵的盘花(管状花)纵切
3. 向日葵的瘦果：a. 外观　b. 纵切面　4. 菊科花图式
5. 蓝刺头的花序：a. 复头状花序　b. 一单个头状花序
6. 美花风毛菊 *Saussurea pulchella* Fisch.：a. 头状花序　b. 总苞片，示附器　7. 蒲公英的头状花序
8. 菊科花冠类型：a. 管状花　b. 舌状花　c. 二唇花　d. 假舌状花　e. 漏斗状花
9. 雄蕊与雌蕊：a. 聚药雄蕊　b. 雄蕊　c. 雌蕊花柱分枝
10. 菊科瘦果类型：a. 无冠毛　b. 具钩刺总苞的瘦果(苍耳)　c. 瘦果具倒刺芒冠毛　d. 瘦果具羽状冠毛　e. 瘦果具简单冠毛　f. 瘦果具喙及顶生冠毛　g. 瘦果具齿状膜片冠毛

菊科常见园艺植物分亚科、分族、分属检索表

1. 头状花序全部为同形的管状或有异形的小花，中央花非舌状；植物体无乳汁(Ⅰ. 管状花亚科 Carduoideae)。
    2. 花药基部钝或微尖。
        3. 花柱分枝圆柱形，上端有棒槌状或稍扁而钝的附器；头状花序盘状，有筒形的筒状花；叶通常对生(I. 泽兰族 Eupatorieae)。
            4. 冠毛膜片状，下部宽，上部细长；总苞片 2～3 层，稍不等长(约 60 种，我国有 2 种，我国引入栽培花卉 1 种，原产于欧洲) ………… 胜红蓟属 *Ageratum* Linn.

4. 冠毛刺毛状；总苞片多数，覆瓦状排列，或2～3层，稍不等长(约1 200种，我国有14种，其中栽培花卉1种) ………………………… 泽兰属 *Eupatorium* Linn.

3. 花柱分枝上端非棒槌状或稍扁而钝；头状花序辐射状，边缘常有舌状花或盘状而无舌状花。

5. 花柱分枝通常一面平，一面凸形，上端具尖或三角形附器，有时上端钝；叶互生(Ⅱ. 紫菀族 Astereae)。

6. 头状花序辐射状，舌状花黄色；冠毛有多数长毛(约120种，我国有4种，引入栽培花卉2种) ………………………………………… 一枝黄花属 *Solidago* Linn.

6. 头状花序辐射状，舌状花白色、红色、橙色或紫色，或头状花序盘状，无舌状花。

7. 冠毛不存在；总苞片大，近等长(约7种，我国引入1种栽培，原产于欧洲) ……………………………………………………………… 雏菊属 *Bellis* Linn.

7. 冠毛长，毛状，有或无外层膜片。

8. 总苞片外层叶状，大，内层膜质或干膜质；冠毛2层，内层毛质，外层膜质冠状；一年生草本(仅1种，原产于我国，各地引入栽培供观赏)……… ………………………………………………… 翠菊属 *Callistephus* Cass.

8. 总苞片外层非叶状；冠毛1层或多层，有时兼有外层膜片。

9. 总苞片2～3层，狭窄，等长；两性花及雌花异色(紫、白或橙色)，两性花结实，花柱分枝短三角形，舌状雌花多层(约200种，我国33种，其中有部分种可供观赏) ………………………… 飞蓬属 *Erigeron* Linn.

9. 总苞片多层覆瓦状排列，叶质或边缘膜质，或2层近等长；舌状花通常1层，花柱分枝顶端披针形(约600种，我国有近100种，大部分可供观赏，其中有部分栽培花卉) ………………………… 紫菀属 *Aster* Linn.

5. 花柱分枝通常截形，无或有尖或三角形附器，有时分枝钻形。

10. 冠毛不存在，或鳞片状、芒状或冠状。

11. 总苞片叶质。

12. 花序托有托片；叶通常对生(Ⅲ. 向日葵族 Heliantheae)。

13. 舌状花宿存于瘦果上而随瘦果脱落；花托圆锥状或圆柱状，总苞片3至多层覆瓦状排列；叶对生稀上部互生(约17种，原产美洲，我国引入3种栽培花卉) ………………………………………………… 百日菊属 *Zinnia* Linn.

13. 舌状花结果或无性，或仅有同形的两性花，不宿存于瘦果上；花托平、圆锥状或圆柱状；叶互生。

14. 瘦果全部肥厚，圆柱形、三棱形或舌状花有三棱而管状花瘦果侧面扁压。

15. 花托圆锥状或圆柱状；冠毛不存在或有微睫毛(约45种，原产于美洲，我国引入5～6种栽培花卉) …………………… 金光菊属 *Rudbeckia* Linn.

15. 花托平或稍凸起；冠毛鳞片状、刺状、芒状或不存在。

16. 高大的直立草本，头状花序大而顶生，有不育或无性的舌状花；冠毛有凋落的芒，无宿存的鳞片(约100种，主产于美洲，我国引入多种栽培油料及花卉) …………………………… 向日葵属 *Helianthus* Linn.

16. 较矮小的匍匐状草本；头状花序小而腋生和顶生，有结果实的舌状花；冠毛不存在或鳞片状、睫毛状，或有1～2凋落的短芒，基部结合成环状(约70种，我国有10余种，产于华南、华东、西南，其中有些种可作护坡植物或草坪草) ………………………… 蟛蜞菊属 *Wedelia* Jacq.

14. 瘦果多少背面扁压。

17. 冠毛鳞片状或芒状而无倒刺，或无冠毛。

18. 花柱分枝顶端笔状或截形，有或无短附器；瘦果边缘有翅或睫毛或无，有2短芒或上端有毛或无冠毛；舌状花黄色或黄褐色；根非块状(约100种，我国引入多种栽培花卉，原产于美洲) ……………………………………………………………………… 金鸡菊属 *Coreopsis* Linn.

18. 花柱分枝顶端有具毛的长附器；瘦果无翅，无冠毛；舌状花白色、红色或紫色；根块状(约15种，原产于美洲，我国引入1种栽培花卉)……………………………………………………………… 大理菊属 *Dahilia* Cav.

17. 冠毛为宿存尖锐而具倒刺的芒；果上端有喙；舌状花红色、紫色(约25种，原产于美洲，我国引入2种栽培花卉) ………………… 秋英属 *Cosmos* Cav.

12. 花序托无托片；叶互生或对生(Ⅳ. 堆心菊族 Helenieae)。

19. 总苞片1层，常结合，等长；冠毛有具5～6芒的鳞片；叶对生(原产于美洲，栽培花卉) …………………………………………… 万寿菊属 *Tagetes* Linn.

19. 总苞片1～2层或数层，分离；叶互生。

20. 花序托无托片；冠毛有5～8鳞片；叶基部下延(原产于美洲，栽培花卉) …………………………………………………… 堆心菊属 *Helenium* Linn.

20. 花序托多少有毛或有膜片；冠毛有5～10芒状鳞片；叶基部不下延(原产于美洲，栽培花卉) …………………………… 天人菊属 *Gaillardia* Fouger

11. 总苞片全部或边缘干膜质；头状花序盘状或辐射状(Ⅴ. 春黄菊族 Anthemideae)。

21. 花序托有托片；头状花序通常辐射状，边缘雌花舌状，中央盘花两性，筒状(约200种，我国有3种，其中有1种栽培花卉，原产于欧洲) ……………………………………………………………… 春黄菊属 *Anthemis* Linn.

21. 花序托无托片，或有时具托毛。

22. 头状花序较大，边缘雌花舌状，中央盘花管状、两性。

23. 一年生草本；瘦果有翅肋而无冠状冠毛(约5种，原产于欧洲，其中4种各地引种栽培，供蔬菜及观赏，有野种已归化为野生)……………………………………………………… 茼蒿属 *Chrysanthemum* Linn.

23. 多年生草本。

24. 舌状花瘦果三翅形，有冠状冠毛(约15种，我国引入1种花卉，原产于欧洲) ……………………… 木茼蒿属 *Argyranthemum* Webb ex Sch. -Bip.

24. 舌状花瘦果圆柱形，有5～8条纵脉纹，无冠状冠毛(约30种，我国有

17种，其中1种栽培花卉) ………… 菊属 *Dendranthema* (DC.) Des Moul.

22. 头状花序小，边缘雌花筒状，中央花两性或雄性，雌花花冠顶部2～4裂；瘦果在圆形花序托上满布(约300种，我国有187种44变种，其中有部分种可供蔬食) …………………………………………………… 蒿属 *Artemisia* Linn.

10. 冠毛通常毛状；头状花序辐射状或盘状；叶对生(Ⅵ. 千里光族 Senecioneae) ……………………………………………………………… 瓜叶菊属 *Cineraria* Linn.

2. 花药基部锐尖，戟形或尾形；叶互生。

25. 花柱上端无被毛的节；头状花序盘状，无舌状花，或辐射状而有舌状花。

26. 冠毛通常毛状，有时无冠毛；头状花序盘状，或辐射状而边缘有舌状花(Ⅶ. 旋覆花族 Inuleae)。

27. 头状花序仅有两性的筒状花，或外围有少数丝状的雌花；总苞片多层黄色，膜质(约500种，我国有3种野生，产于新疆，1种栽培花卉，原产于澳大利亚) …………………………………………………………… 蜡菊属 *Helichrysum* Mill.

27. 头状花序外围有1至数层雌性的舌状花、黄色，中央为两性的筒状花；总苞片多层，草质、膜质以至革质(约100种，我国有20多种，部分种供观赏和药用) ……………………………………………………………… 旋覆花属 *Inula* Linn.

26. 冠毛不存在；头状花序辐射状(Ⅷ. 金盏花族 Calenduleae)(约20种，我国引入栽培2种花卉，原产于地中海地区) …………………… 金盏花属 *Calendula* Linn.

25. 花柱上端有稍膨大而被毛的节，节以上分枝或否(Ⅸ. 菜蓟族 Cynareae)。

28. 瘦果具基底着生面，着生面平；头状花序具同型的两性小花，花冠筒状；总苞片不为具刺的苞片所包围(约400种，我国有300多种，其中有些种可供观赏) ……… ……………………………………………………………… 风毛菊属 *Saussurea* DC.

28. 瘦果具侧生着生面。

29. 头状花序具同型的两性小花，花冠筒状；总苞片为具刺的苞叶所包围(约20种，我国引入栽培2种，供观赏、榨油和提取色素) ……… 红花属 *Carthamus* Linn.

29. 头状花序具异型小花，边缘小花无性或雌性，中央的盘花两性；总苞不为具刺的苞叶所包围(约600种，主要分布于地中海地区，我国有10种，其中有栽培花卉) …………………………………………………… 矢车菊属 *Centaurea* Linn.

1. 头状花序全部为舌状花；花柱分枝细长条形；植物体有乳汁(Ⅱ. 舌状花亚科 Cichorioideae，X. 菊苣族 Cichorieae)。

30. 叶基生；头状花序单生于花葶上；瘦果具瘤状或短刺状突起，具长喙(约2 000种，我国有700多种，分布于东北、华北、西北、华中及西南诸省区)…………………… ………………………………………………………… 蒲公英属 *Taraxacum* Weber.

30. 具茎生叶；头状花序着生于花序梗上；瘦果不具瘤状或短刺状突起，无喙或具喙。

31. 头状花序较大，具极多(一般超过80朵)的小花；冠毛由极细的柔毛并杂有较粗的直毛所组成(约50种，我国有8种，分布较广 ……… 苦苣菜属 *Sonchus* Linn.

31. 头状花序较小，具少数小花；冠毛仅由较粗的直毛或糙毛组成。

32. 瘦果极扁，椭圆形或长圆形，有纵肋1～9条，喙长或短(近200种，我国有

7种，南北各省区均有分布） …………………………… 莴苣属 *Lactuca* Linn.

32. 瘦果纺锤形，具10条纵肋，有喙（约50种，我国有20种，广布）………………
…………………………………………………………… 苦荬菜属 *Ixeris* Cass.

I. 管状花亚科 Carduoideae

头状花序全部为管状花，或缘花假舌状、漏斗状，而盘花为管状花；植物体不含乳汁。本亚科包括了菊科的绝大部分属种，一般分为12个族，我国有11族，另1族（Arototideae）产于非洲，常见的园艺植物类群有：

i．泽兰族 Eupatorieae

(1)胜红蓟属（*Ageratum* Linn.）：草本，被毛。叶对生或上部叶互生。头状花序盘状，有同形的管状花，排成伞房花序式或圆锥花序式；总苞片2～3层，线形；花白色或淡蓝色，5裂。瘦果5角形；冠毛膜片状，下部宽，上部细长。本属有30多种，除少数外全产热带美洲；我国有2种。

常见植物：胜红蓟（藿香蓟）（*Ageratum conyzoides* Linn.）一年生草本；叶卵形或菱状卵形，叶基钝圆或宽楔形；总苞片被稀疏白色多节长柔毛；长江以南广布，供观赏，也是饲养鱼苗的重要饲料之一。

(2)泽兰属（*Eupatorium* Linn.）：一年或多年生草本。叶常对生。头状花序盘状，有少数同形的管状花，成伞房花序式；总苞片多数，覆瓦状排列，或2～3层。瘦果5棱形，有刺毛状冠毛。本属有600余种，主要分布于美洲，少数产欧洲、非洲和亚洲，我国约有14种，除新疆和西藏外，全国均产。

常见植物：泽兰（*Eupatorium japonicum* Thunb.）多年生草本，头状花序多数，在茎顶和分枝顶端排成伞房状，广布全国各地，生草坡和灌丛中，也有栽培供观赏。佩兰（*Eupatorium fortunei* Turcz.）一年生草本；上部叶羽状三全裂，裂片椭圆形，边缘有粗大锯齿，基部叶不裂，两面无毛及腺点；瘦果无毛及腺点；产于山西、山东、河南、陕西、华东至西南；全草药用，也有栽培供观赏。

ii．紫菀族 Astereae

(1)紫菀属（*Aster* Linn.）：多年生草本。叶互生，全缘或具齿。头状花序花异形，放射状；总苞片2～3层；缘花舌状，1～2层，雌性，结实，舌片白色、蓝色或紫色；盘花管状，两性，5裂片等长。瘦果扁压；冠毛粗糙，1～2层。本属约500种，我国约有250种，各地均产，大多可供观赏。

常见栽培种有荷兰菊（*Aster novi-belgii* Linn.）原产于北美，我国各地均有栽培。

(2)飞蓬属（*Erigeron* Linn.）：一年生或多年生草本。叶互生，全缘或有齿。头状花序异形，辐射状，排成伞房状或圆锥状，总苞片2～3层；缘花雌性，多层，舌状；盘花两形，管状，结实。瘦果狭而扁平；冠毛2层，刚毛状。本属有200种以上，广布于全球，北美尤盛，我国约有35种，各地均有分布，大多可供观赏。

常见栽培花卉有美丽飞蓬（*Erigeron speciosus* DC.）。

(3)翠菊属（*Callistephus* Cass.）：一年或多年生草本。叶互生，有粗齿。头状花序大，辐射状，单生于秆顶端；总苞半球形，总苞片多层，外层大而呈叶状；缘花一层，为雄性舌状花，颜色多种，但无黄色；盘花多数，两性，管状；冠毛 2 层，内层毛质，外层膜片冠状。本属仅 1 种。

翠菊(*Callistephus chinensis* Ness)一、二年生草本；头状花序直径 6～8 cm，外层舌状花 1 至多层，红色、蓝色种种；产于欧洲东部，我国东北部有分布，各地常有栽培供观赏。

(4)雏菊属(*Bellis* Linn.)：本属约 15 种，分布于欧洲，我国栽培 1 种。

雏菊(*Bellis perennis* Linn.)多年生和一年生葶状草本，高 3～10 cm。叶基生，匙形，基部渐狭成柄，叶缘有波状齿；头状花序直径 2～3.5 cm，单生于花葶上，异形；总苞半球形或宽钟形；总苞片近 2 层，两性结实小花，筒状，有 4～5 裂；瘦果扁，有边脉，两面无脉或有 1 脉，冠毛不存在；原产于欧洲，我国各地庭园有栽培。

iii. 向日葵族 Heliantheae

(1)向日葵属(*Helianthus* Linn.)：一年生高大草本。单叶互生，下部常对生。头状花序异性，单生或排列成伞房花序，顶生。总苞片数轮，外轮叶状；缘花假舌状，黄色，中性不孕；盘花管状，两性结实，黄色至淡紫色；花序托平坦或隆起，有托片。瘦果倒卵形，稍压扁；冠毛为 2 鳞片状的芒，早落。本属约 100 种，主产北美，我国原产及引种栽培的有 10 种。

常见植物：向日葵(*Helianthus annuus* Linn.)(图 3-163)、菊芋(*Helianthus tuberosus* Linn.)(图 3-164)，二者的区别：前者头状花序大，直径可达 35 cm；地下无块茎，为重要的油料作物；后者头状花序较小，直径不超过 10 cm，地下有块茎，供食用。重瓣向日葵(*Helianthus annuus* Linn. var. nanus flore-pleno Hort.)茎高约 60 cm，多分枝、花金黄色，供观赏。千瓣葵(*Helianthus decapetalus* Linn. var. *multiflorus* Hort.)原产北美，我国栽培供观赏。

图 3-163 向日葵 *Helianthus annuus* Linn.

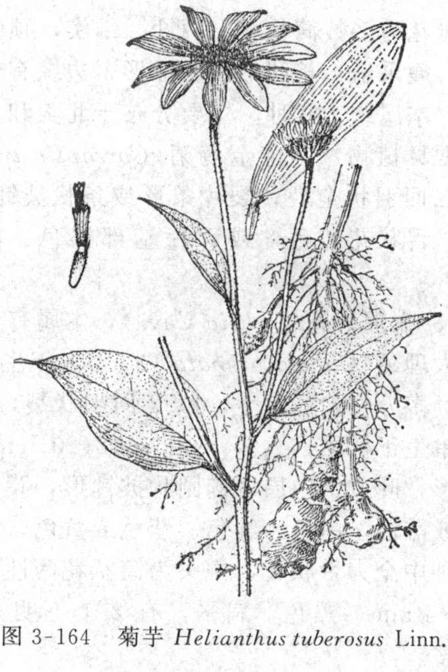

图 3-164 菊芋 *Helianthus tuberosus* Linn.

(2)百日菊属(*Zinnia* Linn.)：草本或半灌木。叶对生、无柄，全缘。头状花序单生于茎顶或二歧分枝的顶端；总苞片3至多层，覆瓦状排列，宽大，干膜质或顶端膜质，辐射状，有异性花；缘花舌状，雌性而结实，舌片有鲜艳的颜色；盘花筒状，5浅裂，两性而结实；花序托圆锥状或柱状，有托叶。瘦果扁平，冠毛1～3、芒状或无冠毛。本属约17种，主要分布于墨西哥；我国引种栽培有3种。

常见植物：百日菊(*Zinnia elegans* Jacq.)一年生草本，高30～100 cm；叶卵形或长圆状卵形；头状花序直径5～6.5 cm，舌状花深红色、紫堇色、黄色或白色，筒状花黄色或橙色；原产于墨西哥，我国各地庭园多有栽培。

(3)金光菊属(*Rudbeckia* Linn.)：草本。叶互生，少对生，全缘或羽状分裂。头状花序单生于枝顶；总苞片2层，叶质，覆瓦状排列；有多数异形小花；缘花为一圈不结实的舌状花、舌片展开，黄色、橙色或红色；中央为多数结实的两性花，筒状，5裂，黄色或紫褐色；花序托凸起，圆柱状或圆锥状，结实时增大；托片干膜质，对折或呈龙骨状。瘦果具4棱或圆柱状，稍扁压，冠毛短冠状或无。本属约45种，产于北美洲及墨西哥；我国引入栽培的有5～6种，常见有2种，原产于北美洲，我国各地庭园多有栽培。

两种金光菊植物分种检索表

1. 多年生草本；头状花序中的盘花(筒状花)黄绿色 …… 金光菊 *Rudbeckia laciniata* Linn.
1. 一年生或二年生草本；头状花序中的盘花紫褐色或黑紫色……………………………………………………………… 黑心金光菊 *Rudbeckia hirta* Linn.

(4)金鸡菊属(*Coreopsis* Linn.)：草本。叶对生或上部互生，全缘或羽状裂。头状花序单生或排成疏松的伞房圆锥状，有长的花序梗；总苞片2层，每层8片，基部多少合生，外层革质，内层膜质，有异形小花，缘花为一层舌状花，无性或雌性，舌片展开，全缘或有齿，盘花为多数筒状花，两性、结实，顶端5裂；花托平或稍突起，托片膜质，条状钻形至条形。瘦果扁，长圆形或纺锤形，边缘有翅或无，顶端截形，有2尖齿、2小鳞片或冠毛呈芒状。本属约100种，主要分布于北美和非洲南部，我国引入栽培多种供观赏。

常见植物：两色金鸡菊(*Coreopsis tinctoria* Nutt.)一年生草本，高30～60 cm；叶对生，二回羽状全裂，裂片条形或条状披针形；头状花序多数，排列成伞房状，花序径2～4 cm，舌状花黄色，或舌片基部褐色，筒状花红褐色。原产于北美，我国各地庭园多栽培。

(5)大理菊属(*Dahlia* Cav.)：本属有15种，产于美洲，我国引入栽培1种。

大理菊(*Dahlia pinnata* Cav.)多年生草本，高60～150 cm。根粗壮，有棒状块根。茎光滑，多分枝。叶对生，1～2回羽状裂，上部有时不分裂，裂片卵圆形或长卵圆形。头状花序单生于枝顶，大型，径6～12(20) cm，有长的花序梗，常下垂；外层总苞5片，卵状椭圆形，叶质，内层者椭圆状披针形，膜质；花序托平，有异形小花，周围的舌状花1层，无性或雌性，白色、红色、紫色或黄色，舌片卵形，顶端有不明显的3齿或全缘，有时在栽培品种中全为舌状花，中央为筒状花两性，黄色，顶端5齿裂。瘦果长圆形，长9～12 mm，宽3～4 mm，黑色，扁平，有2个不明显的齿。原产于墨西哥，我国栽培甚广，品种也比较多。

(6)秋菊属(*Cosmos* Cav.)：草本。叶对生，全缘或二回羽状复叶。头状花序较大，单生或排成疏伞房状；总苞片 2 层，基部联合，膜质或近草质；花托平或稍突起，托片膜质，有异形小花；外围舌状花 1 层，无性，舌片大；中央筒状花多数，顶端 5 齿裂。瘦果圆柱形，有 4～5 棱，通常具喙，顶端有 2～4 个具倒刺的芒刺。本属约 25 种，分布于热带美洲，我国引入栽培 2 种花卉。

常见植物：秋英（大波斯菊）(*Cosmos bipinnatus* Cav.)一年生草本；叶二回羽状深裂，裂片条形或窄条形；头状花单生于枝顶，径 3～6 cm，外围舌状花紫红色、粉红色或白色，筒状花黄色；原产于墨西哥，全国各地广为栽培。依据花色和花型分为下列变种：白花波斯菊(var. *albiflorus*)花纯白色，紫花波斯菊(var. *purpureus*)花紫红色，大花波斯菊(var. *grandiflorus*)花大、有紫、红、粉、白等色。

(7)蟛蜞菊属(*Wedelia* Jacq.)：草本，常匍匐状。叶对生。头状花序异形，辐射状，腋生或顶生，具柄，黄色；缘花舌状，1 层，雌性；盘花多数，两性，管状，总苞片 2 层，外面数纹常叶状；花序托平，有托片，冠毛无或鳞片状、睫毛状，或有 1～2 个凋落的短芒，基部结合成环状。本属约 70 种，分布于热带和亚热带地区，我国约有 5 种，产于华南、华东、西南。

常见植物：蟛蜞菊［*Wedelia chinensis*(Osb.)Merr.］多年生，茎匍匐；叶长圆状披针形，近无柄，有主脉 3 条，近全缘或具粗齿；头状花序单生于枝端或腋生，直径 1.5～2.5 cm，总苞片 1 层、5 枚，近相等，舌状花黄色，顶端 2～3 裂；冠毛为一具浅齿的杯状物；产于广东、福建、台湾，生于山坡及湿地。

iv. 堆心菊族 Helenieae

本族植物产于美洲，我国引种栽培有 3 属 6 种，均为花卉：堆心菊(*Helenium autumnale* Linn.)、紫心菊(*Helenium nudiflorum* Nutt.)、天人菊(*Gaillardia pulchella* Foug.)、荔枝菊(*Gaillardia aristata* Pursh.)、万寿菊(*Tagetes erecta* Linn.)、藤菊（孔雀草）(*Tagetes patula* Linn.)等。

(1)万寿菊属(*Tagetes* Linn.)：一年生草本。茎直立，有分枝，无毛。叶通常对生，少互生，羽状分裂，具油腺点。头状花序单生枝顶；总苞片联合成筒状或杯状，有透明油点；花序托平，无毛；外围舌状花 1 层，雌性，金黄色、橙黄色或褐色，中央筒状花两性，多数、能育。瘦果线形或线状长圆形，基部缩小，具棱，冠毛为 3～10 个不等长的鳞片或刚毛，其中一部分联合，另一部分离生。本属约 30 种，分布于美洲中部和南部，其中有很多观赏植物；我国常见引种的栽培花卉有 2 种。

两种万寿菊植物分种检索表

1. 舌状花黄色和暗橙黄色，无红色斑点，舌片倒卵形；花序梗在顶端棍棒状加粗…………………………………………………………………… 万寿菊 *Tagetes erecta* Linn.
1. 舌状花金黄色或橙黄色，带红色斑点，舌片近圆形；花序梗在顶端稍增粗…………………………………………………………………… 藤菊（孔雀草）*Tagetes patula* Linn.

(2)堆心菊属(*Helenium* Linn.)：草本。单叶互生，全缘或具齿，有黑色腺点。头状花序单生或排成伞房状，多数具异形花；总苞片 2～3 列，通常草质，花序托凸起，球形或长圆形；舌状花 1 层，舌片黄色，3～5 裂；盘花筒状；冠毛由 5～6 个鳞片组成。本属约 40 种，分布于北美和墨西哥；我国引种栽培的花卉 2 种。

堆心菊(*Helenium autumnale* Linn.)花全部黄色；紫心菊(*Helenium nudiflorum* Nutt.)缘花黄色，盘花紫色。

(3)天人菊属(*Gaillardia* Foug.)：草本，茎直立。叶基生或互生。头状花序单生于茎端，大，花序辐射状，总苞片2～3层，覆瓦状排列，基部革质；花序托凸起或半球形，托片刚毛状；缘花舌状，黄色或红色，鲜艳，顶端不裂或3齿裂，中性或雌性，结实；中央筒状花两性，顶端5浅裂，裂片顶端有节状毛，紫色、能育。瘦果长椭圆形或倒塔形，冠毛5～10枚，为芒状的鳞片。本属约12种，分布于北美洲。

我国引入栽培花卉有天人菊(*Gaillardia pulchella* Foug.)和荔枝菊(*Gaillardia aristata* Pursh.)2种。

v. 春黄菊族 Anthemideae

(1)蒿属(*Artemisia* Linn.)：草本或半灌木，揉之常有香气。叶互生，常分裂。头状花序小，多数，排成穗状、总状或圆锥状；花全部为管状，缘花雌性，1层，结实；盘花两性，结实或不结实。瘦果小；无冠毛。本属有300种以上，广布于北半球温带地区，少数种分布到非洲、南亚及中美洲热带地区，我国有170种以上，各地均有分布，是组成草原、荒漠草原以至荒漠等地带性植被的重要组成成分，具有一定的生态意义和饲用价值。

常见植物：艾蒿(*Artemisia argyi* Levl. et Vant.)多年生草本；叶片羽状深裂或浅裂，侧裂片2对，中裂片又常三裂，裂片边缘有齿，上面被蛛丝状毛和白色腺点，下面密被白色或灰色绒毛，上部叶渐小，三裂或全裂；头状花序多数排成复总状，花带红色，多数，外层雌性，内层两性；瘦果长达1 mm，无毛；分布于我国北部、西部至南部，生荒地林缘；嫩叶可和以鸡蛋、糯米酒煎食，揉搓成艾绒用于艾灸治病，老艾蒿用于调味。龙蒿(椒蒿)(*Artemisia dracunculus* Linn.)半灌木状草本，高40～100 cm，茎多数，褐色或绿色，初时微有短柔毛，后渐脱落；叶线状披针形，尝之有花椒的麻辣香味，故称椒蒿，西北地区农民用嫩枝叶调味或蔬食。

(2)春黄菊属(*Anthemis* Linn.)：草本，有强烈的气味。叶互生，1～2回羽状全裂。头状花序单生枝端，具长梗，总苞片通常3层，覆瓦状排列，边缘干膜质；花序托凸起或伸长，有托片；通常为异形花，少全为筒状花；舌状花1层，通常雌性，白色或黄色，筒状花两性，5齿裂，黄色。瘦果矩圆形或倒圆锥形，有4～5(8)条突起的纵肋，冠毛短或缺。本属约200种，分布于欧洲和地中海地区；我国3种，分布于东北、华北和西北，引入栽培1种花卉。

春黄菊(*Anthemis tinctoria* Linn.)多年生草本；高30～60 cm，上部常有伞房状开展的分枝；叶矩圆形，羽状全裂，裂片矩圆状或三角状披针形，顶端具小硬尖的篦齿状小裂片，叶轴有锯齿；头状花序单生于分枝顶端，直径3～4 cm，具长梗，花金黄色；原产于欧洲，我国各地庭园常有栽培。

(3)茼蒿属(*Chrysanthemum* Linn.)：一年生草本。叶互生，羽状分裂或边缘有锯齿。头状花序异形，单生茎顶或少数生于枝端，但不形成明显的伞房花序状；总苞片4层，硬革质；花托突起，半球形，无托毛；缘花1层，雌性，舌状花黄色，舌片长椭圆形或线形；中央盘两性筒状，顶端5齿，花白色。缘花的瘦果有2或3条突起的硬翅肋，2～6条间肋，盘花的瘦果有6～12条肋，其中1条突起成硬翅状，或腹面及背面各有1条突起的肋，而其各肋不明显，无冠状冠毛。本属约5种，主产地中海地区，其中有4种我国引入栽培，供蔬用及观赏。

常见植物：茼蒿(*Chrysanthemum coronarium* Linn. var. *spatiosum* Bailey)(图 3-165)叶无柄，椭圆形、倒卵状披针形、倒卵状椭圆形或长匙形，边缘有不规则的深齿裂；头状花序单生于枝端，直径4～6 cm，全国各地都有栽培。

(4)木茼蒿属[*Argyranthemum* Webb. ex Seb.-Bip.]：本属12～15种，主产西北非、加拿利群岛与欧洲，我国仅引入栽培1种。

木茼蒿[*Argyranthemum frutescens* (Linn.) Sch.-Bip.]多年生草本或半灌木，茎多分枝；叶卵形或矩圆形，长10～12 cm，宽4～5 cm，1～2回羽状深裂，末端裂片披针形，叶柄长，上部叶渐小，最上部叶全缘，不分裂；头状花序多数，异形，排列成不规则的疏的伞房状；总苞片宽10～18 mm，内层总苞片顶端有膜质附片，舌状花白色；瘦果有1条极凸起的翅肋及4～7条不明显的细肋；冠毛冠状，长0.4 mm；原产于欧洲，我国庭园有栽培。

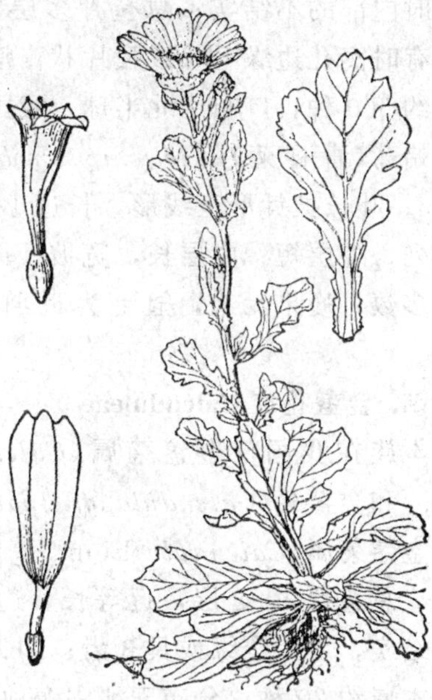

图 3-165　茼蒿
Chrysanthemum coronarium Linn. var. *spatiosum* Bailey

(5)菊属[*Dendranthema*(DC.)Des Moul.]：多年生草本或灌木状，常有香气。叶互生，形态各式，全缘或分裂。头状花序异形，辐射状；舌状花雌性；盘花两性，常结实；花序托秃裸；总苞片数层，紧贴。瘦果有明显的纵肋或棱，顶端有或无鳞片状冠毛。本属约30种，除澳洲外广布，我国约有17种，各地均有分布。

常见植物：菊(菊花)[*Dendranthema morifolium*(Ramat.)Tzvel.]，头状花序直径2.5～20 cm，单生或数个集生于茎枝顶端，舌状花白色、红色、紫色或黄色；瘦果不发育(用分根及嫁接法繁殖)；著名观赏花卉，我国栽培历史悠久，品种繁多。野菊[*Dendranthema indicum*(Linn.)Des Moul.]，头状花序直径2.5～4(5) cm，在茎枝顶端排成伞房状圆锥花序或不规则伞房花序，舌状花黄色，雌性；野生或栽培，除新疆外，广布于全国，花供药用。

vi. 千里光族 Senecioneae

瓜叶菊属(*Cineraria* Linn.)：本属约35种，分布于非洲和欧洲，我国引入栽培1种。

瓜叶菊(*Cineraria cruenta* Mass.)多年生草本，作一、二年生栽培。叶大，具长柄，单叶互生，叶片心状卵形，硕大似瓜叶，叶表浓绿、皱缩，叶缘波状有锯齿，掌状脉。头状花序伞房状聚生于茎顶；总苞片15～16片，单瓣花有舌状花10～18朵，蓝紫、粉、白等色。原产于欧洲，全国各地多盆栽，供观赏。

vii. 旋覆花族 Inuleae

蜡菊属(*Helichrysum* Mill.)：草本、半灌木或灌木。叶互生，有时下部叶对生，全缘。头状花序单生于茎端或聚成伞房状，少腋生，有少数或多数同形或异形的小花；异性花周围为少数或2～3层雌花，花冠丝状，上部有齿或2～3短裂，其余全部为两性的筒状花，结实或有时内部的不结实；总苞片多层，下部较厚、干膜质、多彩色，花序托平或锥形，有窝孔，有时窝孔边缘毛状或膜片状。瘦果4～5棱，无毛，有乳状突起，冠毛1层或有时多层。本属约500种，广布于北半球，我国有3个野生种，产于新疆，1种引种栽培。

蜡菊(青秆菊)[*Helichrysum bracteatum* (Vent.) Andr.]一、二年生草本，高20～60 cm；叶长披针形至线形，长达12 cm；头状花序单生于枝顶，直径2～5 cm；总苞片覆瓦状排列，外层短、内层长，宽披针形，顶端渐尖，厚膜质，有光泽，黄、白、红、紫色等；花小多数；瘦果无毛，冠毛为近羽状的糙毛。原产于澳大利亚，我国各地广泛栽培，供观赏。

ⅷ. 金盏花族 Calenduleae

本族在我国仅金盏菊属(*Calendula* Linn.)1属2种，野金盏菊(*Calendula arvensis* Linn.)和金盏菊(*Calendula officinalis* Linn.)，分布于地中海地区、南欧和西亚。

金盏菊属(*Calendula* Linn.)：草本。叶全缘或具波状齿。头状花序顶生，具长梗，总苞宽，总苞片1～2层，近等长，边缘膜质；有多数异形小花，外围有1～2层舌状花，雌性、结实，舌片全缘或具3齿；中央两性花筒状，齿裂。瘦果性状不一，内曲，光滑，无冠毛。本属约20种，分布于地中海地区；我国引入栽培2种花卉，常见1种。

金盏菊(*Calendula officinalis* Linn.)多年生草本，作一、二年生栽培，高30～60 cm，全株被毛。叶互生，长圆形至长圆状倒卵形，全缘，基部抱茎。头状花序单生于枝端，花径约5 cm；舌状花有黄、橙、橙红、白色等，也有重瓣、卷瓣和绿心、深紫色花心等品种。

ⅸ. 菜蓟族 Cynareae

(1)风毛菊属(*Saussurea* DC.)：二年生或多年生草本。叶互生，有齿或分裂。头状花序同形，单生或排成圆锥状或伞房状；总苞片多层；花全部为管状花；花序托常具托毛。瘦果无毛，冠毛1～2层，外层糙毛状，内层羽毛状，基部连结成环状。本属有400余种，分布于北温带；我国约有264种，各省区均产。有些种可供观赏，有的种可供药用。

常见植物：雪莲花(*Saussurea involucrate* Kar. et Kir.)多年生草本，高10～25 cm；头状花序10～20个在茎端密集成球，花冠紫色，外包大型、浅绿色、叶状总苞片数层。产于天山，可供药用和观赏。

(2)红花属(*Carthamus* Linn.)：一年生草本。叶有刺芒状利齿。头状花序同性，全为管状花组成，顶生，单生或排成伞房花序，花冠5裂；总苞片为具刺的苞片所包围。瘦果光滑，有4棱；冠毛缺或鳞片状。本属有8～20种，分布于亚洲地中海地区和非洲，我国有2种。

常见植物：红花(*Carthamus tinctorius* Linn.)西北地区有栽培，种子含油20.4%～33.3%，供榨食用油，花为红色染料，也可供观赏。

(3)矢车菊属(*Centaurea* Linn.)：草本。叶互生，全缘或羽状分裂。头状花序小或大，异性，通常于枝端排成圆锥状、伞房状或总状，极少有1个头状花序；总苞片多层，覆瓦状排列，质硬，顶端有不同式样的附属物，稀无附属物；花托有托毛；小花颜色不一，筒状，缘花无性或雌性，顶端4(5)～8(10)裂，增大或不增大，中央盘花两性。瘦果椭圆形、倒卵形或楔形，压扁，冠毛多层，外列冠毛刚毛状或粗毛状，向内渐长；内列冠毛1层，膜片状，极短，稀无冠毛。本属有500～600种，主要分布于地中海地区；我国有10种，产西北和北部，其中栽培花卉1种。

矢车菊(*Centaurea cyanus* Linn.)一年生草本；茎单一，通常从中部分枝；基生叶和茎下部叶有长柄，早枯萎，叶片长圆状披针形至披针形，全缘或提琴状羽裂，长 8～15 cm，宽4～6 mm，全缘或有疏锯齿；头状花序单生于枝端，直径 4～6 cm；总苞片约 7 层，全部总苞片顶端有白色或单褐色的附属物，附属物沿总苞片边缘下延成流苏状锯齿；边缘花增大，明显长于盘花，蓝色、白色、红色或紫色，檐部 5～8 深裂，中央花较小，淡蓝色或淡红色。原产欧洲，我国各地庭园常有栽培。

其他管状花亚科栽培植物还有帚菊木族(Mutiseae)、大丁草属(*Gerbera* Cass.)的非洲菊(*Gerbera jamesonii* Bolus)，栽培作切花、盆花，品种繁多；斑鸠菊族(Vernoninae)、地胆草属(*Elephantopus* Linn.)的地胆草(*Elephantopus scaber* Linn.)栽培作药用，清热解毒、治消肿。

Ⅱ. 舌状花亚科 Cichorioideae

头状花序全部为舌状花；植物体有乳汁。本亚科仅有菊苣族 1 个族，我国有分布。

x. 菊苣族 Lactuceae

(1)蒲公英属(*Taraxacum* Weber.)：多年生草本。叶全部基生，倒向羽状分裂，有时近全缘。头状花序单生于花葶上；总苞片数层；花全部舌状，黄色；花序托秃裸。瘦果稍扁，有瘤状或短刺状突起，具长喙；冠毛毛状。本属有 2 000 种以上，大多分布于北温带，少数种分布于南美洲；我国 70 种以上，广布。本属植物含有较多的粗蛋白质，为各类家畜所乐食或喜食；有些种可药用；有的种可提取橡胶。

常见植物：蒲公英(*Taraxacum mongolicum* Hand.-Mazz.)叶倒卵状披针形、矩圆状披针形或倒披针形，边缘有时具波状齿或羽状深裂，有时倒向羽状深裂或大头羽状深裂；花葶 1 至数个；总苞片顶端有小角状突起；瘦果褐色，上半部具小刺，下部具成行排列的鳞状小瘤；全国广泛分布，生于田野、路旁，也有栽培。橡胶草(*Taraxacum koksaghyz* Rodin)产于西北地区，根皮含橡胶 20%，木质部含 8%；我国东北、华北曾有过栽培。

(2)莴苣属(*Lactuca* Linn.)：一、二年生或多年生草本。叶互生，全缘、具齿或羽状分裂。头状花序排成圆锥状；总苞圆筒形或钟状，总苞片 2～3 层；花全部舌状。瘦果扁平或稍扁平，两面各有 1 或数条纵肋，先端具长喙或短喙；冠毛数层，白色。本属约 75 种，我国野生 7 种。

常见植物：莴苣(*Lactuca sativa* Linn.)(图 3-166)、莴笋(*Lactuca sativa* var. *angustata* Irish. ex Bremer.)、生菜(*Lactuca sativa* var. *ramosa* Hort.)、卷心生菜(*Lactuca sativa* var. *capitata* DC.)、玻璃生菜(*Lactuca sativa* var. *crispa* Hort.)等重要蔬菜，全国各地均有栽培。

图 3-166　莴苣 *Lactuca sativa* Linn.

第二节　单子叶植物纲(Monocotyledoneae)

单子叶植物纲又称为百合纲(Liliopsida)，包括了泽泻亚纲、棕榈亚纲、姜亚纲、百合亚纲、鸭跖草亚纲等 5 个亚纲、19 目、65 科。

七、泽泻亚纲(Alisematidae)

水生或湿生草本，或菌根营养而无叶绿素。单叶，常互生，平行脉，通常基部具鞘。花常大而显著，整齐或不整齐，两性或单性，花序种种；花被 3 数 2 轮，异被，或退化或无；雄蕊 3 至多数，花粉粒全具 3 核，单槽或无萌发孔；雌蕊具 1 至多个分离或近分离的心皮，偶结合，每个心皮或每室具 1 至多枚胚珠，通常具双珠被及厚珠心，胚乳无，或不为淀粉状。

泽泻亚纲包括泽泻目、水鳖目、茨藻目和霉草目，计 16 个科。

103. 泽泻科(Alismataceae)

$$* \quad P_{3+3} \quad A_{6\sim\infty} \quad \underline{G}_{(\infty:1:1)}$$

本科有 11 属 100 多种，世界广布，主要分布于北半球温带及亚热带地区；我国有4 属 20 余种，遍布全国。其中泽泻入药，慈姑的球茎供食用。

科的特征：多年生或一年生水生或沼生草本。叶基生，有长柄，基部具开裂的叶鞘，叶片形状多变，线形、卵形至箭形，叶脉弧形，常有平行小脉。轮生总状或圆锥花序；花两性或单性，同株或异株；有苞片；萼片 3，宿存；花瓣 3，脱落；雄蕊 6 至多数；心皮多数，分离，螺旋状着生于突出的花托上，或轮状排列于扁平的花托上，花柱针状，宿存，子房上位，1 室，胚珠 1 枚。瘦果，种子无胚乳。

图 3-167　欧洲慈姑
Sagittaria sagittifolia Linn.

慈姑属(*Sagittaria* Linn.)：沉水叶带状，浮水叶戟形。总状花序和圆锥花序；花单性，雄蕊多数，心皮多数，螺旋状着生于球形或长椭圆形的花托上。本属约 30 种，分布于温带和热带地区；我国约有 9 种，多见于南北各省的水稻田或沼泽地。

常见植物：欧洲慈姑(*Sagittaria sagittifolia* Linn.)(图 3-167)多年生水生草本，地下有匍匐枝，枝端膨大成球茎；挺水叶箭形、具长柄；总状花序每节有 3～5 花轮生，花单性，花序下部为雌花，上部为雄花，雄蕊和心皮均为多数；花冠白色，基部常紫色；南方各省多有栽培，球茎供食用。慈姑［*Sagittaria trifolia* var. *sinensis*(Sims)Makino]与野慈姑(*Sagittaria trifolia* Linn.)相似，不同的是后者体形较小，地下匍匐枝末端膨大或否；花白色或黄色；分布几遍全国，为常见农田杂草。慈姑在我国长江以南广泛栽培，球茎供蔬食。

八、棕榈(槟榔)亚纲(Arecidae)

多数为高大棕榈型乔木。叶宽大，互生，基生或着生茎端，常折扇状网状脉，基部扩大成叶鞘。花多数，小型，常集成被佛焰苞包裹的肉穗花序，两性或单性；花被常发育，或退化，或无；雄蕊 1 至多数，花粉常 2 核；雌蕊由 3(稀 1 至多数)心皮组成，常结合，子房上位；胚珠具双珠被及厚珠心；胚乳发育为沼生目型、核型和细胞型，非细胞型，常非淀粉状。

棕榈(槟榔)亚纲包括槟榔目、天南星目、露兜树目等 4 个目，计 5 个科。

104. 棕榈科(槟榔科)(Arecaceae 或 Palmaceae)

$*$ ♂ P_{3+3} A_{3+3}；♀ P_{3+3} $\underline{G}_{3(3)}$；⚥ K_3 C_3 A_{3+3} $\underline{G}_{3(3)}$

本科有 210 属约 2 800 种，分布于热带和亚热带，以热带美洲和热带亚洲为分布中心；我国包括栽培种约有 28 属 100 余种，主要分布于南部和东南部。大多可供观赏，栽培种多为园景树、行道树、热带风情树，也常常盆栽、桶栽，作盆景。

科的特征：乔木或灌木，单干直立，多不分枝，顶生大型叶组成“棕榈型”树冠，稀为藤本。叶常绿，大型，互生，掌状分裂或羽状复叶，裂片或小叶在芽时常内向或外向折叠，中脉或边脉常有刺，叶柄基部常扩大而成纤维状叶鞘。花小，常为淡黄绿色，两性或单性，同株或异株，基本上为 3 基数，整齐或有时稍不整齐，组成分枝或不分枝的肉穗花序或圆锥花序，外被 1 至数枚大型的佛焰状总苞包着，生于叶间或叶下。花被 6，排成 2 轮，分离或合生；雄蕊 6 枚，排成 2 轮，稀为多数；心皮 3，分离或不同程度地连合；子房上位，1～3 室，稀为 4～7 室，每室 1 胚珠，柱头 3。核果或浆果，外果皮肉质或纤维质；有时覆盖以覆瓦状排列的鳞片。

棕榈科(槟榔科)常见园艺植物分属检索表

1. 叶掌状分裂。
  2. 丛生灌木，干较细，径 2～3 cm；叶扇形，掌状深裂几达基部，裂片 3～20 片、顶端通常阔而有数个细尖齿；叶柄两侧光滑 ………………………… 棕竹属 *Rhapis* Linn.
  2. 乔木或灌木，干较粗，径在 15 cm 以上；叶圆扇形或肾形，掌状浅裂至深裂，裂片 30 片以上、先端渐尖并 2 裂；叶柄两侧有刺或否。
    3. 叶为掌状浅裂至中裂，先端深 2 裂并下垂；叶柄两侧有较大的倒钩刺或至少近基部有刺 ………………………………………………………………… 蒲葵属 *Livistona* R. Br.
    3. 叶为掌状深裂，裂片先端浅裂、常挺直或下折；叶柄两侧有极细的锯齿……………………………………………………………………… 棕榈属 *Trachycarpus* H. Wendl.
1. 叶羽状分裂。
  4. 叶 2～3 回羽状全裂，裂片菱形，边缘具不整齐的啮蚀状齿(约 12 种，我国有 4 种，产于南部至西南部) ………………………………… 鱼尾葵属 *Caryota* Linn.

4. 叶羽状全裂，裂片线形、线状披针形或长方形，边缘不具或仅局部具啮蚀状齿。
5. 叶轴上近基部的裂片退化成为针刺状。
6. 叶裂片芽时内向折叠；花雌雄异株，花序柄长而扁平(约17种，我国产1种，引入3种) …………………………………………………… 刺葵属 *Phoenix* Linn.
6. 叶裂片芽时外向折叠；花雌雄同株，花序柄短而圆(2种，原产于热带非洲，我国引入1种) …………………………………………………… 油棕属 *Elaeis* Jacq.
5. 叶柄和叶轴均无刺。
7. 中果皮通常厚而纤维质；内果皮骨质、坚硬，近基部有3个萌发孔。
8. 叶柄和叶轴上被灰白色鳞粃状绒毛；花序总苞1枚；果小，长约3 cm，胚乳小，内无室腔和液汁(32种，原产于南美洲，我国引入1种) ……………………………………………………………… 金山葵 *Syagrus* Mart.
8. 叶柄和叶轴上无白色鳞粃状绒毛；花序总苞2～3枚；果大长15 cm以上，胚乳大，内有一大室腔和液汁 …………………………… 椰子属 *Cocos* Linn.
7. 中果皮通常薄而非纤维质，内果皮无萌发孔。
9. 叶裂片基部有1～2个耳垂；叶鞘边缘纤维状包茎 …… 桄榔属 *Arenge* Labill.
9. 叶裂片基部无耳垂；叶鞘光滑苞状。
10. 叶裂片在叶轴上呈多列排列；茎秆幼时基部膨大，后中部膨大(约17种，我国引入1种，广东、广西、台湾有栽培) …… 王棕属 *Roystonea* O. F. Cook
10. 叶裂片在叶轴上呈2列排列；茎秆基部略膨大。
11. 叶裂片背面有灰白色鳞粃状或绒毛状被覆物(3种，我国广东、广西引入1种，原产于澳大利亚) ……………………………………………… 假槟榔属 *Archontophoenix* H. Wendl. et Drude
11. 叶裂片背面光滑。
12. 雄花生于花序分枝上部，雌花生于下部；果卵形至长椭圆形，内果皮薄，基部有宿存的花被片；叶柄和叶轴绿色(约54种；我国广东、广西栽培1种，原产于马达加斯加)………………………………………………………… 槟榔属 *Areca* Linn.
12. 雄花生于花序外缘分枝上；果稍陀螺形，无内果皮；叶柄和叶轴黄绿色(约20种，我国广东、广西栽培1种，原产于马达加斯加)……………………………… 散尾葵属 *Chrysalidocarpus* H. Wendl.

(1)棕竹属(*Rhapis* Linn.)：丛生灌木，茎细如竹，有网状叶鞘。叶扇形，掌状深裂几达基部，裂片3～20片，芽时内褶。肉穗花序腋生，分枝疏散，佛焰苞2～4枚、管状，花单性异株；雄花小，外轮花被杯状，3齿裂，内轮花被倒卵形至棒状，3浅裂，雄蕊6，着生于花被管上，2轮，无退化雌蕊；雌蕊外轮花被与雄花相似，内轮较短，心皮3，离生，退化雄蕊6枚。浆果球形和倒卵形，种子1颗。本属约12种，分布于东亚和东西亚；我国有6种，产于南部至西南部。

常见植物：棕竹[*Rhapis excelsa* (Thunb.)A. Henry ex Rehd.]丛生灌木，高2～3 m，茎圆柱形；叶扇形，掌状5～10深裂或更多，裂片线状披针形；肉穗花序长约30 cm；浆果径 8～10 mm；产于我国东南至西南，北方温室多栽培，供观赏。矮棕竹(*Rhapis humilis* Bl.)(图 3-168)与棕竹的区别是植株矮小，高不超过2 m，杆粗约 1 cm；叶裂片 2～4；叶鞘纤维细、结成整齐的网状；宿存花被管变成一空心的柱状体；产于我国南部至西南，各地常见栽培。

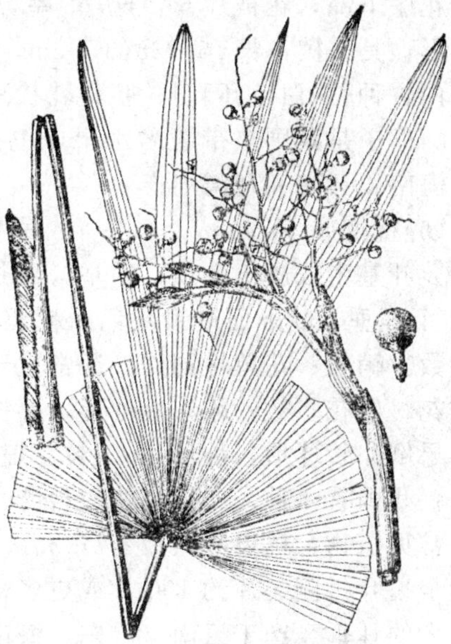

图 3-168　矮棕竹 *Rhapis humilis* Bl.

(2)棕榈属(*Trachycarpus* H. Wendl.)：小乔木至中等乔木，叶鞘纤维质网状，抱茎。叶圆扇形或肾形，掌状深裂，裂片多数，顶端浅 2 裂或2 齿。花常单性异株，组成多分枝的肉穗花序或圆锥花序，佛焰苞 3～4 枚、显著；内外轮花被片均 3 深裂；雄花有雄蕊 6 枚，退化子房 3 深裂；雌花子房 3 心皮，分离，通常仅 1 枚发育，退化雄蕊 6 或缺。果球形、肾形或长圆形。本属有 8 种，分布于东亚和南亚；我国有 3 种，产于西南至东南。

常见植物：棕榈[*Trachycarpus fortunei*（HK. f.）H. Wendl.]乔木，高达 15 m；叶圆扇形，直径 50～70 cm，掌状深裂几达基部，裂片线形和线状披针形，宽 1.5～3 cm，革质、坚硬，先端 2 浅裂，叶柄长，边缘具细锯齿；长江以南广泛栽培，供观赏。

(3)蒲葵属(*Livistona* R. Br.)：乔木，茎有密集的环纹。叶柄长，边缘有倒刺；叶片宽肾状扇形、深裂至中部或不及中部，裂片条形，顶端渐尖并分裂为 2 小裂片。花小，两性、黄绿色，组成圆锥状肉穗花序，腋生，直立，分枝扩展；佛焰苞片多数套着花柄；外轮花被片卵形，覆瓦状排列，内轮 3 裂几达基部，裂片镊合状排列；雄蕊 6，花丝合生成一环；心皮 3，近于离生，3 室。核果球形或卵状椭圆形。本属约 30 种，分布于热带亚洲和澳大利亚；我国有 4 种，分布于南部至台湾。

常见植物：蒲葵［*Livistona chinensis*（Jacq.）R. Br.］树干粗糙，叶宽肾状圆扇形，掌状深裂至中部，裂片下垂，叶柄长达 2 m，下部有 2 列倒刺；核果黑色，长 1.8～2 cm；产于我国南部诸省区，各地庭园多有栽培，为南方习见绿化树种，北方多盆栽观叶。嫩叶制蒲扇，老叶制蓑衣、席子，叶脉可制牙签，树干作梁、柱，果、根、叶可入药。

(4)椰子属(*Cocos* Linn.)：本属为单种属。椰子(*Cocos nucifera* Linn.)(图 3-169)高大乔木，高 18～20 m，有时可达 30 m，树干通直，有环状叶痕。叶簇生于茎顶，羽状全裂，长 3～4 m。肉穗花序腋生，长1.5～2 m，多分枝；佛焰苞 1 枚，木质、舟状；花单性同株，雄花聚生于分枝上部，两侧对称，花被片 6，雄蕊 6，退化雌蕊极小或缺；雌花散

图 3-169　椰子 *Cocos nucifera* Linn.

生于花序下部，花被片 6，子房 3 室，每室 1 胚珠，通常仅 1 颗发育。坚果卵形、倒卵形或近球形，具 3 棱，长 15～25(37) cm，外果皮厚而纤维质，内果皮骨质，基部有 3 个萌发孔，果腔内含种仁(白色胚乳)、胚和乳状液体。果需一年成熟，一年可收果2 次，7～8 月份收获最多。椰子是我国热带著名水果，也是热带著名风景树。椰子分布于热带海岸上，我国广东、海南、云南和台湾均产。

(5)桄榔属(*Arenga* Labill.)：乔木或灌木，单生或丛生；树干上覆以多数黑褐色的叶鞘纤维。叶基生或簇于茎顶，斜举，羽状全裂叶；裂片线形，先端常具不规则裂齿，基部常有 1～2 个耳垂，叶下面被银灰色鳞粃。肉穗花序腋生，自上而下开放，分枝多，下垂；佛焰苞多数，鞘状；花单性同株，通常生于不同花序上，有时 3 个聚生，中央的为雌花，两侧的为雄花；雄花多数；雌花近球形，萼扩大，退化雄蕊多数或缺，子房球形，3 室，每室 1 胚珠。果倒卵状球形，种子 2～3 粒、扁压或平凹。本属约 18 种，分布于亚洲和澳大利亚热带地区；我国有 4 种，产于福建、台湾、广东、广西、海南、云南和西藏等省、自治区。

常见植物：桄榔[*Arenga pinnata* (Wurmb.) Merr.]乔木，高达 12 m；叶长 7 m 以上，羽状全裂叶每侧裂片约 100 片或更多，裂片长 0.8～1.5 m，宽 4～5.5 cm，基部两侧有 2 个不等大的耳垂。产于云南、广东、海南、广西和台湾。桄榔叶大、羽状裂，柔韧飘旖，一树成景，每片叶可历数年不枯，为稀有观赏植物，温暖地区常作行道树和园林风景树栽培，也常盆栽或桶栽，幼树可作观叶植物。花序的汁液可蒸成砂糖，故有砂糖椰子之名。

棕榈科著名植物还有槟榔(*Areca catechu* Linn.)，原产于马来西亚，我国广东、云南、台湾有栽培，种子和果皮供药用。油棕(*Elaeis guineensis* Jacq.)原产于非洲，我国海南、广东、云南有栽培，核仁富含油脂供食用，果皮含油用作工业润滑油。椰枣(*Phoenix dactylifera* Linn.)原产于非洲，我国南部有栽培，作行道树或风景树，果制蜜枣。

此外，还有一些具有热带景观特色的观赏树种，如大王椰树[*Roystonea regia* (H. B. K.) O. F. Cook]原产于美国佛罗里达与古巴，我国华南地区有栽培，作行道树；鱼尾葵(*Caryota ochlandra* Hance)产于我国南部，北方温室多有栽培，供观赏；假槟榔[*Archontophoenix alexandrae* (F. J. Muell.) Wendl. et Drude]原产于澳大利亚，我国南方栽培作行道树或庭园观赏；金山葵[*Syagrus romanzoffiana* (Chassm.) Glassm.]原产于巴西至阿根廷，我国广州有栽培，作园景树和行道树；散尾葵(*Chrysalidocarpus lutescens* H. Wendl.)原产于马达加斯加，我国广东、海南等广泛用于庭园栽植，其他地区温室栽培，为著名的观叶植物。

105. 天南星科(Araceae)

$$K_{0,4\sim8}\quad C_0\quad A_{1\sim\infty}\quad \underline{G}_{(1\sim\infty:1\sim\infty:1\sim\infty)}$$

本科有 115 属 2 000 余种，大多分布于热带和亚热带地区；我国有 35 属约 206 种，主要分布于南方，多生于阴湿的山地和沼泽。有许多药用植物和观赏植物。

科的特征：草本，少木质藤本，多含水汁或乳汁液或有辛辣味并常具草酸钙结晶。具根状茎或块茎。叶基生或茎生，互生，单叶或复叶，叶片戟形或箭形，具网状脉，基部常具膜质鞘。肉穗花序为一佛焰苞所包，佛焰苞常具彩色；花小，两性或单性；花被缺或为鳞片状，4～6 片；单性同株时，雄花常生于肉穗花序上部，雌花生于下部，花序中部为不育部分或为中性花；雄蕊(1～)4 或 6(8)，分离或合生，花粉 1～4 沟、3 孔；雌蕊由(2)3(～15)心皮组成，子房上位，1 至多室。通常为浆果。

天南星科常见园艺植物分属检索表

1. 花全部两性；肉穗花序上部无附属器。
  2. 花无花被；陆生攀缘藤本植物。
    3. 浆果相互分离；室内胚珠1颗(约40种；我国有1种，产于广东、海南岛)
    ………………………………………………………… 藤芋属 *Scindapsus* Schott
    3. 浆果相互黏合；胚珠2颗(约50种，分布于热带美洲；我国引入1种) ……………
    ………………………………………………………… 龟背竹属 *Monstera* Schott
  2. 花有花被；陆生直立或匍匐植物。
    4. 佛焰苞与叶片同形、同色(4种，分布于北温带至亚热带；我国4种均产，南北广布) ………………………………………………………… 菖蒲属 *Acorus* Linn.
    4. 佛焰苞扁平、与叶片形异，常有美丽色彩，宿存(约550种，产于热带美洲；我国引入栽培数种花卉) ………………………………………… 花烛属 *Anthurium* Schott
1. 花全部单性，雌雄同株或异株；花被通常缺或至多环状。
  5. 肉穗花序无不育附属器。
    6. 肉穗花序背面与佛焰苞合生2/3；水生植物(1种，热带与亚热带广布，我国黄河以南各省区有栽培) ……………………………………………… 大溧属 *Pistia* Linn.
    6. 肉穗花序与佛焰苞分离或部分合生；陆生植物。
      7. 攀缘植物(约275种，分布于热带美洲；我国华南地区引入约7种)………………
      ………………………………………………………… 喜林芋属 *Philodendron* Schott
      7. 茎直立或上升。
        8. 雄蕊分离。
          9. 胚珠1枚；果期佛焰苞凋落，果外露；雌花无退化雄蕊(约50种；我国有2种，产于云南、广西、广东) …………… 广东万年青属 *Aglaonema* Schott
          9. 胚珠多数；佛焰苞檐部展开为漏斗状、果期凋落，筒部宿存，果藏于宿存或花后膨大的佛焰苞内；雌花常见退化雄蕊……………………………………
          ………………………………………… 马蹄莲属 *Zantedeschia* Spreng.
        8. 雄蕊合生成一体。
          10. 雌花具退化雄蕊4～5枚，矮小亚灌木(约30种，产于热带美洲；我国引入4种花卉) ………………………………… 花叶万年青 *Dieffenbachia* Schott
          10. 雌花通常无退化雄蕊；胚珠倒生；草本植物(约16种，产于热带非洲；我国华南地区和西南引入1种) ……………………… 五彩芋属 *Caladium* Vent.
  5. 肉穗花序有顶生附属器。
    11. 胚珠倒生；花叶不同时存在(约100种，分布于欧亚大陆；我国有18种，主要产于长江以南各省区) ………………………………… 魔芋属 *Amorphophallus* Bl.
    11. 胚珠直立。
      12. 雄蕊分离；佛焰苞喉部张开，边缘席卷，但不合生；雌雄同株；胚珠1～2枚，基生(约34种，我国13种，南北均产或有栽培) ………………………………
      ………………………………………………… 独角莲属 *Typhonium* Schott
      12. 雄蕊合生成一体。

13. 子房不完全2室，胚珠多数，侧膜胎座(13种，分布于亚洲热带和亚热带地区；我国有8种，主产于江南各省) …………………… 芋属 *Colocasia* Schott

13. 子房1室，胚珠少数，基底胎座(70种，分布于热带亚洲；我国有4种，产于热带地区) ………………………………………… 海芋属 *Alocasia* Schott

(1)广东万年青属(*Aglaonema* Schott)：草本，直立或有时铺散。叶长椭圆形至卵状披针形，叶柄有鞘。花序柄成束由下部鞘内抽出；佛焰苞小，绿色或淡黄色，下部常席卷，上部张开；肉穗花序与佛焰苞等长或较短；花单性，雌雄同序，雌花在下，雄花在上；无花被；雄花具雄蕊2枚；雌花子房1室，稀2室，每室具1颗胚珠。浆果。本属约50种，分布于印度至马来西亚；我国有2种，产于西南和华南，生于山谷湿地。

常见植物：广东万年青(*Aglaonema modestum* Schott ex Engler)多年生草本，茎高达1 m；叶片卵状椭圆形至卵状矩圆形，边缘波状；总花梗长7～10 cm；佛焰苞长5～7 cm，早落；肉穗花序圆柱形，长2.5～4.5 cm，花小，白绿色；浆果成熟时由黄变红；产于云南、广东和广西，庭园常有栽培。

(2)藤芋属(*Scindapsus* Schott)：大藤本，以气生根攀缘他物上升。叶柄阔而鞘状，急弯；叶片长椭圆状披针形或卵形。花序柄短；佛焰苞舟状，脱落；肉穗花序与佛焰苞等长；花两性，无花被；雄蕊4，多少黏合；子房1室1胚珠，花柱缺。本属约40种，分布于印度至马来西亚；我国产1种，引入栽培1种。

绿萝(*Scindapsus aureus* Engl.)多年生常绿藤本；茎蔓粗壮，长达数米，茎节处有气生根，能吸附性攀缘；单叶互生，叶卵状心形至长卵形，全缘或有时羽裂状，绿色而有光泽，叶面上有不规则的黄色斑块或条纹；叶片大小变化较大；佛焰花序腋生，具粗壮花序柄，佛焰苞卵状阔披针形。盆栽供观赏。

(3)龟背竹属(*Monstera* Adans.)：本属约50种，分布于热带美洲；我国引入栽培1种。

龟背竹(*Monstera deliciosa* Liebm.)攀缘灌木。叶2列，叶柄具鞘，叶片异向旋转，成熟植株上的叶通常为长圆形，不等侧，常具空洞，稀羽状分裂。花序轴由枝端附近单出或多少形成扇形的合轴；佛焰苞舟状展开，脱落；肉穗花序无梗；花多而密，最下部的花不育，其余为两性；无花被；雄蕊4，花丝扁平；子房倒圆锥角柱状，2室，每室有2胚珠。浆果密集，互相黏合。福建、广东和云南有栽培，北方多见盆栽供观赏。

(4)花烛属(*Anthurium* Schott)：直立或攀缘植物。叶形各式，全缘或各式分裂，具明显叶柄。花序柄大多伸长；佛焰苞扁平，常具美丽的色彩，宿存；肉穗花序圆柱形、圆锥形或尾状；花两性；花被4；雄蕊4，花丝扁；子房2室，每室具胚珠1～2颗。浆果。本属约500种，产热带美洲，现各热带地区常有栽培；我国引入3种。

常见植物：花烛(*Anthurium andraeanum* Lind.)多年生常绿草本；茎直立，高50～70 cm；叶聚生茎顶，革质，长圆状椭圆形、长圆状披针形或卵圆形，长20～30 cm，宽10～20 cm，具掌状网脉，叶柄圆柱形，坚挺，长60 cm。佛焰花序单生叶腋，花梗圆柱形，直立，长30～50 cm，佛焰苞心状卵形，肥厚，平展，鲜红色或橙红色，有粉色、玫红色、白色、绿色等品种；肉穗花序无柄，黄色，下具斑纹，长5～12 cm，花两性，条件适宜则可全年开花。原产于热带美洲、哥伦比亚等地，我国南方常有栽培，以赏叶为主。

(5)喜林芋属(*Philodendron* Schott)：攀缘植物。叶鞘顶部常舌状，叶柄各式，边缘纤维状，有时肥大；叶片长圆形，基部心形和戟形，边缘不规则浅裂、3全裂至羽状分裂。佛焰苞厚，筒部席卷，宿存，檐部直立，果后卷曲消失；肉穗花序与佛焰苞近等长；花单性，无花被；雌花群花多且密集；雄花群下部很短，一部分不育，上部能育；雄花具雄蕊2～6枚，无花丝；雌花子房2至多室；胚珠多数。浆果。本属约275种，分布于热带美洲；我国华南栽培有6种。

常见植物：长心叶喜林芋(*Philodendron erubescens* cv. Green Emerald)多年生常绿藤本；茎坚硬木质化，节间长，有分枝，节上有气生根；单叶互生，长心形，长25～35 cm，宽12～18 cm，先端突尖，基部心形，浓绿色，有光泽，叶柄有鞘；花序梗长3 cm，佛焰苞长7～8 cm，较肉穗花序长。羽裂喜林芋(*Philodendron selloum* C. Koch)无茎；叶柄长，叶片浓绿，有深缺刻至二次羽裂。

(6)马蹄莲属(*Zantedeschia* Spreng.)：多年生草本。根茎粗壮；叶柄较长，海绵质；叶片披针形、箭形和戟形。佛焰苞白色或黄绿色，稀玫瑰红色，筒部宿存，檐部展开呈漏斗状；花单性，无花被；雄花2～3，花药楔状四棱形；雌花子房1～5室，每室有胚珠4颗、2列。浆果倒卵圆形或近球形。本属有8或9种，分布于非洲南部至东北部，我国引入栽培4种。

常见植物：马蹄莲[*Zantedeschia aethiopica* (Linn.) Spreng.]叶心状箭形或箭形，长15～45 cm，有长柄；总花梗与叶等长；佛焰苞全长10～25 cm，下部短筒状，上部(檐部)展开，顶端有略反转的骤尖，白色或乳白色，肉穗花序甚短于佛焰苞，下部具雌花，雌花具雌蕊和数个退化雄蕊，上部具雄花，比雌花部分长约4倍，雄花具2～3雄蕊。原产于南非，我国各地多盆栽。

(7)花叶万年青属(*Dieffenbachia* Schott)：矮小半灌木，茎轴木质。叶长椭圆形或卵形，全缘，常有斑点；叶柄有长鞘。花序柄由叶柄鞘内抽出，短于叶柄；佛焰苞长椭圆形，宿存，下部苞旋把雌花包藏；肉穗花序直立，约与佛焰苞等长，雌花在下，部分背部常与佛焰苞筒合生，彼此远离，雄花多而密生于花序上部；雌、雄花之间裸秃或具不育雄花；单性花无花被，雌花具4～5枚雌蕊，合生成一体；不育雄花具4～5枚退化雌蕊；雌花具4～5枚退化雌蕊，子房2～3室，柱头2～3裂，胚珠每室1颗。本属约30种，分布于热带美洲；我国引入栽培有4种。

常见植物：花叶万年青[*Dieffenbachia picta* (Lodd.) Schott]。

(8)芋属(*Colocasia* Schott)：多年生草本，有肉质块根。叶盾状着生，叶片卵状心形或箭状心形。佛焰苞有粗柄，筒厚、宿存，檐部直立、脱落；肉穗花序上部为雄花，下部为雌花，中间为不育雄蕊可隔离，短于佛焰苞；无花被；雄花有雄蕊3～6枚合生；雌花子房1室，胚珠多数，侧膜胎座。浆果圆锥形或长圆形。本属约13种，分布于亚洲热带和亚热带地区；我国有8种，大多产于江南各地。

常见植物：芋[*Colocasia esculenta* (Linn.) Schott](图3-170)块茎通常卵形；叶盾状着生，卵形，长20～60 cm；很少开花；佛焰苞长达20 cm，下部筒状，长约4 cm，绿色，上部披针形，内卷，黄色；肉穗花序顶部具附属体，长约

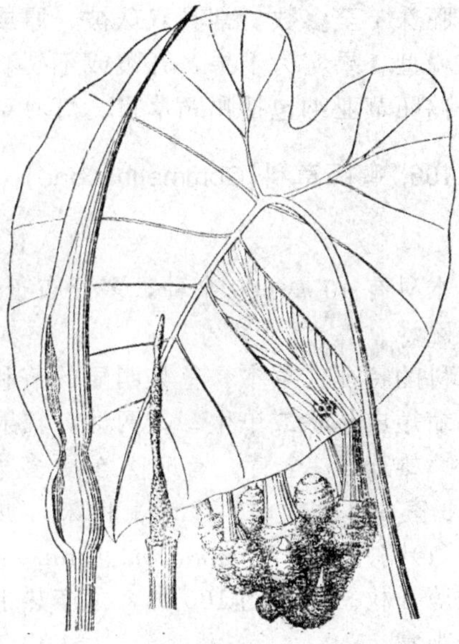

图3-170　芋 *Colocasia esculenta* (Linn.) Schott

为雄花部分之半。原产于亚洲南部，我国南方广泛栽培，可供食用。

(9)花叶芋属(*Caladium* Vent.)：本属与芋属很相近，所不同的是肉穗花序顶部无附属器。本属约16种，产于热带美洲，我国引入栽培的有2种。

图 3-171　魔芋 *Amorphophallus rivieri* Durieu

常见植物：花叶芋[*Caladium bicolor* (Ait.) Vent.]块茎扁球形，花葶和叶柄基出，叶盾状着生，箭状卵形、卵状三角形至圆卵形，基部裂片1/5～1/3部分合生，弯曲较狭，上面有红色或各色或半透明的斑点；佛焰苞下部筒状，口部稍紧缩，上部舟形；肉穗花序稍短于佛焰苞，上部为雄花、下部雌花，中间具退化雄花，顶端无附属体；雌花仅具雌蕊，无花柱，柱头圆形；雄花具4～5合生雄蕊；浆果白色；原产于热带美洲，我国温室中有栽培。

本科中的魔芋(*Amorphophallus rivieri* Durieu)(图3-171)、独角莲(*Typhonium giganteum* Engl.)、海芋[*Alocasia macrorhiza* (Linn.) Schott]等可供药用，也可供观赏。白鹤芋(*Spathiphyllum floribundum* cv. Clevelandii)原产于哥伦比亚，我国南方常有栽培。

九、鸭跖草亚纲(Commelinidae)

草本，偶木本，无次生生长和菌根营养。叶互生或基生，单叶，全缘，基部具开放或闭合式叶鞘或无。花两性或单性，常无蜜腺；花被常显著，异被，分离，或退化成膜状、鳞片状或无；雄蕊常3或6，花粉粒2或3核，单萌发孔；雌蕊由2或3(稀4)心皮组成，子房上位；胚珠1至多数，常具双珠被，厚或薄珠心；胚乳发育为核型，有时为沼生目型，大多数为淀粉型。果实为干果，开裂或不裂。

鸭跖草亚纲包括鸭跖草目、灯心草目、莎草目等7个目，计16个科。

106. 鸭跖草科(Commelinaceae)

$$* \quad \uparrow \quad K_3 \quad C_3 \quad A_6 \quad \underline{G}_{(2\sim3:2\sim3:\infty\sim1)}$$

本科有40属600余种，多分布于热带和亚热带；我国有13属约53种，多分布于东南部地区。

科的特征：草本，茎具明显的节和节间。叶互生，具闭合叶鞘。聚伞花序或圆锥花序，有时缩短成丛状或单生；花两性，辐射对称或两侧对称；萼片3；花瓣3，分离，有时下部连合；雄蕊6，全育，有时2至更多为退化雄蕊，花丝有时被念珠状毛；无蜜腺；子房上位，3室或2室，每室2或1胚珠。蒴果，室背开裂；种子小，胚乳丰富。

(1)鸭跖草属(*Commelina* Linn.)：匍匐或直立草本；总苞片佛焰苞状，聚伞花序；能育雄蕊3枚。本属约100种，主产热带和亚热带地区；我国有7种，广布，东南部尤多，可栽培观赏。

常见植物：鸭跖草(*Commelina communis* Linn.)(图3-172)叶卵状披针形或披针形，无柄或几无柄，有膜质叶鞘；数朵花组成聚伞花序，佛焰苞宽心形，内弯，长约2 cm；花瓣蓝色、有爪；蒴果2室，每室2种子；产于云南和甘肃以东的南北各省区，各地常有栽培，供观赏；全草药用，为清热解毒、凉血、利尿、退热药。

(2)水竹叶属(*Murdannia* Royle)：匍匐或直立草本。总苞片不呈佛焰苞状；圆锥花序或聚伞花序；能育雄蕊3枚与萼片对生，退化雄蕊3裂或有3小体。本属约40种，我国约有20种，分布几遍全国，可栽培观赏。

常见植物：水竹草［*Murdannia triquetra* (Wall.)Bruckn.］，叶狭披针形；花单生于分枝顶端的叶腋，红紫色或淡红色；蒴果长圆状三棱形，3瓣裂；产于山东、河南以南，各地常有栽培，供观赏。

(3)竹叶子属(*Streptolirion* Edgew.)：本属仅竹叶子(*Streptolirion volubile* Edgew.)1种，缠绕草本，侧枝穿鞘而出；叶具长柄，叶片卵状心形；花白色，少数，排成腋生和顶生的蝎尾状聚伞花序；萼片长椭圆形；花瓣线形；雄蕊6，全育，花丝有毛；子房3室，每室2胚珠；蒴果具喙；产于东北、华北和西南诸省区。

图 3-172 鸭跖草
Commelina communis Linn.

本科常见引种的花卉还有白花紫露草(*Tradescantia fluminensis* Vell.)茎匍匐；叶卵状长圆形，叶鞘上端有毛；花白色；原产于北美，栽培作盆景。吊竹梅(*Zebrina pendula* Schnizl.)茎匍匐，叶卵状长圆形，上面绿色，有白色或紫色条纹，下面紫红色；花冠筒白色，裂片紫色；原产于墨西哥，栽培作盆景。紫竹梅(*Setcreasea purpurea* Boom.)全株紫色，茎较粗壮；叶长圆形，边缘有长纤毛；花玫瑰紫色；原产于墨西哥，为赏叶植物。

107. 莎草科(Cyperaceae)

$$⚥\ P_{0\sim\infty}\ A_{1\sim3}\ \underline{G}_{(2\sim3:1:1)};\ ♂\ P_0\ A_3\ ♀\ P_0\ \underline{G}_{(2\sim3:1:1)}$$

本科有80余属4 000余种，广布于全世界；我国有28属500余种，分布于全国各地，是构成我国湿地以及高山草甸、亚高山草甸和高寒草原的重要组成成分，在草原和荒漠地带分布不多。莎草科植物在单子叶植物中是一个比较大的科，有不少种可供编织、造纸，有些种可供药用和食用，作为观赏植物，主要是一些湿生或水生的挺水植物。

科的特征：多年生、稀一年生草本；多具根状茎兼具球茎；秆中实，常为三棱形，基部具闭合的叶鞘或叶片退化而仅具叶鞘。花序由小穗组成，小穗单生或若干小穗再排列成穗状、头状、圆锥状或长侧枝聚伞花序，花序下通常具1至多数叶状、刚毛状或鳞片状苞片，苞片基部具鞘或无；花两性或单性，雌雄同株，少有雌雄异株，单生于鳞片(颖片)腋间，由2至多数花(极少仅具1花)组成穗状花序，称小穗，小穗鳞片覆瓦状、螺旋排列或为2行排列，小花无花被或花被退化成下位刚毛或下位鳞片，有时雌花为先出叶所形成的果囊所包被；雄蕊3枚，少为2或1枚，花粉1～4孔；子房1室，具1胚珠，花柱单1，柱头2～3裂。小坚果三棱形、双凸状或圆球形。

(1)荸荠属(*Heleocharis* R. Br.)：秆丛生或散生，具根状茎。叶退化而仅具叶鞘。小穗单1顶生，直立，通常含多数两性花或有时仅有少数两性花，鳞片螺旋状排列，极少近二

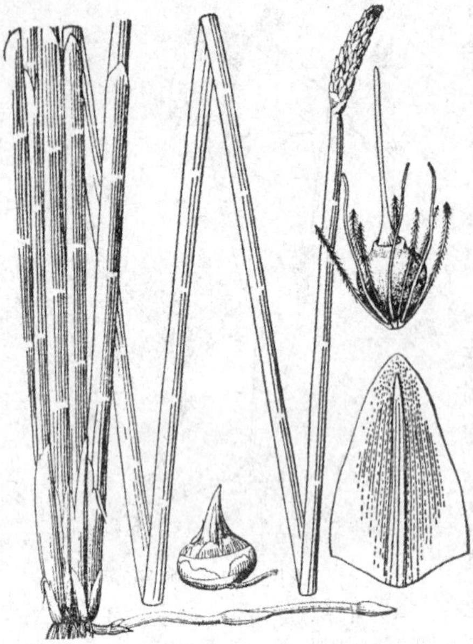

图 3-173 荸荠 *Heleocharis dulcis* Trin.

列，最下的 1～2 枚鳞片通常中空无花；下位刚毛 4～6(8)条，有时缺或发育不全，通常具倒刺；雄蕊 1～3；柱头 2～3 裂，花柱基部膨大，有各种形状，宿存于小坚果上。本属有 150 多种，分布于全球；我国约有 30 种，遍及全国各地，生于湿地及浅水沼泽。多为牧草。

常见植物：荸荠（*Heleocharis dulcis* Trin.）(图 3-173)匍匐根状茎细长，顶端膨大成块茎，称荸荠，秆多数丛生，圆柱形，高 15～60 cm，有横膈膜；小穗顶生，圆柱状，淡绿色，含多数花，基部有 2 鳞片；花柱基三角形，与小坚果之间不缢缩，基部具明显的领状环；柱头 3；全国各地广为栽培，块茎除供食用外，还可供药用。

(2)莎草属(*Cyperus* Linn.)：秆常为三棱形、丛生或散生。叶基生。长侧枝聚伞花序简单或复出，有时缩短或呈头状，具数枚叶状总苞片；小穗条形或长圆形，扁压，穗轴大多具翅；鳞片呈两行排列；无下位刚毛；雄蕊 1～3 枚；花柱基不增大，柱头 3，极少 1。小坚果三棱形。本属有 380 多种，产于温带和热带地区；我国有 30 余种，全国各地均有分布。

常见植物：风车草[*Cyperus alternifolius* Linn. subsp. *flabelliformis* (Rottb.) Kükenth]多年生草本，根状茎短粗；秆粗壮，丛生，高 30～150 cm，苞片 20 枚，条形，较花序长 2 倍，辐射状展开，长侧枝聚伞花序多次复出；原产于非洲，我国各地有栽培。油莎豆(*Cyperus esculentus* Linn.)各地栽培，块茎含油率高达 27%，供食用。

108. 禾本科(Poaceae 或 Gramineae)

$\uparrow$ ⚥或♂♀ P_3 A_3 或 A_{3+3} $\underline{G}_{(2\sim3:1:1)}$

本科约 700 属 10 000 种，在被子植物中被列为第五大科，遍布于全球；我国约有 200 属 1 500 种，分布于全国各地，是我国草原、草甸、湿地、甚至荒漠植被的重要组成成分，具有重要的生态意义。本科植物与人类的关系极为密切，是农业生产上很重要的一科，它包括人类粮食的主要来源(小麦、玉米、水稻、高粱等)，糖用作物(甘蔗)、蔬菜(茭白、竹笋)，牧草(玉米、鸭茅、梯牧草等禾本科植物，大多为优良牧草，其饲用价值仅次于豆科，位居第二)以及园林植物(竹类)和草坪草等，此外，禾本科植物也是许多行业如建筑、造纸、制药、酿造、家具以及编织等重要原料。

科的特征：一年、越年或多年生草本，少数为木本(竹亚科)。多为须根系，有时具地下根茎。地上茎称秆，有明显的节，节间中空，少为实心，以分蘖方式产生分枝。单叶互生，成二行排列，叶由叶片和叶鞘组成；叶鞘包秆，通常边缘彼此覆盖，仅少数闭合；叶片常为条形，少数针形或卵形，扁平或边缘内卷，叶脉平行，中脉明显；在叶鞘与叶片交接处通常具叶舌，有时两侧还有叶耳。花序由许多小穗构成，小穗具柄或否，排列成穗状，总状或圆锥花序；小穗含 1 至数朵无柄小花，基部具 2 片不含花的颖，下部的为第一颖(外颖)，上部的为第二颖(内颖)，形状多变，有时一颖退化或二颖皆无；在颖的上部为小花，两性或单性，典型的小花包括外稃、内稃、鳞被、雄蕊和雌蕊五部分，外稃(即苞片)基部可具基盘，顶端或背部可具芒；内稃(小苞片)通常具两脉或两脊；鳞被2片、3片、稀6片；雄蕊通常3或6枚，稀1～2枚，花丝线状，花药基部2深裂；雌蕊1枚，由2(3)心皮构成，子房上位，1室，内含1胚珠，花柱2或1，柱头常为羽毛状或乳突状。颖果，少为浆果、坚果或胞果。种子具丰富的胚乳，基部外侧为胚，内侧为种脐。

禾本科专用术语(图3-174)

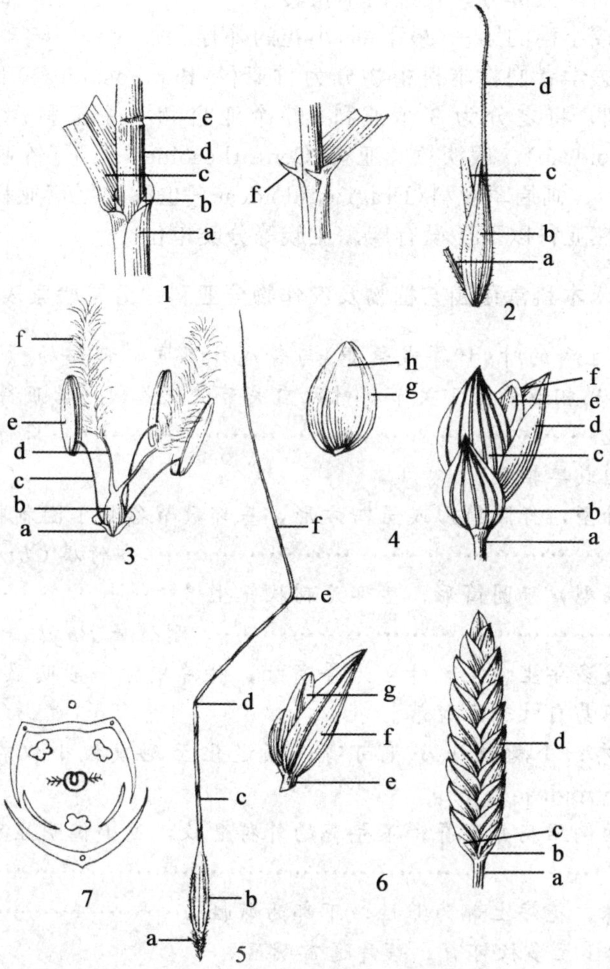

图3-174 禾本科专用术语图解

1. 叶及秆：a. 叶鞘 b. 叶舌 c. 叶片 d. 节间 e. 节 f. 叶耳
2. 小花：a. 小穗轴 b. 外稃 c. 内稃 d. 芒
3. 小花(除去内外稃)：a. 鳞被 b. 子房 c. 花丝 d. 花柱 e. 花药 f. 柱头
4. 小穗：a. 小穗柄 b. 第一颖 c. 第一外稃 d. 第二颖 e. 第二内稃 f. 第二外稃 g. 第二外稃 h. 第二内稃
5. 针茅的小花：a. 基盘 b. 外稃 c. 芒柱 d. 第一膝曲 e. 第二膝曲 f. 芒针
6. 小穗：a小穗柄 b. 第一颖 c. 第二颖 d. 外稃 e. 小穗轴 f. 外稃 g. 内稃 7. 花图式

砂套：由黏附于根外的细沙粒形成的鞘状物。

基盘：是小花或小穗基部明显加厚变硬的部分。

小穗轴：着生小花和颖片的轴。

穗轴：穗状花序或穗形总状花序着生小穗的轴。

小穗两侧压扁：指小穗两侧的宽度小于背腹面的宽度。

小穗背腹压扁：指小穗背腹面的宽度小于两侧的宽度。

芒：是颖、外稃或内稃的脉向外延伸成的针状物。

膝曲：是秆的节部或芒作膝关节状弯曲。

芒柱：是芒的膝曲以下部分，常呈螺旋状扭转。

芒针：是芒的膝曲以上部分，较细而不扭转。

第一外稃：指组成小穗的第一(最下部)小花的外稃。

禾本科分类：过去学者们将本科植物分为竹亚科(Bambusoideae)和禾亚科(Agrostidoideae)，后来越分越细，将之分为3个亚科、5个亚科和7个亚科。如竹亚科(Bambusoideae)、稻亚科(Oryzoideae)、假淡竹叶亚科(Centothecoideae)、芦竹亚科(Arundinoideae)、早熟禾亚科(Pooideae)、画眉草亚科(Eragrostidoideae，也称虎尾草亚科 Chloridoideae)、黍亚科(Panicodieae)，在亚科以下还设有族、亚族等分类单位。

禾本科常见园艺植物及农作物分亚科、分属检索表

1. 秆木质，多年生；主秆的叶(秆箨或笋壳)与普通叶不同，秆箨的叶片小，无中脉，普通叶片有短柄，与叶鞘相连处有1关节，叶片自关节处脱落(I. 竹亚科 Bambusoideae)
  2. 地下茎为合轴型 …………………………………………………… 簕竹属 *Bambusa* Schrab.
  2. 地下茎为复轴型或单轴型。
    3. 地下茎为复轴型，秆圆筒形或呈四方形，基部数节各具1圈刺状气生根…………… …………………………………………………… 方竹属 *Chimonobambusa* Makino
    3. 地下茎为单轴型，秆圆筒形，茎部无刺状气生根………………………………………… …………………………………………………… 刚竹属 *Phyllostachys* Sieb. et Zucc.
1. 秆草质，一年生或多年生。主秆叶即为普通叶，叶片中脉一般明显，通常不具叶柄，无关节，故叶片也不易自叶鞘上脱落。
  4. 水生或湿生草本；小穗仅1小花可育；颖退化至无或极小仅在小穗柄上留有痕迹(Ⅱ. 稻亚科 Oryzoideae)。
    5. 小穗两性，两侧压扁并有脊；不孕花的外稃2枚，虽小但明显可见；雄蕊6枚…… …………………………………………………… 稻属 *Oryza* Linn.
    5. 小穗单性同株，花序上部为雌性，下部为雄性 ………………… 菰属 *Zizania* Linn.
  4. 大多旱生；小穗1至多枚可育；颖片通常明显。
    6. 小穗有1至多数结实小花，2颖或其中1颖通常明显；成熟花的内稃与外稃并不互相紧扣，但外稃可紧包内稃；内稃有2脉而成2脊，个别属多至5脉而无脊。
      7. 成熟花的外稃具多数脉至5脉(稀为3脉)，或其脉不明显；叶舌通常无纤毛(Ⅲ. 早熟禾亚科 Pooideae)。
        8. 小穗无柄或几无柄，排列成穗状花序。
          9. 小穗单生于穗轴各节；顶生小穗大多正常发育；颖背部明显有脊……… …………………………………………………… 小麦属 *Triticum* Linn.
          9. 小穗以3枚生于穗轴每节；仅含1小花，中间者无柄、可育，两侧者有柄或无柄，不育或可育 …………………………………… 大麦属 *Hordeum* Linn.
        8. 小穗具柄，少无柄或近无柄，排成紧缩或开展的圆锥花序。

10. 小穗长小于 1 cm；第二颖通常较短于第一花；芒若存在，通常自外稃顶端伸出，劲直。

11. 外稃背部圆形，顶端尖或有芒 …………………… 羊茅属 *Festuca* Linn.

11. 外稃背部具脊，顶端钝、或尖而无芒 ……………… 早熟禾属 *Poa* Linn.

10. 小穗长大于 1 cm；第二颖大多等长或长于第一花；芒由外稃背部伸出，膝曲而扭转 ………………………………………………… 燕麦属 *Avena* Linn.

7. 成熟花的外稃具 3 或 1 脉，亦有具 5～9 脉者，或因外稃质地变硬而脉不明显；叶舌通常有纤毛或为一圈毛代替。

12. 小穗含 2 至多数花，至少于开花前常呈圆柱形或稍两侧压扁，有柄，形成圆锥花序(Ⅳ. 芦竹亚科 Arundioideae)外稃无芒，但基盘延长而有丝状毛 ……… ………………………………………………………… 芦苇属 *Phragmites* Adans.

12. 小穗含 1 至多数花，通常明显两侧压扁，稀可背腹压扁，少数呈圆筒形，若无柄或近于无柄，则常多少排列于穗轴的一侧，也可有柄；花序为穗状、总状或圆锥状(Ⅴ. 画眉草亚科 Eragrotioideae)。

13. 小穗无柄或近于无柄，排列于穗轴的一侧形成穗状花序，穗状花序再呈指状或总状排列于主轴顶部，组成复合花序；小穗两颖均在。

14. 小穗含 3 至多数结实小花；囊果，果皮膜质或透明 ………………… ………………………………………………………… 穇属 *Eleusine* Gaertn.

14. 小穗含 1(2)结实花；颖果。

15. 花单性，雌雄同株或异株(引入草坪植物) ……………………… ………………………………………………… 野牛草属 *Buchloe* Engelm.

15. 花两性(野生或栽培草坪植物) ……………… 狗牙根属 *Cynodon* Rich.

13. 小穗有柄，紧贴穗轴，形成穗形总状花序；第一颖缺 ……………………… ………………………………………………………… 结缕草属 *Zoysia* Willd.

6. 小穗含 2 花，下部花不孕而为雄性以至仅剩一外稃而使小穗仅含 1 花，背腹压扁或为圆筒形，稀可两侧压扁，脱节于颖之下；小穗轴从不延伸，因此在成熟花内稃之后从无一柄或类似刚毛的存在(Ⅵ. 黍亚科 Panicoideae)。

16. 第二花的外稃及内稃通常质地坚韧而无芒(黍族 Paniceae)。

17. 花序中有不育小枝所形成的刚毛 …………………… 狗尾草属 *Setaria* P. Beauv.

17. 花序中无不育小枝所形成的刚毛。

18. 小穗无柄或几无柄，排列于穗轴的一侧而为穗状花序或穗形总状花序，此类花序再排列呈指状或圆锥花序 ……………………… 地毯草属 *Axonopus* P. Beauv.

18. 小穗柄长，排列为开展的圆锥花序 ……………………… 黍属 *Panicum* Linn.

16. 第二花的外稃及内稃均为膜质或透明膜质，比颖薄，有芒或否。

19. 小穗两性，或结实小穗与不孕小穗同时混生于穗轴上，有时穗轴下部的 1 至数对小穗均不孕(蜀黍族 Andropogoneae)。

20. 孪生小穗，两性，能孕，均可成熟并同形，或每对中的有柄小穗可成熟并具长芒，无柄小穗至少在总状花序基部者则为不孕而无芒 ……………………… ………………………………………………………… 甘蔗属 *Saccharum* Linn.

20. 孪生小穗并非均可成熟，其大小、形状和生芒的情况可不相同，其中无柄小穗两性、能孕，有柄小穗则常退化而不孕；总状花序呈圆锥状排列；高大的栽培植物

………………………………………………………… 高粱属 *Sorghum* Moench

19\. 小穗单性，雌小穗与雄小穗分别生于不同的两个花序上，前者为顶生的圆锥花序，后者为腋生而具总苞的肉穗花序(玉蜀黍族 Maydeae) ……… 玉蜀黍属 *Zea* Linn.

I. 竹亚科(Bambusoideae)

(1)刚竹属(毛竹属)(*Phyllostachys*)：乔木至灌木状竹类，地下茎细长单轴散生；秆散生，圆筒形，在分枝的一侧常扁平或有纵沟 2 条，每节具 2 分枝。箨鞘顶端狭，箨叶狭长皱缩。花序不常见，小穗聚成穗状或头状花序，小穗丛间常夹以许多顶端具缩小叶片的苞片；雄蕊 3 枚。本属约 50 种，分布于亚洲；我国均产，是该属的分布中心，分布于黄河以南地区。

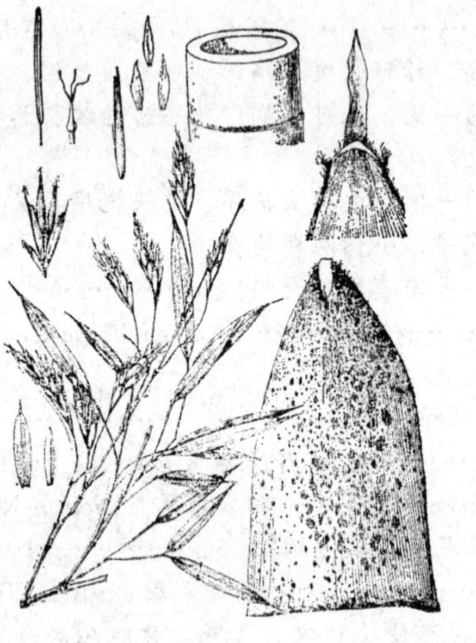

图 3-175　毛竹 *Phyllostachys pubescens* Mazel ex H. de Lehaie.

常见植物：毛竹(*Phyllostachys pubescens* Mazel ex H. de Lehaie)(图 3-175)高大乔木状竹类，秆圆筒形，新秆有毛茸与白粉，老秆无毛，秆环平而不隆起(上部者例外)，箨环隆起，故而竹秆各节仅具 1 环；箨鞘厚革质，背部有明显的纵肋、密生棕紫色小刺毛及棕黑色晕斑，箨耳小，耳缘有毛；叶2～8 枚生于小枝上，叶片长 4～11 cm，宽 5～14 mm，质地较薄，鞘口不具流苏或有易落的纤毛；分布于秦岭、汉水流域以南地区，多见于丘陵山地；毛竹的笋供菜用，秆为重要建筑用材和造纸及编织竹制品的原料。其栽培品种龟甲竹(cv. *Heterocycla*)、绿槽毛竹(cv. *Viridisulcata*)、毛槽毛竹(cv. *Luteosulcata*)均为著名的观赏竹种。早竹(*Phyllostachys praecox* C. D. Chu et C. S. Chao)、早园竹(*Phyllostachys propinqua* Mc Clure)、乌哺鸡竹(*Phyllostachys vivax* Mc Clure)、石竹(*Phyllostachys nuda* Mc Clure)等均为华东地区常见的优良食用笋竹。紫竹［*Phyllostachys nigra* (Lodd. ex Lindl.)Munro］为观赏竹种，分布于华北地区，秆可制笛及手工艺品。

(2)簕竹属(*Bambusa* Schreber)：乔木或灌木状竹类，地下茎粗短合轴丛生，秆丛生，节间圆筒形，每节分枝常为多数。箨叶迟落、直立，基部与箨鞘顶端宽度相等，箨耳显著。小穗簇生；雄蕊 6 枚。本属约 100 种，分布于亚洲、非洲和大洋洲的热带、亚热带地区；我国有 60 多种，主要分布于华南、西南地区和台湾。

常见植物：凤凰竹(*Bambusa multiplex* (Lour) Raeus.)和变种凤尾竹(*Bambusa multiplex* var. *riviereorum*)是常见栽培的观赏竹种。佛肚竹(*Bambusa ventricosa* M Clure)广东特产，各地栽培观赏。绿竹(*Bambusa oldhami* Munro)产于华南至浙江南部，笋味鲜美、笋期长，供食用；竹秆作建筑用材和造纸及编织的原料。

(3)方竹属(*Chimonobambusa* Makino)：小灌木至小乔木状竹，地下茎为细长的复轴型；秆散生，直立，四方柱形和圆筒形，秆壁厚，每节具 3 分枝；秆箨早落，箨片微小，直立，三角形或锥形，与箨鞘连接处无明显的关节，箨耳常缺，箨舌膜质；假小穗簇生于枝腋内；小穗具关节，颖 2 片；外稃膜质兼厚纸质顶端锐尖；内稃具 2 脊；鳞被 3；雄蕊 3，花柱 2，羽毛状。果椭圆形，具坚厚果皮。本属约 20 种，分布于亚洲；我国均产，分布于秦岭以南诸省区，西南部较集中。

常见植物：方竹[*Chimonobambusa quadrangularis*（Fenzi）Makino]竹节四方形奇特，是著名的观赏竹种，多见于园林庭院及佛教寺院，笋味美供蔬食。金佛山方竹[*Chimonobambusa utilis*（Keng）Keng f.]产于四川省金佛山，笋味鲜美，为我国特产之优质笋用竹。

Ⅱ. 稻亚科(Oryzoideae)

(1)稻属(*Oryza* Linn.)：一年生至多年生、水生或陆生草木。圆锥花序顶生，小穗两侧压扁，颖退化成两半月形，着生于小穗柄的顶端；含 3 小花，仅中央小花结实，两侧小花退化，仅存细小外稃；结实小花的外稃硬纸质；雄蕊 6 枚，颖果与稃片难以分离。本属有 24 种，分布于亚洲和非洲；我国有 4 种，其中野生 2 种。

常见植物：栽培稻(*Oryza sativa* Linn.)(图 3-176)一年生栽培作物，是世界上主要粮食作物之一，我国早在 6 700 年前就已开始栽培，经过长期驯化，已培育出 4 万多个品种，栽培面积和总产量均居世界第一位。20 世纪 70 年代，我国科学家袁隆平院士培育杂交水稻的成功和普及，大大提高了水稻的品质和产量，是水稻史上又一次重大飞跃。栽培水稻有粳稻(*Oryza sativa* subsp. *japonica* Kato)和籼稻(*Oryza sativa* subsp. *indica* Kato)两个亚种，粳稻产于我国北方，如东北大米；籼稻产于南方，如泰国大米。

(2)菰属(*Zizania* Linn.)：本属有 4 种，2 种产于美洲，1 种产于东亚。

茭笋[*Zizania latifolia*(Griseb.)Stapf](图 3-177)多年生高大水生植物。叶长而宽，条状披针形。小穗含 1 花，单性，稍异形；圆锥花序长 30～60 cm，分枝近于轮生，下部为雄性，上部为雌性。我国各地多有栽培，茎秆基部因真菌寄生而变得膨大肥嫩，供蔬用称谓茭白。

图 3-176　稻 *Oryza sativa* Linn.

图 3-177　茭笋 *Zizania latifolia* (Griseb.) Stapf.

Ⅲ. 早熟禾亚科(Pooideae)

(1)小麦属(*Triticum* Linn.)：一年或越年生草本，秆直立。穗状花序直立，顶生小穗发育或退化；小穗通常单生于穗轴各节，含(2)3～9(11)花；颖革质或草质，卵形至长圆形或披针形，具3～7(9)脉，多少具膜质边缘，背部具有1～2条脊，或仅有1脊且下部渐变平坦，先端具1～2齿或有时延伸为芒状；外稃背部扁圆或多少具脊，顶端2齿裂或否，有芒或无芒，无基盘；内稃边缘内折。颖果卵圆形或长圆形，顶端具毛，腹面有纵沟。本属有20余种，为重要的粮食作物，欧、亚大陆及北美广为栽培；我国有11种，主要分布于北方省区。

常见植物：普通小麦(*Triticum aestivum* Linn.)是全世界栽培最广泛的一种，品种很多。

(2)大麦属(*Hordeum* Linn.)：一年生或多年生。叶片扁平。穗状花序顶生；小穗背腹压扁，其腹面对向穗轴，位于穗轴顶端者多不发育，各含1小花(少有2小花)，穗轴(除栽培种外)成熟时逐节断落，每节着生3小穗，中间小穗发育完全，无柄，两侧者大多有柄，发育完全或为雄花，或退化仅留1狭窄如锥状的外稃，但在栽培种中两侧小穗大多正常发育而无柄；颖锥状或狭披针形，位于小穗的前方；外稃背部圆形，具5脉或不明显，先端具长芒或无芒；内稃与外稃等长，脊光滑或粗糙。颖果成熟后与内稃黏着而不易分离，或在某些栽培种(青稞)中容易分离。本属约有30种，分布于温带和亚热带的山地或高原地区；我国有18种，野生种多为优良牧草。

常见植物：大麦(*Hordeum vulgare* Linn.)是栽培的一年生粮食作物，为酿造啤酒及制麦芽糖的原料；其变种青稞(*Hordeum vulgare* var. *coeleste* Linn.)在我国西北、西南高海拔地区常作为粮食作物栽培。

(3)燕麦属(*Avena* Linn.)：一年生。叶片扁平。圆锥花序顶生，常开展；小穗含2至数小花，长多超过2 cm，柄弯曲，常向下垂，有毛或无，脱节于颖之上与各小花之间；颖草质，具7～11脉，长于下部小花；外稃质地坚硬，具5～9脉，有芒或无芒，芒常自稃体中部伸出，膝曲而具扭转的芒柱。本属约25种，分布于欧亚大陆的温寒地带；我国有7种2变种，多数种为很有营养价值的粮食及饲用植物。

常见植物：燕麦(*Avena sativa* Linn.)(图3-178)与野燕麦(*Avena fatua* Linn.)极其相似，唯小穗含1～2花，小穗轴不易断落，外稃无毛，第二外稃通常无芒与之不同；在我国北方多有栽培，谷粒供食用或作饲料，营养价值很高。莜麦[*Avena chinensis* (Fisch. ex Roem. et Schult.) Metzg.]与燕麦相似，唯外稃草质，颖果与稃体分离可以区别；在我国西北、华北、西南和湖北等省区有栽培。

图3-178 燕麦 *Avena sativa* Linn.

(4)早熟禾属(*Poa* Linn.)：一年生或多年生。叶片扁平或对折。圆锥花序开展或紧缩；小穗含1至多数小花，上部小花常不发育；颖具1～3脉；外稃无芒，具5脉，基盘常具棉毛；内稃与外稃近等长。本属约500种，大多数分布于温带及寒冷地区；我国约有231种，大多为优良牧草，其茎叶柔嫩，营养价值较高，为各类家畜所喜食或乐食；同时也是重要的草坪种质资源。

常见植物：草地早熟禾（*Poa pratensis* Linn.），多年生草本，具根状茎；秆单生或呈疏丛，高30～80 cm；产于东北、华北、西北和西南，生于草甸化草原、草甸、山地林缘及林下；是非常重要的草坪植物资源，目前，全世界草坪建植中最为核心的各种早熟禾品种大多来自草地早熟禾。早熟禾（*Poa annua* Linn.）（图 3-179）一年生或二年生草本，无根状茎或具不明显的根状茎；秆柔软，丛生，高 8～40 cm；广布于全国大多数省区，生于草地、路旁、水沟边或潮湿处；它的最大优势是自繁能力强，其种子成熟后掉落土中，1 个月内即可萌发生长出新苗，扩展蔓延速度快，青绿期极长，且株体矮小，纤细柔软，整齐美观，叶色翠绿，易粗放管理，无须修剪，是花坛、庭院、行道树下极好的观赏草坪植物。

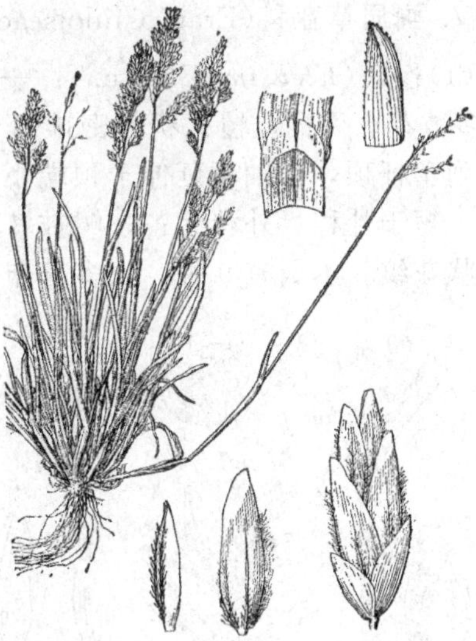
图 3-179　早熟禾 *Poa annua* Linn.

（5）羊茅属（*Festuca* Linn.）：多年生。叶常狭而稍硬。圆锥花序狭窄或开展；小穗含 2 至多数小花，顶花通常发育不全；颖锐尖或渐尖，具 1～3 脉；外稃背部圆形，具 5 脉，顶端尖或裂齿间具芒或无芒；内稃与外稃近等长。本属约有 300 种，分布于寒温带及热带高山；我国约有 56 种。

常见植物：苇状羊茅（*Festuca arundinacea* Schreb.）多年生草本，植物呈疏丛；叶片宽 2～15 mm，叶耳披针形、镰状弯曲；外稃顶无芒或具短芒；产于欧洲，新疆和东北有野生，现已引入栽培为草坪草。

Ⅳ. 芦竹亚科（Arundioideae）

芦苇属（*Phragmites* Adans.）：多年生高大禾草。具粗壮的根状茎。叶片扁平。圆锥花序大型，顶生；小穗含 3～7 小花；颖矩圆状披针形，具 3～5 脉，不等长；第一外稃远大于颖，通常不育，内含雄蕊或为中性，其余的外稃向上逐渐变小，顶端渐狭如芒，具 3 脉，基盘细长，被丝状长柔毛；内稃短于外稃。本属约 10 种，分布于温带和热带地区；我国有3 种，分布甚广。

常见植物：芦苇［*Phragmites australis*（Cav.）Trin. et Steud.］（图 3-180）秆高达 3 m；叶鞘无毛或具细毛，叶舌短，密生短毛，叶片扁平，长 15～45 cm，宽 1～3.5 cm，平滑或边缘粗糙；圆锥花序稠密，微下垂，长 10～30 cm，分枝粗糙，下部分枝腋间具白色柔毛；广布于世界各地，我国南北各省区均产，生于池塘、河边、湖泊、湿地以至沙丘间

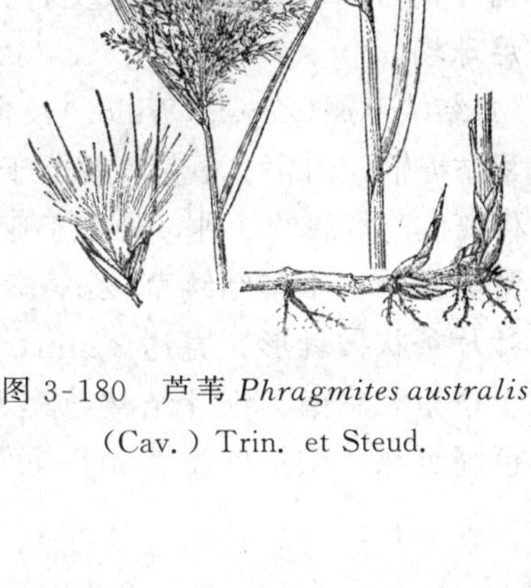
图 3-180　芦苇 *Phragmites australis* (Cav.) Trin. et Steud.

低洼地。芦苇是建筑、编织、造纸和纤维工业的重要原料，也是重要的水景植物；它的根状茎(芦根)中医用为清热、生津止呕、健胃及利尿药；同时，又是固堤、固渠的优良植物。

V. 画眉草亚科(Eragrostidoiseae)

(1)䅟属(*Eleusine* Gaertn.)：一年生或多年生、簇生草本。叶片平展或卷折。小穗含3至多数花，无柄，覆瓦状紧密排列于较宽扁的穗轴一侧，形成穗状花序，再以此数枚呈指状排列于秆顶，穗轴不延伸于顶端小穗之外；小穗脱节于颖之上和各小花之间；颖不等长，稍宽，短于外稃；外稃无芒；鳞被3，褶叠。囊果，皮膜质或透明质，种子暗褐色，成熟时具波状花纹。本属有9种，大多分布于非洲和印度；我国有2种。

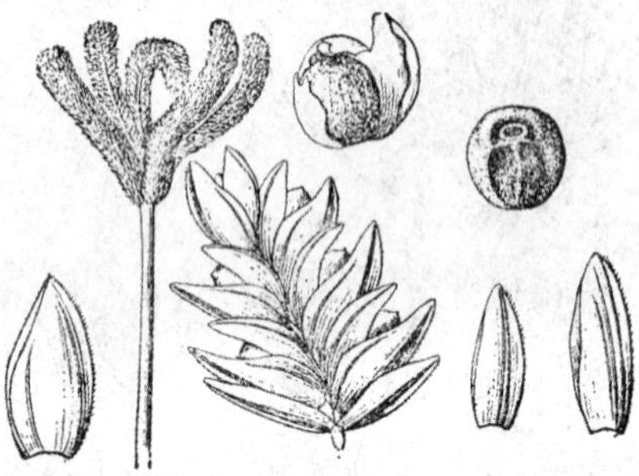

图 3-181 䅟 *Eleusine coracana* (Linn.) Gaertn.

常见植物：䅟［*Eleusine coracana*（Linn.）Gaertn.］(图 3-181)，一年生草本，植株高大粗壮，秆高 60～120 cm，径 5～10 mm；花序分枝于成熟时向内弯曲呈鸡爪状；种子球形；我国南方的旱地作物，籽实供食用、酿酒。牛筋草(蟋蟀草)［*Eleusine indica*（Linn.）Gaertn.］一年生草本，秆丛生，高 15～90 cm；花序分枝不弯曲；种子卵形；几遍全国，为农田杂草，全草入药，可清热利湿和防治乙型脑炎，现已栽培为草坪草。

(2)野牛草属(*Buchloe* Engelm.)：本属仅1种，原产于美洲；我国引入栽培作草坪草。

野牛草［*Buchloe dactyloides*（Nutt.）Engelm.］多年生低矮草本，具匍匐茎，植株纤细，高 5～25 cm；叶片条形，长 3～10 cm，宽 1～2 mm；雌雄同株或异株，雄穗状花序 2～3 枚，排成总状；雌花序呈头状，长 6～9 mm，宽 3～4 mm；各地习见栽培。

(3)狗牙根属(*Cynodon* Rich)：多年生草本。具根状茎及十分发达的匍匐茎；直立秆的节间短缩，使叶片似为对生。穗状花序 3～6 枚呈指状簇生于茎顶。小穗两侧压扁，通常含1(2)小花，无柄，成两行排列于穗轴的一侧；小穗轴脱节于颖之上，并延伸于内稃之后如针芒状；两颖等长或第二颖稍长于外稃，具1脉成脊；外稃具3脉；内稃约与外稃等长。颖果常由坚硬的外稃包藏。本属约有10种，多分布于东半球热带；我国栽培有2种。

常见植物：狗牙根［*Cynodon dactylon*（Linn.）Pers.］匍匐茎长达 1 m，直立向上的分枝高 10～30 cm；叶鞘具脊，鞘口有柔毛，叶舌短，具小纤毛，叶片长 2～6 cm，宽 1～3 mm；广布于黄河流域以南各省，全世界湿热地方常见；是农田环境中主要的农田杂草和草坪地杂草；狗牙根与非洲狗牙根的杂交种，则作为暖地型草坪草种被广泛用于我国长江以南的运动场、足球场。

(4)结缕草属(*Zoysia* Willd.)：多年生草本。有匍匐根茎。叶短而狭窄。总状花序穗形，小穗紧贴穗轴，内含1小花，脱节于颖之下；第一颖缺，第二颖包围着膜质的外稃；雄蕊3。果与稃离生。本属约5种，分布于亚洲和大洋洲；我国有4种，均栽培为较好的草坪草植物。

常见植物：中华结缕草(*Zoysia sinica* Hance)秆高 10～30 cm；叶舌不显著，为一圈纤毛，叶片条状披针形，宽达 3 mm，边缘常内卷；总状花序长 2～4 cm，宽约 5 mm；分布于东北、华东和华南。细叶结缕草(*Zoysia tenuifolia* Willd. ex Trin.)不易抽穗，叶纤细而柔软，色泽鲜绿，生长繁茂。

Ⅵ. 黍亚科(Panicoideae)

(1)狗尾草属(*Setaria* P. Beauv.)：一年生或多年生。圆锥花序狭窄而呈穗状；小穗含1～2小花，无芒；小穗下托以1至数枚刚毛(即退化的小枝)；脱节于小穗柄上或第二颖及第一外稃之上，刚毛宿存；颖透明，具1～7脉；第一外稃具5～7脉，内稃通常膜质；第二外稃软骨质或革质，第二小花两性。本属植物约有130种，广布于全世界热带和温带地区，甚至可分布于北极圈内，多数种产于非洲；我国有15种8亚(变)种，多为优良牧草。

常见植物：粟(谷子、小米)[*Setaria italica*(Linn.)P. Beauv.]一年生草本，原产于我国，为广泛栽培的谷类作物，据考证远在六七千年前的新石器时代，粟就已成为重要的种植作物，作为粮食作物，现在世界上许多地区都有栽培。狗尾草[*Setaria viridis* (Linn.) Bcauv.]与粟相似，不同的是植株较矮；谷粒连同颖与第一外稃一齐脱落；分布遍及全国，常见的农田杂草，已栽培作观赏。

(2)地毯草属(*Axonopus* P. Beauv.)：多年生、稀一年生草本；簇生或具匍匐茎。叶片扁平而卷折。穗形总状花序纤弱，指状排列或沿主轴排列；小穗背腹压扁，无柄，单生，二列于穗轴之一侧，脱节于颖之下，有2小花，第一颖缺，第二颖与第一外稃等长；第一小花无内稃；第二小花外稃坚硬，边缘内卷。本属约40种，分布于热带美洲；我国引入2种作草坪草。

常见植物：地毯草[*Axonopus pressus* (Swartz)P. Baeuv.]多年生草本，有长匍匐枝，秆扁压，高15～50 cm；叶片宽条形，宽8～12 mm，顶端钝；总状花序常2～5枚排于秆的上部，长4～8 cm。原产热带美洲，我国南方栽培。

(3)黍属(*Panicum* Linn.)：一年或多年生草本。圆锥花序顶生，分枝常开展，小穗具柄，背腹压扁，含2小花；第一小花雄性或中性；第二小花两性；第一颖通常较小穗短小，第二颖与小穗等长；第一外稃与第一颖相同，内稃存在或缺；第二外稃硬纸质或革质，边缘包着同质的内稃；鳞被2；雄蕊3；花柱2，分离，柱头帚状。C_4植物。本属约有500种，分布于全世界热带和亚热带地区，少数分布于温带；我国有18种3亚(变)种。

常见植物：稷(黍、糜)(*Panicum miliaceum* Linn.)(图3-182)一年生，是人类最早栽培的谷物之一，我国北方有栽培，谷粒供食用或酿酒，秆和叶可作牲畜饲料；由于长期栽培，品种繁多，大体分黏或不黏两类，《本草纲目》称黏者为黍，不黏者为稷；民间将黏者称黍，不黏者称糜。

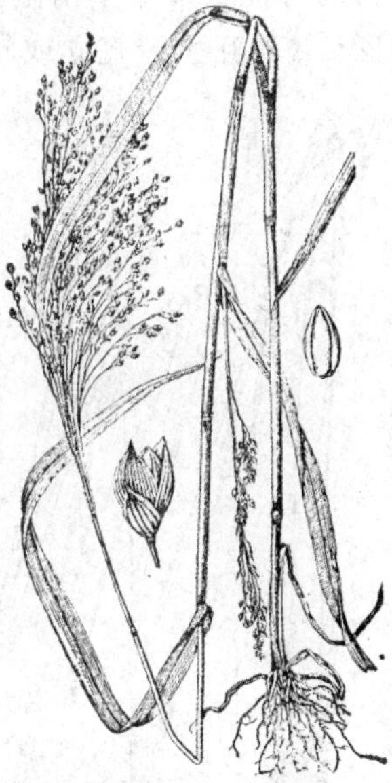
图3-182　稷 *Panicum miliaceum* Linn.

(4)甘蔗属(*Saccharum* Linn.)：多年生高大草本。顶生白色或棕色的圆锥状花序，分枝多，被丝状毛；小穗含1两性花，孪生(1无柄，1有柄)于易逐节断落的穗轴各节，或上部者稀为雄性，下承托以长柔毛；颖稍硬；雄蕊3；花柱长而羽毛状；果离生。本属约8种，大多分布于亚洲的热带和亚热带地区；我国有5种，分布于东南至西南部。

常见植物：甘蔗(*Saccharum officinarum* Linn.)秆高约3 m，大型圆锥花序长达40～80 cm，是我国重要的制糖原料，台湾、福建、广东、广西、贵州、云南、四川等省、自治区均有栽培。

图 3-183　玉蜀黍 *Zea mays* Linn.

(5)高粱属(*Sorghum* Moench)：高大的一年生或多年生草本。圆锥花序顶生；小穗孪生(穗轴顶端为 3 枚)，无柄小穗为两性. 有柄小穗为雄性或中性；第一颖背部凸起或扁平，成熟后变硬而有光泽；第二颖呈舟状，具脊；第一外稃透明膜质，第二外稃先端 2 裂，芒自裂齿间伸出，或全缘而无芒。本属约有 30 种，我国约 11 种。

常见植物：高粱(*Sorghum bicolor* Moench)一年生高大草本，原产于我国，为重要的粮食作物，因栽培的历史悠久，品种很多；籽实是酿酒的上等原料。

(6)玉蜀黍属(*Zea* Linn.)：本属仅玉蜀黍(玉米)(*Zea mays* Linn.)(图 3-183)1 种，为一年生；秆粗壮，高 1～4 m；叶宽大，带状；花序单性；雄花序顶生，由多数总状花序组成圆锥花序，雌花序腋生，为粗厚、具叶状总苞的穗状花序，穗轴粗壮，海绵质，花柱细长自总苞顶端伸出；原产于墨西哥高原，现在世界各地广泛栽培，它也是我国广泛栽培的主要粮食作物，颖果除食用与饲用外，又是油脂、酿造和制葡萄糖的原料。

109. 香蒲科(Typhaceae)

$$* \quad ♂♀ \quad P_0 \quad A_3 \quad \underline{G}_{(1:1:1)}$$

本科 1 属 16 种，分布于南北两半球的温带和热带地区；我国有 1 属 11 种，南北皆有分布。

科的特征：多年生沼生、水生或湿生草本。地下具根状茎，地上茎直立。叶革质，条形或剑形，2 列互生，直立或斜向上伸展，基部扩大成鞘，常有叶耳。花单性、同株，构成顶生蜡烛状穗状花序，雄花序在上，雌花序在下，无总苞片或基部具早落的叶状总苞片；花无花被；雄蕊 1～3 枚结合成单体雄蕊，花药矩圆形或条形；雌蕊具苞片或无，心皮单 1，子房 1 室，具长柄，柄上被白色丝状毛，花柱线形，柱头单侧条形、披针形、匙形；不育雌花生于延长而具白色丝状毛的长梗上，顶端膨大的部分是不育子房。果实为细小坚果，纺锤形、椭圆形，具宿存的花柱；种子具粉质胚乳。

图 3-184　水烛 *Typha angustifolia* Linn.

香蒲属(*Typha* Linn.)：形态特征同科。本属植物的花粉入药名蒲黄，有止血、活血、消肿的作用；茎叶是造纸原料，也可供编织蒲包和蒲席之用，均可作水生观赏植物。

常见植物：水烛(*Typha angustifolia* Linn.)(图 3-184)多年生沼生草本，高 1.5～3 m；叶狭条

形，宽 5～8 mm；穗状花序圆柱形，雌雄花序不相连结，相距 2.5～7 cm，雄花序在上，长 20～30 cm，雌花序在下，长 15～30 cm，产于东北、华北、西北、华东和河南、湖北、四川、云南。此外还有宽叶香蒲（*Typha latifolia* Linn.）和小香蒲（*Typha minima* Funk）等。

十、姜亚纲(Zingiberidae)

陆生或附生草本，无次生生长和明显的菌根营养。叶互生，具鞘，有时重叠成“茎”，平行脉或羽状平行脉。花序通常具大型、显著且着色的苞片；花两性或单性，整齐或否，异被；雄蕊 3 或 6，常特化为花瓣状的假雄蕊，花粉粒 2 或 3 核，单槽到多孔或无萌发孔；雌蕊常 3 心皮结合，子房下位或上位；常具分隔蜜腺；胚珠倒生或弯生，双珠被及厚珠心；胚乳为沼生目型或核型，常具复粒淀粉。

姜亚纲包括凤梨目和姜目，共计 9 个科。

110. 凤梨科(Bromeliaceae)

$$* \ ⚥ \quad K_3 \quad C_3 \quad A_{3+3} \quad G_{(2:3:\infty)}$$

本科约 45 属 2 000 种，除 1 种产于热带西非外，全部产于热带美洲；我国引入栽培的约 7 属，10 余种，其中有 1 种热带水果，其他皆为室内观叶植物。

科的特征：陆生或附生草本。茎短。叶狭长，通常基生，莲座状排列，全缘或有刺状锯齿，基部常呈鞘状。花两性，少单性，辐射对称或稍两侧对称，组成顶生的头状、穗状或圆锥花序；苞片通常明显而具颜色；萼片 3，分离或基部连合；花瓣 3，分离或连合呈筒状；雄蕊 6，排成 2 轮，全部分离，或与分离的花被片合生；子房一律具有分隔蜜腺，心皮2 枚，合生为一复合、3 室、上位、下位或半下位的子房，花柱细长，柱头 3，每室有少数至多数胚珠，中轴胎座。果为浆果、蒴果(室间裂)，被宿萼，或有时为聚花果。

凤梨属(*Ananas* Mill.)：草本。叶狭长，莲座状排列，全缘或有细齿。花茎短，具叶，顶生一稠密、球果状的穗状花序；花两性，无柄，生于苞叶内，萼片短，花瓣有紫色，分离，直立，基部有 2 枚小鳞片；雄蕊 6；子房下位，藏于肉质的中轴内。果由肥厚、肉质的中轴、肉质的苞片和螺旋状排列、不发育的子房合成一球果状，顶端常冠有叶丛。本属约 8 种，产于热带美洲。

常见植物：凤梨(菠萝)[*Ananas comosus* (Linn.) Merr.](图 3-185)热带著名水果，产于东南、南部及云南南部，果肉质，汁多、味甜，有些变种供观赏，叶纤维供编织和造纸。栽培品种有艳凤梨(*Ananas comosus* cv. Variegata)叶片两侧近边缘处有象牙黄色纵向宽条纹，边缘有红褐色硬刺；花序于花谢后结成聚合果，果顶端常生有冠芽；金心凤梨(*Ananas comosus* cv. Porteanus)叶片中部金黄色，边缘浓绿色。

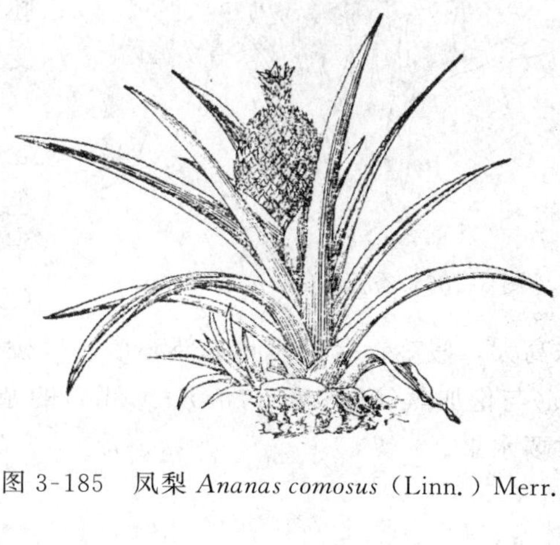

图 3-185　凤梨 *Ananas comosus* (Linn.) Merr.

本科其他室内栽培观叶植物还有：莺哥

凤梨(*Vriesea carinata* Wawra)花梗顶端扁平的苞片整齐依次叠生成莺哥鸟的冠毛状，苞片基部红色、苞端嫩黄色或黄绿色；歧花铁兰(*Tillandsia flabellate* Baker)复穗状花序有多个分枝，甚至可达9～11个小穗状花序，鲜红色或橙红色；丛生铁兰[*Tillandsia cyanea* Linden ex K. Kouch]花蓝紫色生于淡红色苞片之上，花瓣卵形，3片，形似蝴蝶，观赏期可达数月之久，栽培品种斑叶紫花凤梨(*Tillandsia cyanea* cv. Varigata)叶片两侧有黄白色的纵条纹。此外还有斑叶光萼荷[*Aechmea chantinii*(Carr.) Baker]叶面有墨绿色和白色相间的横斑；美丽光萼荷[*Aechmea fasciata* (Lindl.) Baker]的栽培品种花叶蜻蜓凤梨(*Aechmea fasciata* cv. Albo-marinata)上部叶片中央有纵向黄色宽带；以上植物在我国南方常有栽培。

111. 芭蕉科(Musaceae)

$$\uparrow \quad ♂ \quad ♀ \quad ⚥ \quad P_{(5)+1} \quad A_{3+3} \quad \overline{G}_{(3:3:\infty)}$$

本科有7属约140种，主要分布于亚洲和非洲的热带地区；我国有3属约19种，主要分布于华南、台湾和云南，其中有南方著名的水果——香蕉和大蕉。

科的特征：粗壮、高大的草本，常为乔木状，具块状茎，植株全体无毛。叶大型，螺旋状排列或两行排列；叶片长圆形至椭圆形，具粗壮中脉和多数平行的横脉；基部叶鞘粗壮、向上层层重叠，彼此紧贴，而形成中空的假茎。花单性或两性，两侧对称，一列或二列簇生于大型、常有色彩的苞片内，再聚成穗状花序，下部苞片内的花为雌性或两性，上部苞片内的花为雄性；花被片6，1枚分离，5枚合生，多少呈二唇形；雄蕊6枚，1枚退化，花粉无孔或单孔；心皮3，合生，子房下位，3室，花柱细长而3裂；胚珠多数，生于中轴胎座上。肉质浆果。

图3-186 香蕉 *Musa nana* Lour.

芭蕉属(*Musa* Linn.)：乔木状草本，有匍匐枝。由叶鞘重叠而成的假茎粗大。叶巨大，长椭圆形。花序由叶鞘内抽出，为直立或下垂的穗状花序；花单性，在总轴上部的花束为雄性，下部的为雌性而结成果束；花被片合生成管，顶部5齿裂，其中外面3裂齿为萼片，内面2裂齿为花瓣，后面1枚花瓣离生，较大，与花被管对生；雄蕊6，其中1枚退化；子房下位，3室，中轴胎座，胚珠多数。果为圆柱形浆果。本属有40种和许多变种，主要分布于热带地区。

我国有10种，其中有南方著名水果香蕉(*Musa nana* Lour.)(图3-186)，植株较低，假茎带紫色；叶基部浑圆或钝；果棱不明显；有学者认为学名是[*Musa acuminata* Colla var. *sapientum* (Linn.)O. Ktze.]。大蕉(*Musa sapientum* Linn.)植株高大，假茎青绿色；叶基部心形，果棱较明显；有学者认为是阿加蕉(*Musa acuminata* Colla)与伦加蕉(*Musa balbisiana* Colla)的杂交栽培品系。香蕉和大蕉是台湾、广东和海南的重要水果。

此外，本属还有芭蕉(*Musa basoo* Sied.)果实生食；红蕉(*Musa coccinea* Andr.)栽培观赏；蕉麻(*Musa textilis* Nees)优良纤维作物。

112. 姜科(Zingiberaceae)

$$\uparrow\ K_3\ C_3\ A_1\ \overline{G}_{(3:3:\infty)}\quad 或\uparrow\ P_{3+3}\ A_1\ \overline{G}_{(3:3:\infty)}$$

本科有49属约1 500种，分布于热带和亚热带地区；我国有19属约150种，主要分布于西南(云南为主)和华东地区。有丰富的药材、香料、调味等植物资源。

科的特征：多年生草本，常有芳香气味。具横生块状根茎，地上茎短。叶基生或茎生，二行或螺旋状排列，常有鞘，鞘顶有明显的叶舌。花两性，两侧对称，单生或排列成穗状花序、头状花序、总状花序或圆锥花序，生于具叶的茎上或由根茎发出的花葶上；花被6，2轮，外轮萼状，合生成管，一侧开裂及顶端齿裂；内轮花瓣状，后方1枚最大，基部合生成管；雄蕊3或5枚，2轮，外轮雄蕊仅1枚发育，花粉无孔，退化雄蕊2或4枚，外轮2枚花瓣状，内轮2枚合生成唇瓣，艳丽；子房下位，1～3室，胚珠多数生于中轴胎座或侧膜胎座上。蒴果或肉质浆果。

姜科常见园艺植物分属检索表

1. 叶2行排列，叶鞘上部张开；侧生退化雄蕊大或小，或不存在；子房顶部有各式各样的蜜腺；植物体有芳香味(姜亚科 Zingiberoideae)。
  2. 侧生退化雄蕊大，花瓣状，与唇瓣分离。
    3. 花药基部无距；花序呈穗状。
      4. 花丝长或极短，花药丁字着生，药隔狭，顶端无附属体；花序顶生………………………………………………………………………… 姜花属 *Hedychium* Koenig
      4. 花丝通常短，花药基底着生，药隔较宽，药隔顶端延伸成附属体；花序顶生或先于叶自根状茎发出，不包藏于一钟状或叶状的总苞内……………………………………………………………………………… 山柰属 *Kaempferia* Linn.
    3. 花药基部有距；花序呈球果状，苞片中部以下边缘互相贴生呈囊状，花在每一苞片内多朵，有小苞片……………………………………………… 姜黄属 *Curcuma* Linn.
  2. 侧生退化雄蕊小或缺(在姜属侧生退化雄蕊则与唇瓣相连合)。
    5. 总状花序顶生于具叶的茎上，唇瓣平展或下弯，较阔；花丝通常较花冠或唇瓣短………………………………………………………………………… 山姜属 *Alpinia* Roxb.
    5. 穗状花序生于单独由根茎发出的花葶上。
      6. 根茎肥厚，具芳香气味；花葶长，穗状花序直立；侧生退化雄蕊与唇瓣连合，致使唇瓣具3裂片；药隔顶端附属体大，包卷着花柱………… 姜属 *Zingiber* Miller
      6. 根状茎匍匐；花葶短，穗状花序致密而多呈球形；侧生退化雄蕊极小或无，药隔附属体小而不包卷花柱 ………………………………… 豆蔻属 *Amomum* Roxb.
1. 叶螺旋状排列，叶鞘闭合呈筒状；侧生退化雄蕊无，或小而呈齿状；子房顶部无蜜腺，而代之以陷入子房的隔膜腺；植物体的地上部分无芳香气味(闭鞘姜亚科 Costoideae)……………………………………………………………………………… 闭鞘姜属 *Costus* Linn.

(1)姜花属(*Hedychium* Koenig)：陆生或附生草本。具块状根茎；地上茎直立。叶二行排列，叶鞘上部张开。稠密的穗状花序顶生，具苞片；萼筒一侧开裂，顶端3裂；花冠筒细长，裂片线形，广展；唇瓣大，顶端常2裂；侧生退化雄蕊花瓣状，花丝延长，花药常丁字着生，药隔狭，顶端无附属物，花药基部无距；中轴胎座。蒴果球形，室背开裂；种子多数，被撕裂的假种皮。本属约50种，分布于亚洲热带地区；我国有15种，主产西南部。

常见植物：姜花(*Hedychium coronarium* Koenig)多年生草本，高1～2 m；叶片矩圆状披针形或披针形，长20～40 cm，宽4.5～8 cm，无柄，叶舌长2～3 cm；穗状花序长10～20 cm；花冠白色，筒长8 cm，裂片披针形，长5 cm，后方的1枚兜状；分布于我国南部至西南部，花芳香，庭园常有栽培。

图3-187 姜 *Zingiber officinale* Rosc.

(2)姜属(*Zingiber* Miller)：根肉质肥厚，具芳香辛辣味。叶2列。穗状花序直立，由根茎抽出，稀生于茎顶，具覆瓦状排列的苞片，其中常贮有水液，每一苞片内有1至数朵花；侧生退化雄蕊小；唇瓣大而具3裂；药隔附属体延伸于花药外成一弯喙。本属约有80种，分布于亚洲热带和亚热带地区；我国有14种，产于西南至东南部。

常见植物：姜(*Zingiber officinale* Rosc.)(图3-187)多年生草本，高0.5～1 m，根状茎有短指状分枝；叶披针形；花葶单独自根茎伸出，穗状花序卵形，长4～5 cm，苞片绿色，花萼筒状，长约1 cm，花冠黄绿色，花冠筒长2～2.5 cm，裂片披针形，长不及2 cm，唇瓣倒卵形，下部二侧各有小裂片，有紫色条纹和淡黄色斑点；产于华中、东南至西南，各省广为栽培，根茎供调味用或浸渍用，入药为祛风、兴奋剂。

(3)姜黄属(*Curcuma* Linn.)：根茎肉质、芳香，断面黄色或蓝绿色，有时根末端膨大成块根；地上茎极短或缺。叶大，通常基生，叶片宽披针形至长圆形，稀狭线形。穗状花序呈球果状，苞片密集，每1苞片有数朵花；花药基部有距。本属有50余种，分布于亚洲东南部；我国约有4种，常栽培或野生于林下。

常见植物：姜黄(*Curcuma longa* Linn.)，根茎深黄色，极香；根粗壮、末端膨大；叶片矩圆形，长30～45 cm，宽15～18 cm；花葶由叶鞘内抽出，穗状花序圆柱形，长12～15 cm，苞片卵形，绿白色，先端红色，花萼长8～9 mm，花冠筒比花萼长2倍多，唇瓣倒卵形，长约12 mm，白色、中部黄色；产于东南至西南部；块根入药称"郁金"，根茎入药称"姜黄"，也可提取黄色食用色素或作调味品。莪术(*Curcuma phaeocaulis* Val.)与姜黄相似，区别是根茎肉质，微有香味，淡黄色或白色；根细长，末端膨大；叶柄长于叶，中部有紫斑，花葶由根茎发出，常先叶而生，花萼白色，花冠筒长2～2.5 cm，裂片长1.5～2 cm，黄色，唇瓣黄色，长约2 cm。郁金(*Curcuma aromatica* Salisb.)与莪术相似，区别是根状茎肥大、黄色、芳香，根端膨大呈纺锤形；叶片上面无毛，下面被短柔毛，无紫斑；花葶由根茎抽出，与叶同时发出或先叶而出；穗状花序长约 15 cm，花萼被疏毛，顶端 3 浅裂，花冠筒漏斗形，里面被毛，裂片白色、带粉红色。莪术和郁金皆产于东南至西南部，栽培或野生，它们的根茎和块根皆入药，根茎也是中药材“姜黄”或“莪术”的商品货源，块根则为“郁金”的货源。

(4)豆蔻属(*Amomum* Roxb.)：根茎平生而粗厚，或延长而匍匐状，茎具叶；花茎由根茎上抽出，覆以鳞片状叶。花序圆球形或长椭圆形，苞片覆瓦状排列；花单生或 2～3 朵生于苞片内；唇瓣常扩大，全缘或阔 3 裂；侧生退化雄蕊极小，钻状或线形或缺；药隔附属体阔大，全缘或 2～3 裂。果多具柔刺。本属有 150 余种，我国有 24 种，分布于东南至西南部，本属中有许多重要的药用或香料植物。

图 3-188　砂仁 *Amomum villosum* Lour.

常见植物：砂仁(*Amomum villosum* Lour.)(图 3-188)多年生草本，高 1～2 m，具匍匐茎；叶披针形，长 20～30 cm，宽 3～7 cm，叶鞘上可见凹陷的方格状网纹；穗状花序球形，自根状茎发出，花序梗长 4～6 cm，花萼白色，花冠筒长 1.8 cm，裂片卵状矩圆形，长约 1.6 cm，白色，唇瓣匙形，宽约1.6 cm，具紫红色凸出的中脉，其余白色；果矩圆形，直径约2 cm，紫色，干后褐色；产于广东、广西、云南和福建，栽培或野生于山地阴湿处；果为重要的芳香性健胃、祛风药。草果(*Amomum tsaoko* Crevost et Lem.)多年生丛生草本，高达 2.5m，具匍匐茎；叶长椭圆形，长约 55 cm，宽达20 cm；穗状花序自根状茎发出，长约 13 cm，宽约 5 cm；蒴果密集，矩圆形或卵圆形，长 2.5～4.5 cm，直径约2 cm，果皮红色，具皱缩的纵条纹，果梗长 2～5 mm，基部常具宿存的苞片；产于云南、广西和贵州，栽培或野生于疏林下；果实药用，有燥湿、祛寒、除痰、消食、截疟功效，也是重要的调味香料。

(5)山柰属(*Kaempferia* Linn.)：矮小草本，具块状根茎，须根常膨大，无明显的地上茎。叶数枚，基生，叶片近圆形至披针形。花白色或紫色，数朵排成穗状花序，有时先叶而出，苞片数枚，螺旋状排列；萼筒顶部 2～3 齿裂；花冠筒纤细，裂片线形；唇瓣大，2 裂，常有美丽色彩；侧生退化雄蕊花瓣状；雄蕊生于花冠筒喉部，药隔宽阔，顶端延伸成附属体；子房 3 室。蒴果 3 瓣裂。本属约 70 种，分布于热带亚洲和非洲；我国有 4 种，自西南至华南广布。

常见植物：山柰(*Kaempferia galanga* Linn.)多年生草本；根状茎块状、芳香；叶 2～4 片贴近地面生长，近圆形，长 7～13 cm，宽 4～9 cm；花 6～12 朵顶生，半藏于叶鞘中；花白色，有香气，易凋谢；产于台湾、广东、广西、云南，常栽培供药用或作调味品，根状茎为芳香健胃剂，有散寒、去湿的功用。

(6)山姜属(*Alpinia* Roxb.)：草本。根状茎肥厚。总状花序或圆锥花序顶生于具叶的茎上，蕾时常包藏于佛焰苞状的总苞片中；唇瓣平展或下弯，较宽大而美丽；花丝通常较花冠或唇瓣短，侧生雄蕊极小或缺，药隔附属体小而不包卷花柱；子房1室。本属约250种，主要分布于亚洲热带和亚热带地区；我国有46种，分布于西南至东南部。大多数可供药用。

常见植物：艳山姜[*Alpinia zerumbet*（Pers.）Burtt et Smith]多年生草本，高2～3 m；叶披针形，长30～60 cm，宽5～10 cm；圆锥花序呈总状花序式，下垂，长达30 cm，苞片白色，顶端及基部粉红色；花冠长约3 cm，乳白色，顶端粉红色；唇瓣匙状宽卵形，长约4 cm，顶端皱波状，黄色而有紫红色条纹。栽培或野生于林下。月桃[*Alpinia speciosa*（Windl.）K. Schum.]多年生草本；叶长圆状披针形或椭圆状披针形，光滑无毛；穗状花序顶端下垂，花白色有紫晕，花形似兰花，极香；原产印度，我国引种栽培供观赏。

(7)闭鞘姜属(*Costus* Linn.)：多年生草本。有块状、平生的根茎。叶螺旋状排列，鞘阔而封闭。穗状花序稠密，球果状，顶生或稀生于自根茎抽出的花葶上；苞片坚硬，覆瓦状排列；萼筒状，3裂；花冠筒漏斗状，裂片大而美丽；唇瓣大；雄蕊极阔而薄、花瓣状；无侧生退化雄蕊；子房3室。蒴果球形，木质。本属约150种，主产热带美洲和非洲；我国约有3种，分布于台湾、华南、云南。

常见植物：闭鞘姜[*Costus speciosus*（Koen.）Smith]高1～2 m，顶部常分枝；叶片矩圆形或披针形，长15～20 cm，宽6～7 cm；穗状花序顶生，椭圆形或卵形，长5～13 cm；苞片卵形，长约2 cm，红色；花萼长1.8～2 cm，3裂；花冠筒长约1 cm，裂片矩圆状椭圆形，长约5 cm；唇瓣宽倒卵形，长6.5～9 cm，白色，顶端具裂齿且呈皱波状；雄蕊花瓣状，长约4.5 cm，白色，基部橙黄色；蒴果稍木质，长1.3 cm，红色；产于台湾、广东、广西、云南，生于疏林下或山谷阴湿地，根状茎供药用，治水肿，外洗治疮疖，花大而美丽，可供观赏。

113. 旅人蕉科(Strelitziaceae)

$$\uparrow \quad ⚥ \quad K_3 \quad C_3 \quad A_{5\sim6} \quad \overline{G}_{(3:3:1\sim\infty)}$$

本科有4属87种，分布于热带美洲、非洲南部和马达加斯加；我国引入栽培的有3属5种，均为观赏植物。

科的特征：大型多年生草本、灌木或芭蕉状的小乔木。叶、苞片均为2行排列。花两性，两侧对称，排成蝎尾状聚伞花序，生于一大型佛焰苞中；萼片3，分离或与花瓣贴生，中间1枚远轴；花瓣3，两侧的花瓣较中间的1枚(近轴)要大；发育雄蕊5～6；心皮3，合生为一复合、3室、下位的子房，每室有胚珠1至多颗。蒴果3瓣裂或不裂。

(1)鹤望兰属(*Strelitzia* Banks ex Dryander)：高大草本。叶大型，2列。花风鸟状，数朵排成蝎尾状聚伞花序，生于一舟形佛焰苞中；2枚侧生花瓣明显不对称而靠合形成一大的、两侧对称的箭形器官，包着花柱及花丝；雄蕊5枚。种子具条裂的种皮。本属5种，产于南非；我国南方引种栽培的有鹤望兰(*Strelitzia reginae* Aiton)等5种常绿观赏植物。

(2)旅人蕉属(*Ravenala* Adans.)：仅旅人蕉(*Ravenala madagascariensis* Adans.)1种，芭蕉状小乔木，叶柄长，有鞘，2列于茎顶呈折扇状；蝎尾状聚伞花序生于2行排列的舟形佛焰苞中；发育雄蕊6枚；种子具流苏状假种皮；原产马达加斯加，现各热带地区多有栽培，我国见于广东、海南岛和台湾，为一极富热带风光的观赏植物。

114. 美人蕉科(Cannaceae)

$$⚥ \quad K_3 \quad C_3 \quad A_{1+1\sim4} \quad \overline{G}_{(3:3:\infty)}$$

本科仅 1 属约 30 种以上，分布于新大陆的热带和亚热带地区；我国栽培有 7～8 种，均为观赏花卉。

美人蕉属(*Canna* Linn.)：多年生粗壮草本。茎具叶。叶大，长椭圆形，具明显的中脉及多数排列成羽状平行脉序的侧脉；叶柄短而扁；叶鞘短而开放。花大型，美丽，红色或黄色，不对称，排成顶生的穗状、总状或狭圆锥花序，有苞片；两性花，萼片 3，绿色或紫色，果时宿存；花瓣 3，萼片状，绿色或其他色，基部合生成筒并常和退化雄蕊群连合；能育雄蕊 1 枚，贴生于花冠上，退化雄蕊 1～4 枚，极扩大而呈花瓣状，基部连合，内轮 1 枚较狭，歪曲或外反，称为唇瓣，外轮 3 枚(大多为 2 枚)较大，称翼瓣；心皮 3 枚，合生为具中轴胎座的下位子房，每室有多数胚珠。蒴果具小瘤或软刺。

常见植物：美人蕉(*Canna indica* Linn.)(图 3-189)有粗壮根状茎；叶大型，互生；花鲜红色，原产南美洲，我国常栽培作花坛植物，由于长期栽培，花色、品种很多。姜芋(*Canna edulis* Ker.)原产西印度群岛和南美洲，块茎富含淀粉，可供食用。

图 3-189　美人蕉 *Canna indica* Linn.

115. 竹芋科(Marantaceae)

$$\uparrow \quad ⚥ \quad K_3 \quad C_{(3)} \quad A_{1+2\sim4} \quad \overline{G}_{(3:3:1)}$$

本科约有 30 属 400 种以上，分布于热带地区，主产美洲；我国包括引入栽培的约 4 属，10 余种。

科的特征：多年生草本。有地上茎或无，根状茎多少肉质。叶通常大型，2 列，大多数种的叶为基生或近于基生，羽状脉，叶柄顶部增厚，称叶枕，基部具鞘。花两性，两侧对称，通常成对生于苞片中，排成穗状、头状或疏散的圆锥花序，或有时生于由单独的根状茎抽出的花葶上。萼片 3，分离；花瓣合生成一长或短的筒，裂片 3，外方 1 片通常较大而成盔状；能育雄蕊 1，花瓣状，花药 1 室，生于一侧；退化雄蕊 2～4，外轮的1～2 枚(有时无)花瓣状，较大；内轮 2 枚中的 1 枚呈兜状，包围着花柱，另 1 枚为硬革质，常作为昆虫着落时的跳板；心皮 3，合生为一复合、下位、3 室的子房，或有时 2 心皮退化而子房 1 室，每室胚珠 1 颗。蒴果或浆果。

(1)肖竹芋属(*Calathea* G. Mey.)：叶基生或茎生，常有美丽的色彩；花序头状；蒴果 3 瓣裂；种子具 2 裂的假种皮。本属约 150 种，主产热带美洲，少数产于热带非洲，我国有引种栽培。

常见室内观叶植物：肖竹芋[*Calathea ornata*（Lind.）Koern.]多年生常绿草本；高达1 m；叶椭圆形，长60 cm，叶面黄绿色，沿侧脉有白色或红色条纹；穗状花序紫堇色；原产圭亚那、哥伦比亚、巴西等地。红背肖竹芋（*Calathea insignis* Petersen）多年生草本；高60～70 cm；叶2列，叶片椭圆状披针形，长30～55 cm，叶面淡黄绿色，光亮，叶面上有大小不等的深绿色羽状斑块，叶背面紫红色，基生叶具长柄，下半部鞘状，上半部圆柱状，茎生叶柄呈鞘状；穗状花序黄色；原产中美洲及巴西。绒叶肖竹芋[*Calathea zebrina*（Sims）Lindl.]常绿草本，高50～100 cm；叶基生，椭圆状披针形，长30～45 cm，叶浅灰绿色，老时深紫红色；花两性，蓝紫色或白色；原产巴西。

图3-190 竹芋

Maranta arundinacea Linn.

(2)竹芋属（*Maranta* Linn.）：直立或匍匐状分枝草本，有块状根茎。叶基生或茎生，叶柄下部鞘状。花少数，成对，排成总状花序式或2歧的圆锥花序式。果实坚果状，不开裂；种子1枚。本属约30种，产热带美洲，我国引入2种。

竹芋（*Maranta arundinacea* Linn.）（图3-190）肉质块茎肥厚，华南有栽培，取其块茎食用。花叶竹芋（*Maranta bicolor* Ker.）高25～38 cm，地上直立茎有分枝；叶长圆形、椭圆形至卵形，长8～15 cm，边缘波状，叶面粉绿色，中脉两侧有暗褐色鞘状；花小，白色，具紫斑和条纹；常作盆栽赏叶。

十一、百合亚纲(Liliidae)

陆生、附生或稀为水生草本，稀木本。单叶互生，常全缘，线形或宽大，平行脉或网状脉。花常两性，整齐或极不整齐，花序种种，但非肉穗状；花被常3数2轮，全为花冠状，同被或异被；雄蕊常1、3或6，花粉粒2核、单槽或无萌发孔；雌蕊常3心皮结合而成，子房上位或下位，中轴胎座或侧膜胎座；具蜜腺；胚珠1至多数，常双珠被，厚或薄珠心；胚乳发育为沼生目型、核型或细胞型，胚乳常无，或为半纤维素、蛋白质或油质。植物体常含生物碱。木本或少数草本类型常具次生生长。

百合亚纲包括百合目和兰目，计19科。

116. 百合科(Liliaceae)

$$* \quad P_{3+3} \quad A_{3+3} \quad \underline{G}_{(3:3:\infty)}$$

本科约有230属3 500多种，广布于全球，以温带至亚热带最为丰富；我国约有60属560多种，各地均有分布，唯西南最盛，大多供观赏用，有些入药，有些供食用，还有一些是天然草地上的牧草，也有少数毒草。

科的特征：多年生草本，稀灌木或半灌木。茎直立或攀缘状；具根状茎、鳞茎或球茎。单叶互生，少对生或轮生，或常基生，有时退化成鳞片状。花序总状、穗状、圆锥状或伞形花序，少数为聚伞花序；花两性，稀单性，辐射对称，极少两侧对称，多为虫媒花，3基数；花被6(4)，排成2轮，花瓣状，分离或基部合生；雄蕊通常6枚，花丝分离或连合，花药2室；雌蕊由3心皮组成，子房上位，少半下位，通常3室，少2、4、5室，中轴胎座，花柱单1或3裂，柱头不裂或3裂。蒴果或浆果，种子每室少至多数。

百合科常见园艺植物分属检索表

1. 植株具或长或短的根状茎，绝不具鳞茎。
  2. 叶退化为鳞片状，枝条变为绿色叶状枝，丛生 …………… 天门冬属 *Asparagus* Linn.
  2. 叶不退化为鳞片状，枝条绝不变为叶状枝。
    3. 果为蒴果。
      4. 叶肉质肥厚，边缘有刺(约200种，我国栽培数十种，药用或观赏)………………………………………………………………………… 芦荟属 *Aloe* Linn.
      4. 叶不为肉质，边缘也无刺。
        5. 叶宽大，心状卵形至倒卵状矩圆形，具长柄(约10种，我国有3种，分布甚广，观赏或药用) …………………………………………… 玉簪属 *Hosta* Tratt.
        5. 叶狭，条形至细条形。
          6. 花大，花被片长5 cm以上，黄色或橘黄色 …… 萱草属 *Hemerocallis* Linn.
          6. 花较小，花被片长不超过3 cm。
            7. 雄蕊3枚(仅1种，著名国药知母 *Anemarrhena asphodeloides* Bunge) ……………………………………………… 知母属 *Anemarrhena* Bunge
            7. 雄蕊6枚(约215种，我国有5种，产于西南至广东，供观赏)……………………………………………… 吊兰属 *Chlorophytum* Ker-Gawl.
    3. 果为浆果或浆果状；叶基生，阔带型，近两列套叠；穗状花序顶生；花向上，花被裂片不明显(约3种，我国仅1种，万年青 *Rohdea japonica*(Thunb.)Roth 产于广东、华中至西南，各地常有栽培，供观赏) ………………… 万年青属 *Rohdea* Roth
1. 植株具鳞茎或球茎。
  8. 植株多有葱蒜味；花序为典型的伞形花序；叶鞘闭合 …………… 葱属 *Allium* Linn.
  8. 植株无葱蒜味；花序不为伞形花序。
    9. 花药丁字状着生；鳞茎肥大，肉质 ……………………… 百合属 *Lilium* Linn.
    9. 花药基底着生。
      10. 花直立；花被片基部无腺穴 ……………………… 郁金香属 *Tulipa* Linn.
      10. 花俯垂；花被片基部有腺穴 …………………… 贝母属 *Fritillaria* Linn.

(1)百合属(*Lilium* Linn.)：多年生草本，鳞茎由多数白色肉质鳞叶组成，无鳞茎皮。茎直立常不分枝。叶无柄或少数有柄。花大，排列成总状或伞形花序；花被常漏斗状，艳丽，有红、黄、白等颜色，花被片6，常反卷，基部有蜜腺；雄蕊6，花药丁字形着生；雌蕊由3心皮合成，子房上位，3室，中轴胎座，胚珠多数，柱头头状或3裂。蒴果，室裂。本属约80种，分布于北温带；我国约有40种，全国均有分布，大多供观赏，有些种鳞茎供食用，亦可入药，本属植物的茎叶家畜也采食或喜食。

图 3-191　百合 *Lilium brownii* F. E. Br. var. *viridulum* Bak.

常见植物：百合(*Lilium brownii* F. E. Br. var. *viridulum* Bak.)(图 3-191)鳞茎球形，直径约 5 cm，白色，茎高 0.7～1.5 m，有紫色条纹；叶散生，倒披针形；花 1～4 朵，喇叭形，有香味，花被片 6，倒卵形，长 15～20 cm，宽 3～4.5 cm，多为白色，背面带紫褐色，无斑点，雄蕊上部向前弯；产于北方，是我国栽培百合的主要种源，供观赏，鳞茎供食用和药用。

(2)葱属(*Allium* Linn.)：多年生草本，常有葱蒜味。有鳞茎或根状茎，鳞茎有膜质或纤维状外皮。叶基生，窄条形或较宽，扁平或中空呈圆柱状。伞形花序顶生，幼时外被膜质总苞；花被片 6，离生或基部合生；雄蕊 6，离生或基部连合或与花被片贴生，花丝钻状或基部扩大，大小相等或内轮 3 枚较宽；子房基部具蜜腺，每室有 1 至数枚胚珠。蒴果三棱形。本属约500 种，分布于北温带；我国有 110 种，分布于全国各地。

常见植物：葱(*Allium fistulosum* Linn.)、细香葱(*Allium schoenoprasum* Linn.)、韭菜(*Allium tuberosum* Rottl. ex Spr.)(图 3-192)、洋葱(*Allium cepa* Linn.)及其变种红葱(*Allium cepa* var. *proliferum* Regel)(图 3-193)、蒜(*Allium sativum* Linn.)(图 3-194)等。

(3)萱草属(*Hemerocallis* Linn.)：多年生丛生草本，常具肉质块根。叶基生，条形。花葶高于叶丛，上部分枝，形成聚伞状或圆锥状花序；花大，漏斗状，花被下部连合成管状，上部 6 裂，裂片外弯；雄蕊 6，着生于花被管喉部，背着药；子房矩圆形，花柱细长，柱头头状。蒴果背裂。本属约 14 种，分布于中欧至东亚；我国约有 11 种，多栽培供观赏，花于开放前采收并制成干品称“金针菜”或“黄花菜”，供食用。

常见植物：黄花菜(金针菜)(*Hemerocallis citrina* Baroni)(图 3-195)具短根茎和肉质、

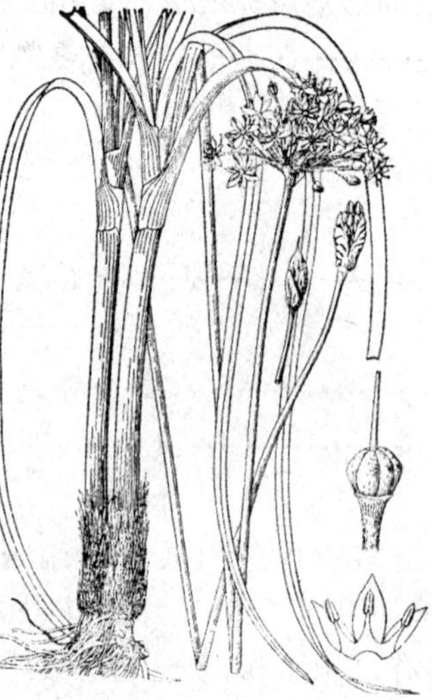

图 3-192　韭菜 *Allium tuberosum* Rottl. ex Spr.

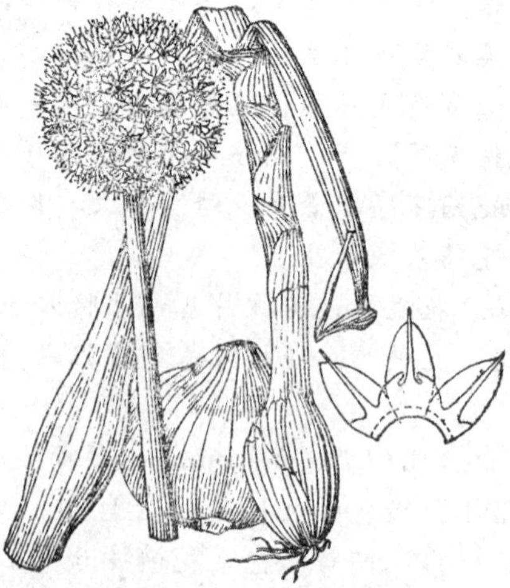

图 3-193　洋葱 *Allium cepa* Linn.

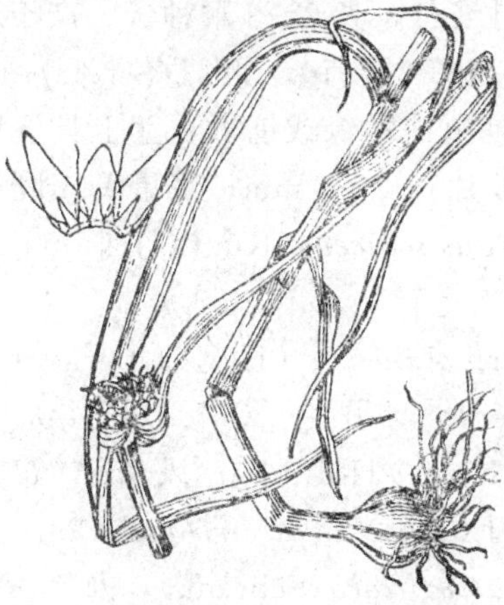

图 3-194 蒜 *Allium sativum* Linn.

图 3-195 黄花菜 *Hemerocallis citrina* Baroni

纺锤状块根；叶基生，排成 2 列，条形；花葶高 85～110 cm，聚伞花序再组成圆锥状，花多数，有时多达 30 朵，柠檬黄色，长 13～16 cm，有淡的清香味；产于山东、河北、河南、陕西、甘肃、湖北和四川，现已广泛栽培作蔬菜，根可入药。萱草（*Hemerocallis fulva* Linn.）与黄花菜相似，区别是花橘红色，无香味；各地栽培供观赏，根入药。

(4)郁金香属(*Tulipa* Linn.)：多年生草本。鳞茎有革质、纸质、膜质或纤维状外皮。叶少数，条形或狭矩圆形。花茎通常无叶，或有时具 1 至数叶，顶端具 1～3 朵花。花大而直立向上，花被钟状，金黄色或橘红色；花被片 6，离生；雄蕊 6；子房矩圆形，3 室，柱头 3 裂，胚珠多数。蒴果。本属约 150 种，分布于地中海地区至中亚；我国有 14 种，分布于东北、西北、西南、华中、华东等地，新疆尤为集中。

常见植物：郁金香（*Tulipa gesneriana* Linn.）(图 3-196)鳞茎卵形，横径约 2 cm，外层鳞茎皮纸质，里面基部和顶端有少量伏贴的毛；叶 3～5 枚，条状披针形至卵状披针形，顶端有少量毛；花茎高 20～50 cm，常顶生 1 朵大花，花被有红、黄、白、杂色等；为著名观赏花卉。

(5)天门冬属(*Asparagus* Linn.)：多年生草本或半灌木，具根状茎或块根。茎直立或蔓生，多分枝。叶退化成干膜质、鳞片状，末端的枝呈针形叶状，代叶进行光合作用，通常1或2 至多数叶状枝簇生于退化的叶腋内。花小，腋生，单生或簇生或为总状花序；花钟状，6 裂；雄蕊着生于裂片基部；子房 3 室；柱头 3 裂。浆果球形。本属约 300 种，除美洲外，全世界温带至热带地区都有分布；我国约有 24 种，分布于全国各地。

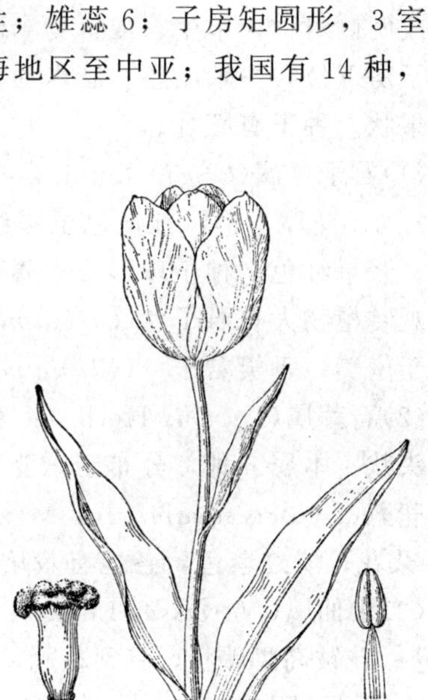

图 3-196 郁金香

Tulipa gesneriana Linn.

常见植物：石刁柏(*Asparagus officinalis* Linn.)直立草本，高达 1 m，根稍肉质，径2～3 mm；茎与分枝较柔弱，常稍弧曲或俯垂；叶状枝每 3～6 枚成簇，近圆柱形，稍扁压；花每 1～4 朵腋生，单性异株，绿黄色；浆果球形，熟时红色，具 2～3 颗种子；产于新疆，生于荒漠和绿洲，各地多有栽培，嫩枝作蔬菜，俗称芦笋(露笋)。天门冬 [*Asparagus cochinchinensis*(Lour.)Merr.] 与石刁柏相似，不同的是植株攀缘或铺散；茎上具硬刺；叶状枝通常 2～3 枚成簇，扁平；花通常每 2 朵腋生，花被片长 2～3 mm；浆果具 1 颗种子；除新疆以外，全国各地均产，块根入药。文竹 [*Asparagus setaceus*(Kunth)Jessop] 是著名观赏花卉。

本科常见观赏花卉还有芦荟(*Aloe vera* Linn. var. *chinensis* (Haw.) Berger)等芦荟属的多个种、玉簪 [*Hosta plantaginea* (Lam.) Aschers.]、吊兰 [*Chlorophytum comosum* (Thunb.) Baker]、百子莲 [*Agapanthus ofricanus*(Linn.) Hoffm.]、风信子(*Hyacinthus orientalis* Linn.)，药用植物有国产著名药材川贝母(*Fritillaria cirrhosa* Don)、浙贝母(*Fritillaria thunbergii* Miq.)、伊贝母(*Fritillaria pallidiflora* Schrenk)，及土茯苓(*Smilax glabra* Roxb.)、土麦冬 [*Liriope spicata* (Thb.)Lour.]、麦冬 [*Ophiopogon japonicus* (Linn. f.)Ker-Gawl.]、知母(*Anemarrhena asphodeloides* Bunge)等。

117. 石蒜科(Amaryllidaceae)

$$* \quad P_{3+3} \quad A_{3+3} \quad \overline{G}_{(3:3:\infty)}$$

本科 100 余属 1 200 余种，世界分布，多分布于热带、亚热带及温带；我国约 17 属 44 种，分布西南、中南各省。

科的特征：多年生草本，极少半灌木、灌木或乔木状。有鳞茎或根状茎。花两性，辐射对称或两侧对称，单生，或常为伞形花序。雄蕊 6 枚，花丝分离或合生为杯状，花药内向纵裂。子房下位，中轴胎座。胚珠通常多数，倒生。胚乳沼生目型或核型。花柱细长。蒴果，少浆果状。种子有胚乳。

(1)君子兰属(*Clivia* Lindl.)：无真鳞茎，只有绳状肉质根及叶基形成的假鳞茎。叶多数，2 列。花序伞形，红黄色至深红色，有绿色苞片数个，雄蕊约与花被同长，子房下位，球形。浆果红色，种子球形。本属有 3 种，原产于南美；我国引入 2 种。

观赏植物大花君子兰(*Clivia miniata* Regel)花向上，不下垂，花被宽漏斗形，鲜红色，原产于南美；垂笑君子兰(*Clivia nobilis* Lindl.)花被狭漏斗形，花下垂，原产于南美。

(2)石蒜属(*Lycoris* Herb.)：有鳞茎。叶带状。花葶实心；花红或黄色，花被片有爪；柱头头状。本属 6 种，分布于东亚。我国从日本引入 1 种。

鹿葱(*Lycoris squamigera* Maxim.)球茎大，外皮褐色，叶丛生，带形，伞形花序上有 4～8 朵花，淡红紫色，各地有栽培。

(3)水仙属(*Narcissus* Linn.)：多年生，鳞茎大。花葶单生；花黄或白色，伞形花序外有 1 总苞；花被高脚碟状，有副花冠，呈长管形或浅杯形。本属约有60 种，分布于地中海地区和西亚。我国习见 1 种。

水仙(*Narcissus tazetta* Linn. var. *chinensis* Roem.)(图 3-197)花被白色，副花冠黄色，俗名“金盏银台”。叶似蒜叶，鳞茎如蒜。又名“雅蒜”。我国水仙以福建漳州出产的最有名。水仙为冬季内名品，其花为制高级芳香油原料。

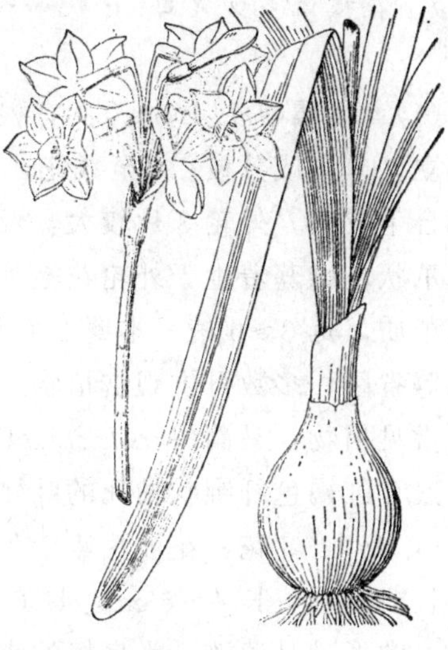

图 3-197　水仙 *Narcissus tazetta* Linn. var. *chinensis* Roem.

本科栽培观赏植物还有朱顶兰（*Hippeastrum vittatum* Herb.），花红色；文殊兰（*Crinum asiaticum* Linn. var. *sinicum* Baker），花白色，芳香；晚香玉（*Polianthes tuberosa* Linn.），花乳白色，浓香；葱莲[*Zephyranthes candida*（Lindl.）Herb.]，花白色。

118. 鸢尾科(Iridaceae)

$$* \quad ⚥ \quad P_{3+3},\ A_3\ \ \overline{G}_{(3:3:\infty)}$$

本科约有 60 属 800 种，分布于热带和温带，南美和南部非洲最多；我国有 11 属约 71 种，分布于全国各地，多生于山地草甸、低地草甸以及农区。多数种为饲用植物，也有供观赏的花卉植物，有些种可作纤维原料、水土保持植物及药用植物。

科的特征：多年生草本，有根状茎、球茎或鳞茎。叶常聚生于茎基部，叶片狭长，常沿中脉对折，2 列互生，基部重叠抱茎而成套折叶鞘。花两性，辐射对称或两侧对称，由苞片内抽出；花被片 6、2 轮，花瓣状，基部常合生成花冠筒；雄蕊 3，对着外轮花被片，并常与之贴生，花药外向开裂；子房下位，3 室，中轴胎座，胚珠多数，花柱 3，花瓣状或呈各种裂片。蒴果背裂；种子多数。

鸢尾科常见园艺植物分属检索表

1. 花被筒极短或缺。
  2. 花橙黄色或蓝紫色，为疏散的伞房或伞形花序；花丝基部不合生；植株具根状茎。
    3. 花大，橙黄色，为二歧状伞房花序；叶剑形、扁平；果瓣成熟后向后弯曲…………………………………………………………………… 射干属 *Belamcanda* Adans.
    3. 花小，蓝紫色或淡黄色，为伞形花序；叶条状披针形而扁平或圆柱形，果瓣不向后弯曲 ………………………………………………………… 庭菖蒲属 *Sisyrinchium* Linn.
  2. 花白色，2～4 朵聚生于苞片内；花丝基部多少合生成一筒；植株通常有球茎 ………………………………………………………… 肖鸢尾属 *Moraea* Mill. ex Linn.
1. 花被筒明显。
  4. 花辐射对称，花被筒直立，雄蕊彼此间的距离相等。
    5. 植株无明显的茎 ………………………………………………… 番红花属 *Crocus* Linn.
    5. 植株有明显的茎。
      6. 球茎；花偏生于花序的一侧或生于倾斜的总轴上；花柱分枝线形，绝不为花瓣状 ………………………………………………………… 香雪兰属 *Freesia* Klatt.
      6. 根状茎；花不偏生，花柱分枝花瓣状 ……………………… 鸢尾属 *Iris* Linn.
  4. 花两侧对称，雄蕊通常多少偏于一侧。
    7. 花被筒直或前端稍微弯曲 ………………………… 鸢尾兰属 *Tritonia* Kar. Gawl.

7. *花被筒多少弯曲* …………………………………………… *唐菖蒲属 Gladiolus* Linn.

(1)鸢尾属(*Iris* Linn.)：有根状茎。叶多基生，条形或剑形，基部抱茎成套折叶鞘。花茎直立，单1或分枝；1至数花，单1顶生或为总状或圆锥花序；花由苞片内抽出；花被片下部合生成筒，外轮3片较大，反折，基部狭长、柄状，内轮3片较小，直立或开展，基部狭、爪状；雄蕊着生于外轮花被片基部；花柱3，扩展呈花瓣状，反折盖着花药，顶端2裂。蒴果革质，具3～6棱。本属300种，分布于北温带；我国约有60种，多产于东北、西北和西南等省区，多数可供观赏植物。

常见植物：马蔺(*Iris lactea* Pall. var. *chinensis* Koidz.)根状茎短而粗壮，植株密丛生，基部残存红褐色纤维状枯死的叶鞘；叶基生，条形，长达40 cm，宽达6 mm；花葶高10～30 cm，有1～3花，花被片蓝紫色，外轮3片倒披针形，花柱分枝3，花瓣状，顶端2裂；蒴果长椭圆形，长4～6 cm，具6条纵肋；产于东北、华北、西北、华东和西藏，生于低地草甸，常形成马蔺滩，为良好的水土保持植物，种子可入药，北方栽培供观赏。我国栽培的著名花卉还有鸢尾(*Iris tectorum* Maxim.)、德国鸢尾(*Iris germanica* Linn.)等。

(2)射干属(*Belamcanda* Adans.)：与鸢尾属相似，但花柱分枝不扩展呈花瓣状；花在花序轴上每苞片内多花与之不同。本属有2种，分布于亚洲东部。

我国北方仅射干[*Belamcanda chinensis*(Linn.)DC.]1种，多年生草本，根状茎横走，略呈结节状，外皮鲜黄色；叶2列互生，宽剑形；茎直立，高40～120 cm；聚伞花序顶生，多分枝，分枝顶端着生1至数花；花橘黄色，长2～3 cm，花被片6，基部合生成短筒，外轮花被片长倒卵形或椭圆形，散生暗红色斑点，内轮花被片与外轮的相似而稍小；雄蕊3，着生于花被基部；蒴果倒卵形，长2.5～3.5 cm，果瓣向后弯曲；现广为栽培，为观赏花卉，根茎入药，名“射干”。

(3)肖鸢尾属(*Moraea* Mill.)：本属约90种，分布于南半球。

我国引入栽培的仅肖鸢尾(*Moraea iridioides* Linn.)(图3-198)1种，多年生草本，根状茎短而肥厚。叶基生，2列互生，叶片条形，长30～50 cm，宽8～12 mm；花葶长约90 cm，直立，稍扁；花白色或带黄色，2～4朵聚生于佛焰苞内、花被片6，2轮；雄蕊3，花丝基部多少合生成1筒状；花柱分枝3，青紫色、花瓣状，披针形，顶端2裂；蒴果椭圆形，长2.5～4 cm，有3棱；原产于非洲南部。

图3-198 肖鸢尾 *Moraea iridioides* Linn.

(4)番红花属(*Crocus* Linn.)：本属约75种，分布于欧洲至中亚、巴基斯坦。

我国引入栽培的有番红花(*Crocus sativus* Linn.)(图3-199)1种，多年生草本；具鳞茎，外被褐色鳞片。叶基生，9～15枚，窄条形；花1～2朵直接从鳞茎抽出，常具苞片；花白色、蓝色或紫色，直径2.5～3 cm；花被片6，花被筒细管状，长4～6 cm；雄蕊3，花药大，黄色；子房下位，花柱细长，顶端3深裂，伸出花被外，下垂，深红色，柱头略膨大呈喇叭状，顶端边缘有不整齐的锯齿；蒴果矩圆形，长约3 cm，具3钝棱；种子多数，圆球形；原产于欧洲南部，我国有栽培，供观赏；柱头供药用，能活血化瘀生新。

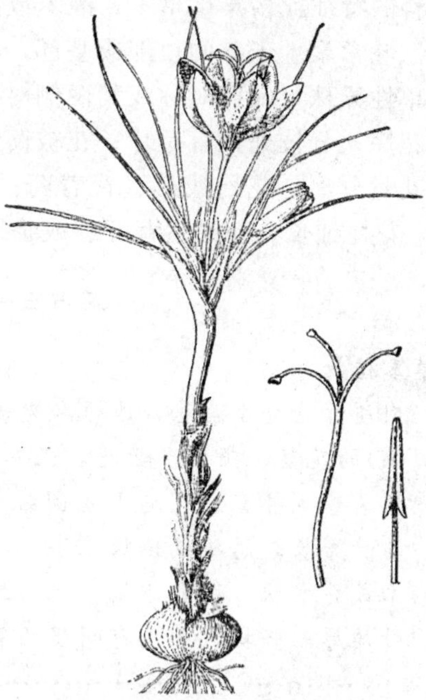
图3-199　番红花 *Crocus sativus* Linn.

(5)香雪兰属(*Freesia* Klatt)：多年生草本，球茎有鳞被；叶线形，宽不及1 cm。花淡黄色，芳香，偏生于穗轴的一侧，排成疏散、总状花序式的穗状花序，苞片佛焰苞状，干膜质；花冠狭漏斗状，裂片两侧对称，中部裂片较宽而钝；雄蕊3；子房下位，3室。蒴果，室背裂。本属约20种，产于南非；我国引入栽培的有2种。

常见植物：香雪兰(*Freesia refracta* Klatt)株高25～45 cm，球茎卵圆形，被膜质、有暗红色斑点的鳞片；叶条形，长10～40 cm，宽5～13 mm；茎柔弱、有分枝；花多数，偏生于穗状花序一侧，花被绿黄色至鲜黄色，芳香，狭漏斗状，长约4 cm，裂片6，稍不等长；原产于热带非洲，我国南方有栽培。

(6)虎皮花属(*Tigridia* Juss.)：本属约12种，分布于美洲；我国引入栽培1种。

虎皮花(*Tigridia pavonia* Ker-Gawl)多年生草本，球茎圆锥形；花杯状，有佛焰苞；花被片6，黄色，有紫红色斑纹；我国南方有栽培，也可盆栽，供观赏。

(7)唐菖蒲属(*Gladiolus* Linn.)：本属约250种，分布于地中海地区和南非，我国引种栽培，常见1种。

唐菖蒲(*Gladiolus hybridus* Hort.)球茎有膜被。叶剑状。花茎直立，常单生，蝎尾状聚伞花序，有大而草质的佛焰苞，每一苞内着生1朵无柄的大花；花两侧对称，通常艳美，白色、黄色、红色或其他颜色，花被管多少弯曲；雄蕊3，通常多少偏于一侧；花柱分枝不为花瓣状。原产于南非，为著名花卉，广泛用于插花及花卉装饰。

(8)庭菖蒲属(*Sisyrinchium* Linn.)：本属约70种，分布于北美洲；我国引入栽培2种。

常见植物：庭菖蒲(*Sisyrinchium rosulatum* Bickn)草本，有根状茎或有纤维状根；茎通常扁压或有时圆柱状。叶常线状披针形，花小，蓝紫色或淡黄色，排成疏散的伞形花序式花束，由2裂的佛焰苞内抽出；花被钟状或辐状，筒短或缺，裂片6，近相等；雄蕊3，着生于花被片基部；子房下位，3室，胎珠多数，花柱丝状。蒴果阔卵形或圆柱形。

119. 龙舌兰科(Agavaceae)

$$* \text{或} \uparrow \quad ⚥\text{或}♂/♀ \quad P_{(6)} \quad A_6 \quad \underline{G}\text{或}\overline{G}_{(3:3:1\sim\infty)}$$

本科约20属670种，大多分布于热带和亚热带地区；我国原产2属6种，分布于南部；引入栽培的有4属约10种，多数种供观赏，少数是重要的纤维植物。

科的特征：多年生草本、灌木或乔木状而有木质茎；常有根状茎。地上茎短或高大，有时无。叶常聚生于茎的顶部或基部，叶片狭窄，通常厚或肉质，边全缘或有刺。花两性、杂性或单性异株，辐射对称或稍两侧对称，组成穗状、总状或圆锥花序，有时组成大型聚伞状圆锥花序，分枝处常有苞片；花被筒短或长，裂片 6；雄蕊 6 枚，着生于花被筒上或裂片基部，花丝分离，花药线形、背着药；子房上位或下位，3 室，中轴胎座，每室有胚珠多至 1 颗，花柱细长。蒴果室背开裂或浆果；种子具肉质胚乳。

龙舌兰科常见园艺植物分属检索表

1. 草本植物。
  2. 肉质叶旋叠于茎基，边缘和先端常有褐色利刺；10 年或 10 余年才抽出高大(达 5 m 以上)的花茎，顶生多数花，果熟后枯死 …………………………… 龙舌兰属 *Agave* Linn.
  2. 肉质基生叶直立，扁平或圆柱状，有一道道深绿色横纹，仅顶端有硬尖；花葶纤细，与叶等长，总状或穗状花序 ………………………………… 虎尾兰属 *Sansevieria* Thunb.
1. 灌木或乔木状，茎木质化。
  3. 叶质厚而坚挺，先端有明显的黑刺；花大，花被片分离或基部多少合生，长 3 cm 以上 …………………………………………………………………………… 丝兰属 *Yacca* Linn.
  3. 叶质稍厚或较薄，先端无黑刺；花较小，花被片基部合生，长 2.5 cm 以下。
    4. 叶柄长 1～6 cm 或不明显；无根状茎，茎可逐年增粗；根部切面黄色；子房每室具胚珠 1～2 颗 ……………………………………… 龙血树属 *Dracaena* Vand. ex Linn.
    4. 叶柄长 10～30 cm，或更长；有根状茎，茎不逐年增粗；子房每室具胚珠 4 至多数 ……………………………………………………………… 朱蕉属 *Cordyline* Comm. ex Juss

(1)龙舌兰属(*Agave* Linn.)：多年生草本，具短茎。叶肉质而旋叠于茎基，边缘和尖端常有褐色利刺。10 年或 10 余年才抽出高大(高达 5 m 以上)的花茎，顶部有多数花，果熟后枯死；花被筒短，裂片 6，等长或狭窄；雄蕊 6，花丝长，花药丁字着生；子房下位，胚珠多数。蒴果长椭圆形，3 瓣裂；种子薄而扁平，黑色。本属约 300 种，全部产于美洲；我国引入栽培 3 种。

常见植物：龙舌兰(*Agave americana* Linn.)大型草本，叶剑形，肉质，长达 1.5 m，宽 25 cm；10～25 年始开花，圆锥花序自中心抽出，高可达 2～7 m，仅顶端生黄绿色花；其变种金边龙舌兰(*Agave americana* var. *marginta* Trel.)叶缘带黄色。狭叶龙舌兰(*Agave angustifolia* Haw.)叶长宽约 7.5 cm，叶缘白色并有锐刺；另在我国南方还栽培有剑麻(*Agave sisalana* Perr. ex Engelm.)。

(2)虎尾兰属(*Sansevieria* Thunb.)：多年生草本，有根状茎。叶肉质、基生、直立、扁平或圆柱状，常有绿色横纹。花葶纤细，与叶等长；花序总状或穗状；花被筒状，裂片 6，狭长而扩展；雄蕊 6，着生于花被筒喉部；子房上位，3 室，每室 1 胚珠。浆果。本属约 60 种，分布于非洲和亚洲；我国引入栽培数种。

常见植物：虎尾兰(*Sansevieria trifasciata* Prain)(图 3-200)具匍匐根状茎；叶 1～6 枚基生，挺直，质厚实，条状倒披针形至倒披针形，长 30～120 cm，宽2.5～8 cm，从基部至顶端两面具白色和深绿色相间的横带状斑纹；花葶连同花序高 30～80 cm；花 3～8 朵一束，

1～3束一簇疏生于花序轴上，小花白色至淡绿色；原产于非洲西部，各地常见栽培；其变种金边虎尾兰(*Sansevieria trifasciata* var. *laurentii* N. E. Brown)的叶绿黄色，边缘金黄色，各地也有栽培。

(3)丝兰属(*Yucca* Linn.)：常绿灌木或乔木状，茎明显或不明显，木质化，有时有分枝。叶近莲座状密生于茎基部或顶部，剑形，质厚而坚挺，先端常尖刺状，边缘常有刺或丝裂，无明显中脉。大型圆锥花序由叶丛中抽出；花大，近钟形，通常蜡质，下垂，白色至淡黄白色，芳香，晚间开放；花被片6，离生或于基部合生；雄蕊6；子房上位，3室，每室有多数胚珠。蒴果或稍肉质。本属约40种，分布于美洲；我国引入栽培5种。

常见植物：凤尾丝兰(*Yacca gloriosa* Linn.)茎明显，有近环状的叶痕；叶近莲座状排列于茎或分枝的近顶端；叶片剑形，长40～80 cm，宽4～6 cm；圆锥花序长达2m，着花300～400朵，花大，白色或稍带淡黄色，近钟形，下垂，花被片先端常带紫色；我国各地常有栽培。

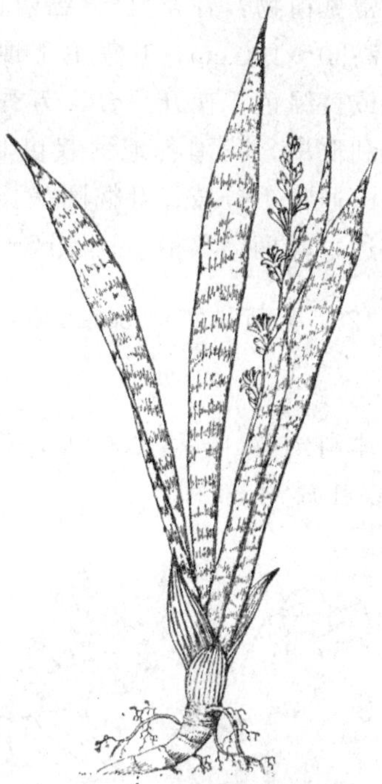

图3-200 虎尾兰
Sansevieria trifasciata Prain.

(4)朱蕉属(*Cordyline* Comm. ex Juss)：灌木或小乔木状；茎单生，多少木质，上部具环状叶痕。叶常聚生于茎顶部，无柄或有柄，绿紫或紫色。圆锥花序生于上部叶腋，多分枝；花小，两性，花柄短、顶部有关节；花被筒状或狭钟状，有多数胚珠。浆果圆形或有3棱。本属约15种，分布于温带地区；我国有2种，广泛栽培供观赏。

常见植物：朱蕉[*Cordyline fruticosa* (Linn.) A. Cheval](图3-201)常绿灌木，高1～3 m，茎粗1～3 cm；叶2列，聚生于茎或枝的上端，长圆形至长圆状披针形，长25～50 cm，宽5～10 cm，绿色或紫红色，叶柄长10～30 cm，基部抱茎；圆锥花序腋生，长30～60 cm，花淡红、青紫或黄色；浆果球形，红色，通常仅1粒种子，我国华南地区栽培有很多品种。

(5)龙血树属(*Dracaena* Vand. ex Linn.)：乔木状或灌木状植物，茎木质化常具分枝。叶扁平，常呈剑形，聚生于茎或枝的顶部或上部，基部抱茎。花两性，聚成顶生的总状、圆锥状或头状花序；花被筒状、钟状或漏斗状，裂片6枚；雄蕊6枚，着生于裂片基部；子房上位，3室，花柱丝状。浆果近球形。本属约40种，分布于亚洲和非洲的热带和亚热带地区；我国原产5种，引入栽培数种和大量园艺品种。

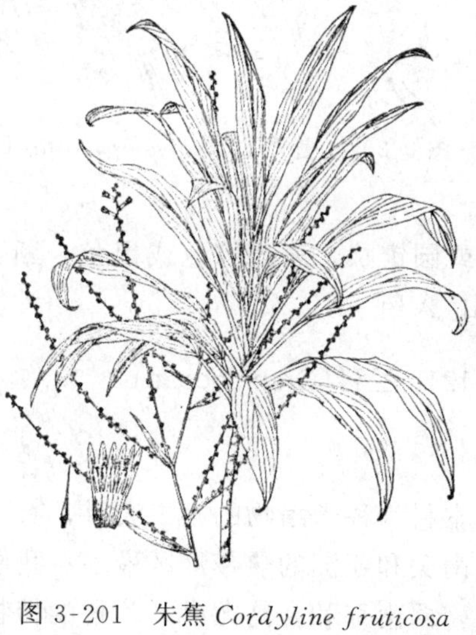

图3-201 朱蕉 *Cordyline fruticosa* (Linn.) A. Cheval

常见植物：香龙血树(巴西铁树)(*Dracaena fragrans* Ker-Gawl.)常绿小乔木状，盆栽通常高50～100 cm，叶集生于顶部，长椭圆状披针形，长 40～90 cm，宽 6～10 cm；花小，白色或黄绿色，夜开昼合，芳香；浆果橘黄色，但盆栽者罕见开花；原产于非洲的几内亚和加那利群岛，我国各地盆栽供观赏。金边富贵树(*Dracaena sanderiana* Sander)常绿灌木，茎细、通常不分枝；叶椭圆状长披针形，长 10～22 cm，宽 2～3 cm，叶片两侧有金黄色的宽带边，叶柄鞘状抱茎；原产于非洲西部的喀麦隆和刚果，我国引种栽培。

120. 薯蓣科(Dioscoreaceae)

$$* \quad ♂ \quad ♀ \quad P_{3+3} \quad A_{3+3} \quad \overline{G}_{(3:3)}$$

本科约有 10 属 650 种，广布于全球的温带和热带地区；我国仅薯蓣属(*Dioscorea* Linn.)1 属约 80 种。

科的特征：多年生缠绕草本；有块状或根状的地下茎；叶互生，稀对生，单叶或为掌状复叶，全裂或分裂；花雌雄异株，很少同株，组成穗状、总状或圆锥花序；花被片 6，2 轮，基部合生；雄蕊 6，有时 3 枚发育，3 枚退化；雌花和雄花相似，唯雄蕊退化或缺；子房下位，3 室，花柱 3，分离；蒴果或浆果；种子具翅。

图 3-202　薯蓣 *Dioscorea opposita* Thunb.

常见植物：薯蓣(山药)(*Dioscorea opposita* Thunb.)(图 3-202)块茎略呈圆柱形，垂直生长，长可达 1 m；单叶互生，叶片三角状卵形、宽卵形或耳状 3 浅裂或深裂，中间裂片椭圆形或披针形，两侧裂片矩圆形或圆耳形；雄花序穗状，直立，2～3 个腋生，花序轴多曲折；块茎为常用中药“淮山”，为滋养强壮剂。参薯(*Dioscorea alata* Linn.)块茎野生的为圆柱形或棒状，栽培的形状变化较大，有掌状、棒状或圆锥状，表面棕色或黑色，断面白色、黄色或紫色，块茎作蔬菜食用；部分地区作“淮山”入药。

121. 兰科(Orchidaceae)

$$\uparrow \quad ⚥ \quad P_{3+3} \quad A_{1\sim2} \quad \overline{G}_{(3:1:\infty)}$$

本科为种子植物的第二大科，有 700 余属 20 000 种，广布于热带、亚热带和温带地区，尤以南美和亚洲的热带地区最多；我国约有 171 属 1 274 种，主要分布于长江流域和以南各省区，西南部和台湾尤盛。兰科的植物资源比较丰富，其中有著名的药用植物白芨[*Bletilla striata*(Thunb.)Rchb. f.]、天麻(*Gastrodia elata* Bl.)、石斛(*Dendrobium nobile* Lindl.)

等；兰科的花卉奇异而艳丽，成为最著名的花卉，如墨兰[*Cymbidium sinense*(Jackson ex Andr.)Willd.]、寒兰(*Cymbidium kanran* Makino)、建兰[*Cymbidium ensifolium*(Linn.)Sw.]、蝴蝶兰(*Phalaenopsis hybrida* Hort.)等，种类繁多；此外还有香料植物香子兰(香荚兰)(*Vanilla planifolia* Andr.)等。

科的特征：陆生、附生或腐生草本，极罕为攀缘藤本；陆生及腐生的常具根状茎或块茎，附生的常具假鳞茎，以及肥厚而有根被的气生根。叶通常互生，也常生于假鳞茎顶端或近顶端处，附生种的叶一般在基部有关节。花葶顶生或侧生，单花或排成穗状、总状或圆锥花序，有苞片；两性花，极少杂性或雌雄同株，两侧对称；花被片6，2轮，花瓣状，外轮3枚称萼片，中萼片常直立而与花瓣靠合成盔状，侧萼片歪斜、有时基部与蕊柱合生而成萼囊；内轮侧生的2枚称花瓣，中央的1枚通常特化而称唇瓣，极少3枚一式而不具唇瓣；唇瓣常有艳丽的色彩，基部往往有距或囊，由于花常作180°扭转，弯曲而使唇瓣位于远轴方(下方)，极少扭转360°或不扭转；雄蕊和花柱、柱头完全愈合而成一种柱状体，称蕊柱(合蕊柱)，蕊柱顶部有药床和1个背生雄蕊；蕊柱基部有时向前方(唇瓣方向)延伸而成足状，称蕊柱足；在柱头与雄蕊之间常有一舌状器官，称蕊喙，蕊喙通常由柱头上裂片变态而成，能分泌黏液；花粉结合成团块状，有时部分变为柄状，称花粉块柄，蕊喙黏液变为固态黏块，称黏盘，有时黏盘有柄状附属物，称蕊喙柄；花粉团、花粉块柄(以上来自花药，为雄性来源)、黏盘、蕊喙柄合生在一起称花粉块，但并非所有的花粉块都具有这4部分；子房下位，通常1室，侧膜胎座，极少3室而中轴胎座。蒴果，种子微小而极多，几无胚乳，胚不明显。

兰科常见园艺植物分族、分属检索表

1. 花中内轮2个侧生的雄蕊能育，外轮的1个大退化雄蕊在2个发育雄蕊之上，并且多少覆盖蕊柱；柱头3裂，相似，都能育；花粉粒状，不呈花粉块；花两侧对称(Ⅰ. 双蕊亚科 Pleonandrae)。
  2. 叶茎生，幼时席卷；花被于果时不脱落；陆生兰………… 杓兰属 *Cypripedium* Linn.
  2. 叶基生，幼时二重叠；花被果时脱落；陆生或半附生兰……………………………………………………………………………… 兜兰属 *Paphicpedilum* Pfitz.
1. 花中外轮1个雄蕊为发育雄蕊，2个侧生的雄蕊为完全败育或变为小的退化雄蕊；柱头3，2个侧生裂片发育，1个中间的裂片伸长为蕊喙；花粉不为粒状而成花粉块(Ⅱ. 单蕊亚科 Orchidoideae Lindl.)。
  3. 花粉块经常为粒状，基部有柄和贴盘；药直立或多少倒生，非常紧密地贴生于基部宽阔的蕊柱上，开花以后也不脱落 ………………………… 舌唇兰属 *Platanthera* Rich.
  3. 花粉块顶端有柄和贴盘；药直立或倾斜，花丝短而细，一般狭窄地接连蕊柱，通常脱落或枯萎。
    4. 花粉为粒状，柔软；药多半不脱落；花序常顶生………… 白芨属 *Blctilla* Rchb. f.
    4. 花粉蜡质或骨质；药一般脱落；花序顶生或侧生。
      5. 花序一般顶生；有时由于顶生花序不发达以致生在上部的叶腋间…………………………………………………………………………… 石斛属 *Dendrobium* Sw.
      5. 花序侧生，生在靠近假鳞茎的基部，或生在茎下部的叶腋内。

6. 茎为一合轴式，茎的最末端为叶，因而不能无限生长 … 兰属 *Cymbidium* Sw.

6. 茎为一单轴式，其顶部能无限生长；附生植物；叶革质或肉质，很少质薄，形状不一，有时无叶；花序侧生，有1花或多数花，常为圆锥花序；花大小不一，其构造和形状变化很大，一般略为肉质或质薄；距或有或无，颜色多样；药向内曲；蕊喙向前伸或向上伸。

7. 唇瓣无距，也无囊，或有时略为囊状 …………… 蝴蝶兰属 *Phalaenopsis* Bl.

7. 唇瓣有距或有囊 ………………………………………… 万带兰属 *Vanda* Jones

Ⅰ. 双蕊亚科(Cypripedioideae Lindl.)

本亚科约4属100种，国产杓兰属(*Cypripedium* Linn.)和兜兰属(*Paphiopedilum* Pfitz.)2属有30种。

(1)兜兰属(*Paphiopedilum* Pfitz.)：陆生或半附生兰。叶基生，带状，2列，基部叶鞘相套叠。花葶从叶丛中央抽出，具单花，很少数花，花大而艳丽；中萼片通常较大，直立，侧萼片合生，位于唇瓣下方；花瓣常较狭窄；唇瓣大、兜状，通常具爪和内折侧裂片，花被果期脱落；蕊柱粗短，内轮2个侧生雄蕊发育，外轮1个退化雄蕊较大，位于2个发育雄蕊之上，并多少覆盖着合蕊柱。本属约66种，分布于亚洲热带地区至太平洋一些岛屿；我国产约18种，分布于西南至华南，有个别种已栽培供观赏。

图3-203 带叶兜兰 *Paphiopedilum hirsutissimum* (Lindl.) Stein.

常见植物：带叶兜兰［*Paphiopedilum hirsutissimum* (Lindl.) Stein.］(图3-203)，须根具淡棕色绵毛；叶长达40 cm，宽约2 cm；花茎被深紫色毛，具1花，苞片1～2枚，兜状卵形，花直径可达10 cm，唇瓣较中萼片长，绿色而有小紫点，兜明显长于爪；产于云南南部、广西和贵州，生于密林下岩石上。株型美观，盆栽观赏。

Ⅱ. 单蕊亚科(Orchidoideae Lindl.)

本亚科有690余属2 000种，广布于热带和温带地区。

(2)蝴蝶兰属(*Phalaenopsis* Bl.)：附生兰，多年生常绿草本，茎短，单轴型，无假鳞茎，气生根粗壮、圆或扁圆形。叶厚，多肉质，卵形、长椭圆形，抱茎着生于短茎上。总状花序，蝶形小花数朵至数十朵，花序长可达1～2 m，花色艳丽，有白、红、黄色、斑点花和条纹花；侧萼片常略与蕊柱足合生，但一般不形成囊；唇瓣3裂，常有肼胝体或其他附属物，无距；蕊柱有明显的蕊柱足；花粉块2，具条形或匙形的蕊喙柄和较大的黏盘。本属约40种，分布于热带亚洲至澳大利亚；我国有4种，主要分布于台湾、云南、海南。

常见植物：蝴蝶兰(*Phalaenopsis hybrida* Hort.)根丛生，扁长，表面有多数疣状突起；

叶基生；总状花序侧生于茎的基部，具2至数花，花有紫、红、粉、黄、白等多种颜色，有时还有条纹或疏密不等的斑点，因品种不同而异。现代栽培的蝴蝶兰多为本属内的原生种之间以及属间杂交的后代，有很多杂交品种，我国南方地区多栽培。

(3)石斛属(*Dendrobium* Sw.)：附生兰。根状茎短，茎一般较长，节明显，少数节间膨大呈鳞茎状。叶茎生，扁平，两侧压扁或圆柱状。总状花序常生于茎上部节上，具数朵至多花，少有减退为单花；花大，艳丽；侧萼片与蕊柱足合生成萼囊；唇瓣不裂或3裂，基部有时有短爪，无距；蕊柱较短，蕊柱的药座两侧有高喙；花药柄丝状，花粉块4，无柄。本属约1 000种，分布于热带亚洲至大洋洲；我国有74种，分布于西南至台湾。多数种的花大而艳丽，可供观赏，或入药。

常见植物：石斛(*Dendrobium nobile* Lindl.)，茎丛生，直立长10～60 cm，粗达1.3 cm；叶近革质，矩圆形，长8～11 cm，宽1～3 cm；总状花序具1～4花，总花梗长约1 cm，花大型，直径达8 cm，俯垂，白色带紫红色顶端，花瓣椭圆形，与萼等长，唇瓣宽卵状矩圆形，唇盘上面具1个紫斑；产于华南、西南至台湾，因花大、美丽而盆栽供观赏，茎供药用，有养阴除热、生津止渴的作用。

(4)兰属(*Cymbidium* Sw.)：附生、陆生或腐生兰。根簇生、纤细，茎极短，或变为假鳞茎。叶带状，革质，簇生，近基生。花葶自叶丛中抽出，直立或下垂，总状花序；花大而美丽，花被开张，唇瓣3裂，具2条纵褶片；蕊柱长，稍前倾；花药块2，近球形，具柄和黏盘。本属约48种，主要分布于亚洲热带和亚热带地区，少数见于大洋洲和非洲；我国有29种，其中有不少种被国内外广泛栽培供观赏。

常见植物：墨兰[*Cymbidium sinense*(Jackson ex Andr.)Willd.]假鳞茎粗壮；叶近革质、剑形，4～5枚丛生，长60～80 cm，宽2～3.5 cm；花葶直立，具数朵至20余朵花，通常2～3月份开花，花色多变，有香气，花瓣较短而宽，具7条脉，向前稍合抱，唇瓣不明显3裂，浅黄色带紫斑，唇盘上面具2条黄色褶片；全国各地栽培很广，华东、华南、西南地区有野生，生于山地林下溪边。此外，寒兰(*Cymbidium kanran* Makino)、春兰[*Cymbidium goeringii*(Rchb. f.)Rchb. f.]和建兰[*Cymbidium ensifolium*(Linn.)Sw.]等，这些著名的花卉经人工栽培选育出很多品种供人们观赏。

(5)万带兰属(*Vanda* R. Br.)：附生兰，茎较长。叶扁平或少数近圆柱状，2列，有关节。总状花序近直立，花较大，数朵疏离；萼与花瓣相似；唇瓣3裂，基部有短距；蕊柱短，基部两侧常增厚而凸起，蕊柱足不明显；花粉块2或4，蜡质，具宽而短的蕊喙柄和黏盘。本属约40种，分布于亚洲热带地区；我国约有9种，产于南方省区。本属植物花大、花期长，不少种已引入栽培供观赏。

常见植物：棒叶万带兰(*Vanda teres* Lindl.)、大花万带兰(*Vanda coerulea* Griff. ex Lindl.)等。

(6)白芨属(*Bletilla* Reichn. f.)：陆生兰。具假鳞茎。叶数枚，一般集生于茎基部，有时仅有1叶。花较大，数朵排成顶生的总状花序；唇瓣3裂，无距，上面有褶片，侧裂片多少围抱蕊柱；蕊柱细长，无蕊柱足；花粉块8，成2群，粒粉质，有不明显的花粉块柄，无黏盘。本属约6种，我国约有4种，产于东部至西部。

常见植物：白芨［*Bletilla striata*（Thunb.）Rchb. f.］假鳞茎扁球形，上面具荸荠状的环纹；茎粗壮，劲直，高 15～50 cm；叶 4～5 枚，狭矩圆形至披针形，长 8～29 cm，宽 1.5～4 cm；花序具 3～8 花，花大，紫色或淡红色，花瓣较萼片阔，唇瓣较花瓣稍短，白色带淡红色，具紫色脉，中部以上 3 裂，侧裂片直而合抱蕊柱，中裂片边缘有波状齿，唇盘上具 5 条褶片；产于长江流域以南和西部，生于山地林下及沟谷湿地；假鳞茎供药用，有补肺止血、消肿生肌等作用；花美丽，栽培供观赏。

附录　中国常见园艺栽培植物名录

五、蔷薇亚纲 Rosidae

六、菊亚纲 Asteridae

九、鸭跖草亚纲 Commelinidae

十、姜亚纲 Zingiberidae

参考文献

[1] 包满珠. 花卉学 [M]. 北京：中国农业出版社，2003.

[2] 程智慧. 园艺学概论 [M]. 北京：中国农业出版社，2003.

[3] 崔大方. 植物分类学[M]. 3 版. 北京：中国农业出版社，2010.

[4] 侯宽昭编，吴德邻等修订. 中国种子植物科属词典 [M]. 修订版. 北京：科学出版社，1982.

[5] 李杨汉. 植物学 [M]. 上海：上海科学技术出版社，1984.

[6] 李光晨. 园艺通论 [M]. 北京：中国农业大学出版社，2000.

[7] 楼炉焕. 观赏树木学 [M]. 北京：中国农业出版社，2000.

[8] 深圳市人民政府城市管理办公室，等. 深圳园林植物 [M]. 北京：中国林业出版社，1998.

[9] 深圳市仙湖植物园. 深圳园林植物续集(一) [M]. 北京：中国林业出版社，2004.

[10] 王芳礼. 英汉种子植物名词词典 [M]. 武汉：湖北辞书出版社，1986.

[11] 汪劲武. 种子植物分类学 [M]. 北京：高等教育出版社，1985.

[12] 邢福武，曾庆文，陈红锋，等. 中国景观植物(上、下册) [M]. 武汉：华中科技大学出版社，2009.

[13] 叶创兴，廖文波，戴水连，等. 植物学(系统分类部分)[M]. 广州：中山大学出版社，2000.

[14] 俞德浚. 中国果树分类学 [M]. 北京：农业出版社，1979.

[15] 张志国. 草坪建植与管理[M]. 济南：山东科学技术出版社，1998.

[16] 章镇，王秀峰. 园艺学总论[M]. 北京：中国农业出版社，2003.

[17] 赵梁军. 观赏植物生物学 [M]. 北京：中国农业大学出版社，2002.

[18] 中国科学院植物研究所. 中国高等植物图鉴(1－5 册，补编 1－2 册)[M]. 北京：科学出版社，1972－1989.

[19] CRONQUIST A. An Integrated System of Classification of Flowering Plants [M]. New York：Columbia University Press，1981.

[20] JAMES G H，MELINDA W H 著. 图解植物学词典 [M]. 王宇飞，赵良成，冯广平，等译. 北京：科学出版社，2001.

[21] MABBERLEY D J. The Pant-book [M]. 2nd edition. London：Canbrige University Press，1997.

[22] ROWEN P H，Evert R F. Biology of Plants [M]. 4 th edition. Worth Publishers Inc，1986.

[23] STAFLEY F A 等编. 国际植物命名法规 [M]. 赵士洞译. 北京：科学出版社，1984.

[24] TAKHTAJAN A. Diversity and Classification of Flowering Plants [M]. New York：Columbia University Press，1997.

[25] Thomas L. Rost. Botany [M]. 2nd edition. Canada：Published simultaneously，1984.